↑プランクトンの発生が収まり澄んだ海となった猿島。この透明度があれば気持ちよく海水浴ができるが、実際に、夏にこのレベルになるのは月に数日しかない（2006.8）

きれいな海と汚れた海

夏はきれいな海で泳ぎたいものだ。しかし、汚濁下水が入り込む東京湾には赤潮や青潮が発生して泳げないこともしばしば。下水対策や浅瀬復元を進めて、きれいな海が早く戻ることを願うばかり

←猿島の海水浴場。プランクトンが増殖し濁りだした赤潮状態で、これでは気持ちよく泳げない。夏の東京湾は富栄養化のため赤潮が常態化している（2005.8）

←青潮（千葉船橋の浅海域）。海水がエメラルドグリーンに見えるが、青潮の原因である酸化硫黄の粒子が海中に漂い、実際の透明度は著しく悪い。青潮によって発生する硫化水素は強毒で、無酸素水などは浅場の生き物に大打撃を及ぼす（資料提供：国土交通省河川局HP、2002.8撮影）

↑赤潮。赤潮は発生するプランクトンの種類によって色が変わる。これは夜光虫系のプランクトンが大増殖して起きた赤潮（夏の横須賀新港）。東京湾ではよく発生する。それ自体に毒性はないが、分解沈降したのち、湾奥では青潮の原因となる（2008.8）

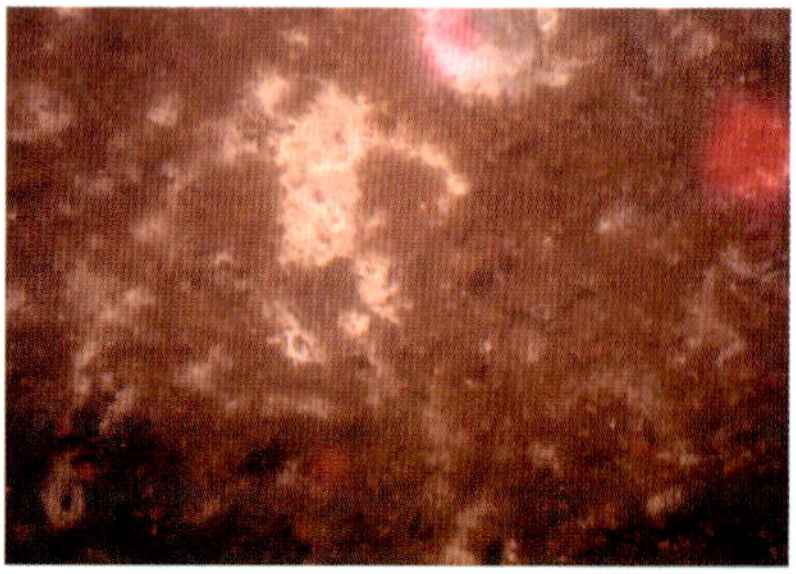

↑夏の横浜本牧沖の海底。貧酸素海水中で嫌気性バクテリアの活動によりカビが海底に生えており、見るからにおぞましい（1978.8）

↑珪藻類系の赤潮。珪藻類は醤油で煮しめたような色になる。この海水には、1cc（1mg）中に数千から万を超すプランクトンが存在する。赤潮は、水温が上昇しだす晩春からよく発生するようになる（2002.6）

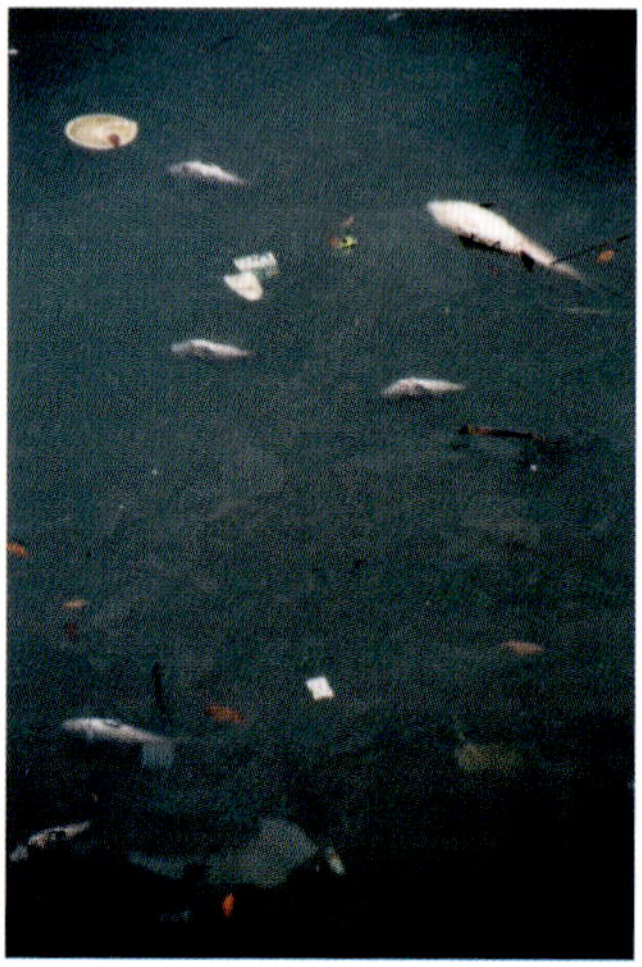

←横須賀軍港に死に絶えて浮いたメバルなどの沿岸魚。東京湾西側の横浜、横須賀海域で発生した赤潮によるものだが、東京湾の西側でこの種の赤潮が発生するのは極めて珍しい。野島では植栽したアマモも枯れ、二枚貝も大量死した。自然を壊すと、このように深刻な赤潮被害を引き起こすことになる（2003.5）

↑千葉木更津の盤洲干潟。大潮時には1km以上干上がる東京湾最大の干潟である。広大なウェットランドは巨大な浄化の場であり、アサリなど2枚貝の生産の場である（アクアライン開通前の1990.8）

←小笠原の澄んだ海。貧栄養でプランクトンの発生が少ない分、透明度は高く常に20mを超す。太陽光の青い光は海中の奥まで通るため反射して青く見える。沖縄など南方の魚がおいしくないのは貧栄養でプランクトンが少ないことと、暖海のため魚に脂肪分が少ないことによる。その代わり、青い海には理屈なしで癒される（2007.7）

様々な生き物が観察される潮溜まり

潮が引いたあとに磯に現れるいくつもの潮溜まりには、そこに棲んでいる生き物もいれば、引き潮時に取り残された魚介類もいる。すぐ近くまで寄ることができるので観察してみよう

アオサを揺らすと気泡が沸き立った。潮溜まりには多くの海藻が生えており、光合成で酸素をつくっている様子が一目でわかる

干潮時の
潮溜まり

満潮時、
潮溜まりは
海に消える

↑潮溜まりでは逃げ遅れた魚をよく見かける(写真はアナハゼ)

満潮にかかり、差し込んでくる海水→

↑オオアカフジツボ。蔓脚を広げ懸濁物やプランクトンの餌捕りに忙しい。小さくとも海の浄化に大いに役立っている

↑ベリルイソギンチャク。潮が引いている時は身を閉じ、干からびるのを防いでいるが、潮が差してくると体全体を広げ、餌捕りの準備を始める

↑猿島の岩礁に張り付いた巻貝のウノアシ。内湾にあっても潮通しがよいので外洋系の生物相が形成されている。潮間帯の生き物によって環境を知ることができる一例

↑逃げ遅れたハオコゼの成魚

←カニと違ってハサミという迎撃武器を持たないエビたちは、夜陰にまぎれ俊敏に泳ぐことと、素早く砂に潜ることで身を守る。しかし眼だけは出して周囲を伺う

夜の海水浴場の海中で繰り広げられる生き物たちの七変化

夜の砂地やアマモ場ではいろいろな魚介類が見事な擬態やカモフラージュ術で身を潜めている。様々な生き物の美しく、たくましく、あるいはユーモラスな姿態の数々

↑夜には美しい魚が浅い砂地に現れる。ホウボウの幼魚で子どもの頃から胸びれは美しい

←ミミダコ。進化の途中過程を示すかのようにイカの特徴を残したタコ。砂地に潜るシーンはユーモラスで、体を潜らせてから2、3分の間、腕で丁寧に砂をかけ身を隠す

↑タコの砂化けの術。タコは擬態とカモフラージュのすばらしき名人だ

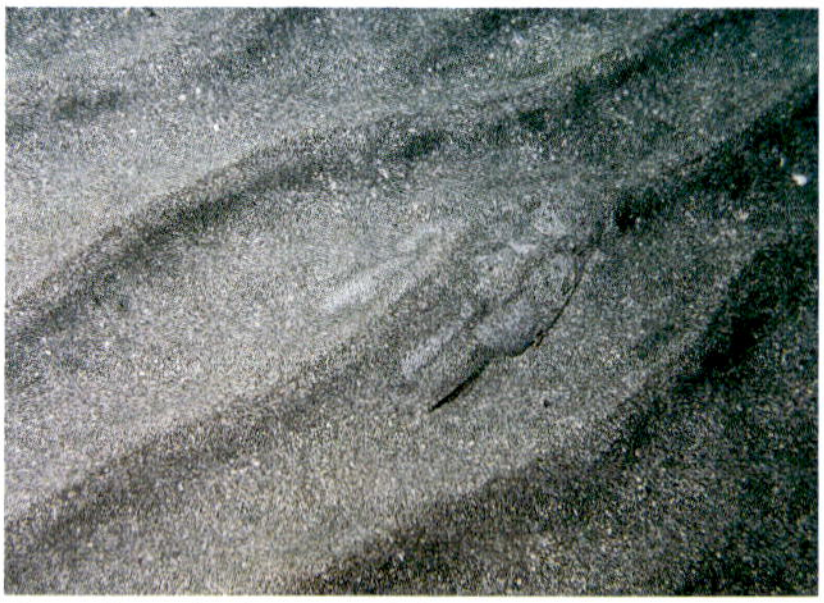

↑マゴチ。何時間この態勢でいたのだろう、体の上に波紋がしっかり付いている

↑極めて珍しい写真で、アマモ場に現れたイセエビ。30年間、東京湾でナイトダイビングをしているが、砂地でイセエビを見たのは初めて。棲みかへの移動途中にアマモ場を通過したのだろうか。この後アマモの中に隠れて一足飛びに逃げた

↑ジンドウイカ。晩夏から秋の夜、アマモ場域に多くがやってくる。興奮すると瞬時に体色を様々に変えて美しい

↑睡眠中のマダイの未成魚。アマモ場でこのような手の平サイズになるまで育ち、深場へと下り成魚となる。お休み中はこのような横縞模様が現れる

↓シロギスの寝姿。そっと砂の布団を剥いでも気が付かずそのまま寝ている。寝ている時は横向きになっている

←雄のキュウセンの寝姿。ベラの仲間は夜は砂に潜って眠るが、これは極めて珍しいポーズで、眠る前に様子を見ているようだ

↑キスもまた素早く砂の中に潜る能力を持つ。眼だけ隠れていれば、体にかかった砂をここまで剥がされても気が付かない

↑ジャノメガザミ・カップルの愛の逃避行。交尾前の2匹をしつこくパパラッチしていたところ、雄が雌を抱えながら泳いで逃げ出したところ。これも極めて珍しい写真だ

↑ハチの成魚。胸びれが翼のようで美しい。背びれの模様はカモフラージュ用か

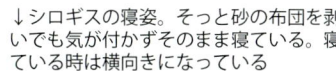

↑アイナメがこちらに気づき正対して、逃げる間合いを測っているところ

岩礁に棲む様々な生き物の珍しい姿

岩礁に潜ってみると様々な生き物の生態を見ることができる。カモフラージュするもの、産卵するもの、餌を捕えるもの、眠っているもの……珍しい瞬間の数々

↑カサゴのカモフラージュ

←全身婚姻色に輝くアイナメの成魚。10月末から2月頃まで雄は黄色に輝く

→夜のクダヤガラ。寝ているのか、マダイと同じように縞模様が浮き出ている

↓母ダコの愛情。小さな岩の隙間でタコが産卵していたので、体に隠れた海藤花（かいとうげ）（卵の房）を見ようと棒で体を横に押したころ、足で卵を巻いて守り、残りの足でこちらを威嚇してきた。種の保存のためとはいえ母ダコの愛情に感心

→アラメの下のアイナメ。慣れていないと、付け根にいるアイナメを見過ごしてしまう

←ヨロイメバルのカモフラージュ。体を横にして貝殻砂に合わせている

↑魚が餌をゲットした瞬間に出会う機会は少ない。アナハゼがホンベラの幼魚を捕らえたところ

はじめに

前著『誰も知らない東京湾』（1989年）を上梓してから今年（2008年）で19年の歳月が経ちます。

当時はバブル真っ盛りで、今でこそ採算性がないと確定した東京湾アクアラインですが、当時はろくに批判もされないまま着工されました。また、東京湾の沿岸部開発も横浜市のMM21などが完成期に入る時代でした。89年は今思えばバブル崩壊前夜であったのですが、霞ヶ関や湾岸自治体は、さらに、東京湾を埋め立てる人工島計画など様々なプランをあだ花のように打ち上げていました。前著は、このままでは東京湾は一体どうなってしまうのか、との思いの下で出版しました。

東京湾保全運動に取り組み始めてから35年になりますが、戦後の東京湾開発についてはおおむね次のような評価をしています。

敗戦時7200万人余りだった日本の総人口が、ピーク時の2004年には1億2700万人を越えました。戦後ほぼ60年で人口が5000万人以上増えたわけです。

少子高齢化を憂う論議が盛んですが、60年で5000万人も増えた人口バブルの問題を突く論議がないのも不思議です。敗戦により海外領土を失った我が国は、1960年ぐらいまで、日本は人口が多すぎるとして移民が奨励されていました。

戦後、我が国は工業立国として貿易で黒字を生み、食料の過半は輸入に頼ることを国策として選択しました。1億の民草を食わせるために、東京湾をはじめ太平洋側の内湾の浅海域を埋め立てて、土地を造成しなければ高度成長路線は採れなかったわけで、湾岸開発も致し方なかったと思います。

しかし、開発の20世紀の埋め立ては、生産と浄化の場である内湾の砂浜、磯、入り江など浅海域が持つ多大なる機能をまったくといっていい程評価せず、浅い海を見れば土地造成という発想しかなかったことが大きな問題でした。この開発の流れは、最終的に土地投機のバブル景気に行き着き終焉を迎えました。極端な湾岸開発と人口集中により水質が劣化した結果、夏に赤潮が湧き続け、気持ちよく泳げなくなってしまった東京湾。そして、今日の東京湾漁業の壊滅的状況はすべて20世紀の大埋め立てに起因しています。

話は私事になりますが、1960年代の末、ある先輩が横須賀で当時有名な寿司屋に連れていってくれたことがあります。その時、先輩は「まじめに働いていれば、お前たちだってこういう寿司屋で寿司が食べられるようになる」と励ましてくれました。公害がひどい時でしたが、まだ江戸前ネタは今より多く獲れていた頃の話です。それから10年程経ち自前で寿司屋に行けるようになりましたが、本物の江戸前ネタの多くはケースから消えていました。

大げさに聞こえるかもしれませんが、その時「俺は何のために働いてきたのか」と思いました。高度成長政策のお陰で確かにお金は稼げるようなり、衣食住も足りましたが、クルマエビもワタリガニもハマグリもミルガイも食べられなくなったのです。峠三吉さんではないですが、エビを返せ、カニを返せ、おいしい魚を返せ、そして、それらを生み出す偉大な浅い海を返せと叫びたい心境でした。私が東京湾にこだわり続ける原点は、健康な海がおいしい魚介類を育てるということです。したがって、それを壊しておいしい地物ネタを奪い、海に入れなくさせるような政治は市民のための政治ではない、との思いがいっぱいでした。

前作発表から2年後の1991年、私は東京湾保全を掲げ横須賀市議に当選し、以降も環境派議員として活動し、現在5期目を務めています。しかし、湾岸を見渡すと、自然が好きで「好きこそものの上手なれ」の環境派議員があまりに少ないことを懸念する状況でもあります。

戦争と開発の20世紀が終わり21世紀に入った今、国土交通省は方針転換をし、埋め立て開発型から、東京湾の保全と再生に政策転換をしだしています。横須賀市も開発型港湾計画を変更し、環境共生・再生の港湾計画に改めました。10年前までは霞ヶ関と横須賀市港湾部は私にとって喧嘩をしにいくところでしたが、それは恩讐の彼方となり、今や浜辺の再生では協調関係を築くようになりました。

また、あまり知られていない下水道改善による東京湾有機汚濁の解消についても、国交省は合流改善と高度処理（リン、窒素の除去）の推進へと政策転換しました。東京湾に対し国は施策転換をしていますが、それが地方には伝わっていないことが本書出版の動機の一つです。

もう一つの動機は、前作以降、横須賀とその周辺の海に潜り続けた結果、多くの生き物を発見したので、それらを伝えたかったからです。イセエビやガザミの棲息を確認し、サンゴも発見し、ブリやマダイなどの回遊魚の生態も観察できました。そして、絶滅したと思っていた高級寿司ネタのタイラガイもミルガイも復活しています。これらおいしくも美しい横須賀の生き物たちを写真に収めたので、是非見ていただきたいという気持ちです。

20年間で撮影した海の生き物については第Ⅳ章で紹介しています。また、海を壊すとおいしいもの、美しいものからいなくなることから、失われた磯浜の再生と下水道の改善の必要性や、環境再生と漁業の現状についてはⅠ、Ⅱ章で詳述しました。今必要な環境施策は何かを知っていただきたいと思います。

最後になりますが、この本を出すきっかけとなったのは、２００３年６月に国交省が主催した「海辺の達人養成講座」に参加した時、夜の飲み会でウェイツの中井健人さんにお会いしたことによります。お互い酒が好きで魚介類が好きなことから、「環境行政は何をやっているんだ」との話になり、ウェイツの坂田耕司さんの協力を得て今回の出版に至りました。
うまい江戸前魚介類の復活と、気持ちよく泳げる海を取り戻すために、本書を役立てていただきたいと思います。

2008年初夏

一柳　洋

よみがえれ東京湾　江戸前の魚が食べたい！

目次

〈巻頭グラビア〉
きれいな海と汚れた海　1
様々な生き物が観察される潮溜まり　4
夜の海水浴場の海中で繰り広げられる生き物たちの七変化　7
岩礁に棲む様々な生き物の珍しい姿　10

はじめに　13

I章　なぜ夏の海で気持ちよく泳げないか　―東京湾汚濁の構造とその解決策は　21
海はなぜ汚れるのか　22
霞ヶ関華麗なる転身　33
自然のメカニズム　40
行政が出す数値の読み方　46
埋め立てで消失した浅瀬　51
自然再生へ方向転換　55

Ⅱ章　東京湾漁業クライシス　—江戸前料理・文化が失われる　69
健康でおいしく豊かな海　70
豊かな東京湾が生んだ数々の漁法　77
ひき網／巻網／刺網／晒網／定置網／敷網／延縄／苤／搔剥／見突き／潜水漁／捕鯨／釣り／テグス
ノリ養殖／ワカメ養殖／コンブ養殖／塩田
資料から見る東京湾漁業衰退史　100
どうするこれからの東京湾漁業　134

Ⅲ章　東京湾の海を「見る食べる」　—いろいろな海の楽しみ方　143
横須賀の海を見るなら　144
崩れゆく地産地消を楽しむには　160

Ⅳ章　東京湾・横須賀の魚　—こんなにも様々な生き物が棲んでいる　169
砂地の魚　171
アオヤガラ／アカエイ／アミメハギ／イシガレイ／ウミタナゴ／カワハギ／ガンギエイ類／キュウセン／クサフグ
クダヤガラ／クラカケトラギス／クロウシノシタ／コスジイシモチ／シマウシノシタ／ショウサイフグ／シロギス
スズキ／ダイナンウミヘビ／タカクラタツ／ドチザメ／トビヌメリ／ヒガンフグ／ヒメジ／ヒラメ／マコガレイ
マゴチ／マハゼ／ムツ／リュウグウハゼ

岩礁の森に棲む魚 187

アイナメ／イサキ／イシガキダイ／イシダイ／イソカサゴ／ウマヅラハギ／オニオコゼ／オハグロベラ
オヤビッチャ／カエルアンコウ／カゴカキダイ／カサゴ／カタクチイワシ／カンパチ／キジハタ／キタマクラ
キヌバリ／キンチャクダイ／クジメ／ゲンロクダイ／コブダイ／コンゴウフグ／ゴンズイ／タカノハダイ
チャガラ／ナベカ／ハオコゼ／ブリ／マアジ／マアナゴ／マダイ／マハタ／ムラソイ／メジナ／メバル

魚類以外の水産物 208

ガザミ／ジャノメガザミ／タイワンガザミ／イシガニ／イセエビ／クルマエビ／フトミゾエビ／アカウニ
ムラサキウニ／アカニシ／サザエ／トコブシ／トリガイ／アサリ／ウチムラサキ／ミルクイ／タイラギ／マガキ
マナマコ／マダコ／アオリイカ／コウイカ／ジンドウイカ／アラメ／ノリ／ヒジキ／ワカメ／モスソガイ
ミスガイ／アズマニシキ

トロピカルフィッシュ 230

コロダイ／シラコダイ／スズメダイ／ソラスズメダイ／チョウチョウウオ／チョウハン／テングチョウチョウウオ
フウライチョウチョウウオ／ミノカサゴ／ムレハタタテダイ／ロクセンスズメダイ

サンゴの仲間 236

エナガトゲトサカ／カリフラワータイプ／トゲトサカの仲間／様々なトサカ類／ウンベルリヘラの仲間／ヤギ類
イソハナビ／イソバナ／ウミサボテン／ウミイチゴ／共生藻を持つタイプ／ウミエラ／トゲウミエラ
ムラサキハナギンチャク／ヒメハナギンチャク／ウスアカイソギンチャク／アンズイソギンチャク
カワリイソギンチャク／スナギンチャク／キサンゴ／ムツサンゴ／ウミシダ

むすびにかえて 249

Ⅰ章　なぜ夏の海で気持ちよく泳げないか

―東京湾汚濁の構造とその解決策は

海はなぜ汚れるのか

泳ぐ気のしない海

ギラギラと輝く太陽を背に受けると、海に行きたくなるものです。「さあ海へ」と猛暑の中、車や電車で出かけて、いざ浜辺に着いたら海の色が真っ茶色でガックリ、泳ぐ気もしなくなった、という経験をお持ちの方は多いのではないでしょうか。

本当にガックリきますよね。なにも沖縄や小笠原のレベルまでは望みませんが、海に入って、せめて自分の足が見えるくらいに水は澄んでいてほしいもの。

このようなひどい海の色を見て、いったいその原因は何かと考えられた方はどれぐらいいらっしゃるでしょうか。「しようがないな」と諦める前に、ちゃんと税金を払っているのになぜ夏に気持ちよく海に入れないのか、国や自治体は何をしているのか、が問われるべきです。そこでこの際、なぜ東京湾はきれいにならないのかを徹底分析して、東京湾をよみがえらせるにはどうしたらよいかを考えてみたいと思います。

結論から言って、夏の海の汚れのほとんどは、私たちが毎日出す生活排水が原因です。つまり、下水道が汚濁の最大原因です。こう書くと「そんなこと初めて聞いた話だぞ」と思われる方も多いでしょう。また、設備敷設費に多額な税金をつぎ込んで、汚水処理に下水料金を払っているのになんで、と思うのは無理のないことです。

そこでまず、納税者である皆さんに本当のことが伝わっていないという日本の現実を、まず知っていただきたいと思います。では、なぜ本当のことが伝わらないのか。私は次の3つが原因であると考えています。

1　都市部の下水道を所管する国土交通省（郡部では農水省所管の下水道がある）や下水道事業を展開している各自治体が、水質悪化のいちばんの原因が下水道であることを自ら積極的に語ろうとはしない。

私は横須賀市議会議員として、市の下水道担当に未処理下水合流問題について本当の情報を開示せよと要求していますが、未だに数字や表現のごまかしをしています。これは、のちに「行政が出す数値の読み方」の項目（46ページ）で詳しく述べます。

2　日本では環境問題に精通する議員が国会をはじめ地方議会にも少なく、しかも海の環境問題に取り組む議員はさらに少ない。

海の浄化には下水道対策が最大の環境問題、との論戦を交わせる議員はほとんどいません。ちなみに、横須賀市議会に18年在籍している私も、他の議員が、下水道が引き起こす環境問題を追及したのを見たことはありません。議会で問題が顕在化しなければ行政は積極的に取り組みません。

3　ジャーナリズムも前述2と同様で、環境問題や下水道問題に精通した記者は稀なので、記事や番組で取り上げられない。

ジャーナリストは社会の夜警役と言われます。議員も同様です。この2分野に人を育てないといけません。国自らが対策を取り始めているので、この問題に対しては報道管制やメディア規制はないのですが、報道で扱ったり議会で取り上げたりする人が少なく問題が顕在化していません。

行政が都合の悪いことを自ら語ることはない

議員をしていてつくづく思っていますが、行政は都合の悪いことは問わない限り、絶対に言いません。また、議会でも取材でも、本質を突く質問をしないと平気ではぐらかします。情報隠しは社保庁だけではありません。だから、議員とジャーナリストに環境の専門家がいないと駄目なのです。そういう状況ゆえ、本当のことが伝わっていません。もう一つ、その地域にしっかりした環境団体がないと、市民のための環境行政は停滞します。政治は常に主権者に跳ね返ります。

マスコミ報道について言えば、温暖化を人為的影響と捉える報道が多いですが、6000年前の温暖化（三内丸山《さんないまるやま》遺跡もその頃栄えた）による縄文海進（東京湾は群馬まで広がった）は、太陽活動の活発化や地球規模の自然現象の一環でしょう。そういうことが過去にあったことが報道されず温暖化防止キャンペーンばかり行われ、いまや金儲けの種になっている「環境対策」には、胡散《うさん》臭さを感じています。それよりも身近な環境問題を取り上げることが大事です。

真実が伝わらない構図は以上のとおりで、以下に、なぜ下水道が海を汚すのかについて触れたいと思います。

2800万人分の下水が東京湾へ

私たちの生活と水は切っても切れない関係にあります。私たちは毎日トイレに入ります。食事の時に台所から水を出します。そのほかにも風呂に入ったり、洗濯もします。家庭から出る屎尿、台所、洗濯、風呂の4種類の排水が汚染原因です。大小便も、食器に残る残滓も、体の垢もすべて海の富栄養化につながる有機物です。しかも、工場から出る汚水より家庭から出る汚水のほうが断然多いのです。

では、いったい東京湾には毎日どれほどの人数分の排水が流入するのかを改めて調べました。なんと1都3県で2840万人に達することがわかりました。

詳しくは表を見てほしいのですが、首都の東京からは1343万人（23区では909万人）、神奈川が559万人、千葉が361万人です。これに、湾岸ではないけれど川を通じて東京湾に流している埼玉県の582万人分も加え、合計2845万人になります。

逆に言えば、約3000万人の下水を流し込んでも、まだこの程度の水質を維持できているのは、下水処理場職員の努力、そして東京湾の自浄能力の高さにあります。これについては、またのちほど述べます。

東京湾流入下水道内訳

東京湾流入分のみ		下水道計画人口（千人）	下水道人口普及率（%）	人口比率
埼玉県		5,820	74.2	20.5%
	さいたま市	950	81.9	
千葉県		3,607	71.1	12.7%
	千葉市	900	94.0	
東京都		13,432	98.2	47.2%
	都区部	9,093	99.9	
神奈川県		5,591	98.6	19.7%
	横浜市	3,842	99.7	
	川崎市	1,300	98.8	
	横須賀市	433	97.1	
	三浦市	17	29.3	
		28,450		100.0%

日本下水道協会発行資料2006年下水道統計を基に作成

昔の海はなぜきれいだったのか

昔の海はなぜきれいだったのかを考えると、下水道汚濁論をよりよくわかっていただけると思います。

50年前までの東京湾は今よりずっときれいでした。理由の一つに、今ほど都市に人口が集中していなかった、ということがあります。なにしろ、戦後60年で日本の人口は5000万人も増えたのです（余談ですが、ここまで増えたことを指摘せず少子化を騒ぐのはおかしいと思いませんか）。

そして、1960年ぐらいまでほとんどの家のトイレは汲み取り式でした。私の生家も私が20歳頃までは汲み取り便所でした。夏になると匂いが強烈だったことを覚えているし、便槽にウジが湧きハエも多かったですね。〝大〟をした時は「おつり」といって屎尿が跳ね上がるので、落下と同時にお尻を上げたものです。50歳以上の方なら「昔はよかったとは言えない」思い出の一つでしょう。

汲み取り便所は生活上不衛生ではあったけれど、環境的には非常によかった。なぜなら、この屎尿が近郊の農地の肥やしとなっていたからです。50年前までは、都市近郊でも農地がたくさんあり肥溜めもありました。今や死語になりましたが、この匂いを「田舎の香水」と呼んでいました。西武新宿線などはその昔、荻窪や中野など郊外の農地に屎尿を運んだので「汚穢《おわい》電車」と揶揄《やゆ》されていました――「汚穢」も死語ですかね。

それはともかく、人間が出した屎尿を農地に還元することは理想的なリサイクルで、明治維新時にたくさん来た欧米の技術者を感嘆させています。また、東京に人口が集中するようになり始め、農地還元だけでは余るようになると、東京湾外に屎尿投棄するようになりました。今や屎尿の海洋投棄は許されませんが、外洋は超貧栄養ですから、外洋に屎尿をまくのは栄養バランスの観点からいって間違いではなく、プランクトンを生むことにつながり、ひいては魚をおいしくします。農地還元も海洋投棄も生態学の理にかなっているわけです。

ところが１９６０年代以降、沿岸の都市部から下水道敷設が本格化しだしました。水洗化が都市生活の快適さのバロメーターとなり、各都市が水洗化つまり下水道普及率向上に躍起になり、肥やし成分が下水処理場や雨水吐けから東京湾に流されるようになったのです（30ページ以降詳述）。

貧栄養の話のついでに、沖縄や小笠原の海はなぜ透き通っているかについて触れておきます。これらの海には栄養がなさ過ぎて植物プランクトンが非常に少なく、その結果、限りなく透明に近いブルーの色をしているのです。そして、沖縄の魚はなぜおいしくないのかと言えば、亜熱帯なので魚に脂肪分が少ないことと、栄養のない海なのでプランクトンが少なく魚にも栄養がつかないからです。遠く亜熱帯の海がお花畑とすれば、東京湾は野菜づくりに適した畑と言うことができ、多くの江戸前料理を生んできたのですが、今や肥やしが効き過ぎています。

東京湾がきれいでなくなったもう一つの理由は、高度経済成長とバブルの20世紀に、東京湾沿岸の浅瀬や干潟

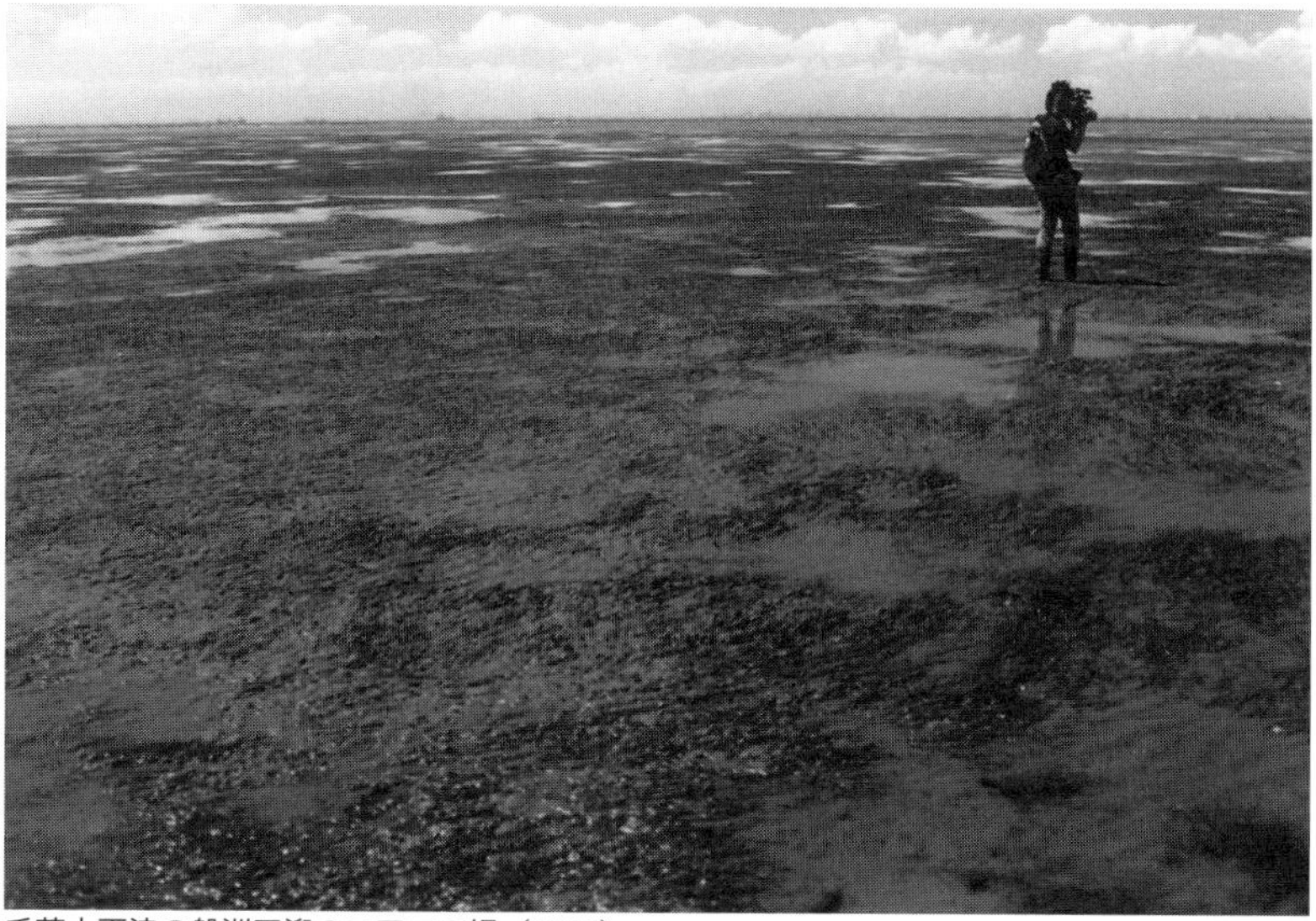

千葉木更津の盤洲干潟のコアマモ場（1990）

を埋め立てたことによります。浅い海の干潟や磯には多くの生き物が豊富にいて、その生き物たちが有機物を食べることによって、海を浄化してくれていたのです。

下水処理場のメカニズム

東京湾沿岸に人が集中し、高度経済成長により生活が豊かになると、快適な生活を求めるようになります。そこでトイレの水洗化が始まるわけです。最初は浄化槽方

合流下水道の敷設（1960）
資料提供：横須賀市上下水道局

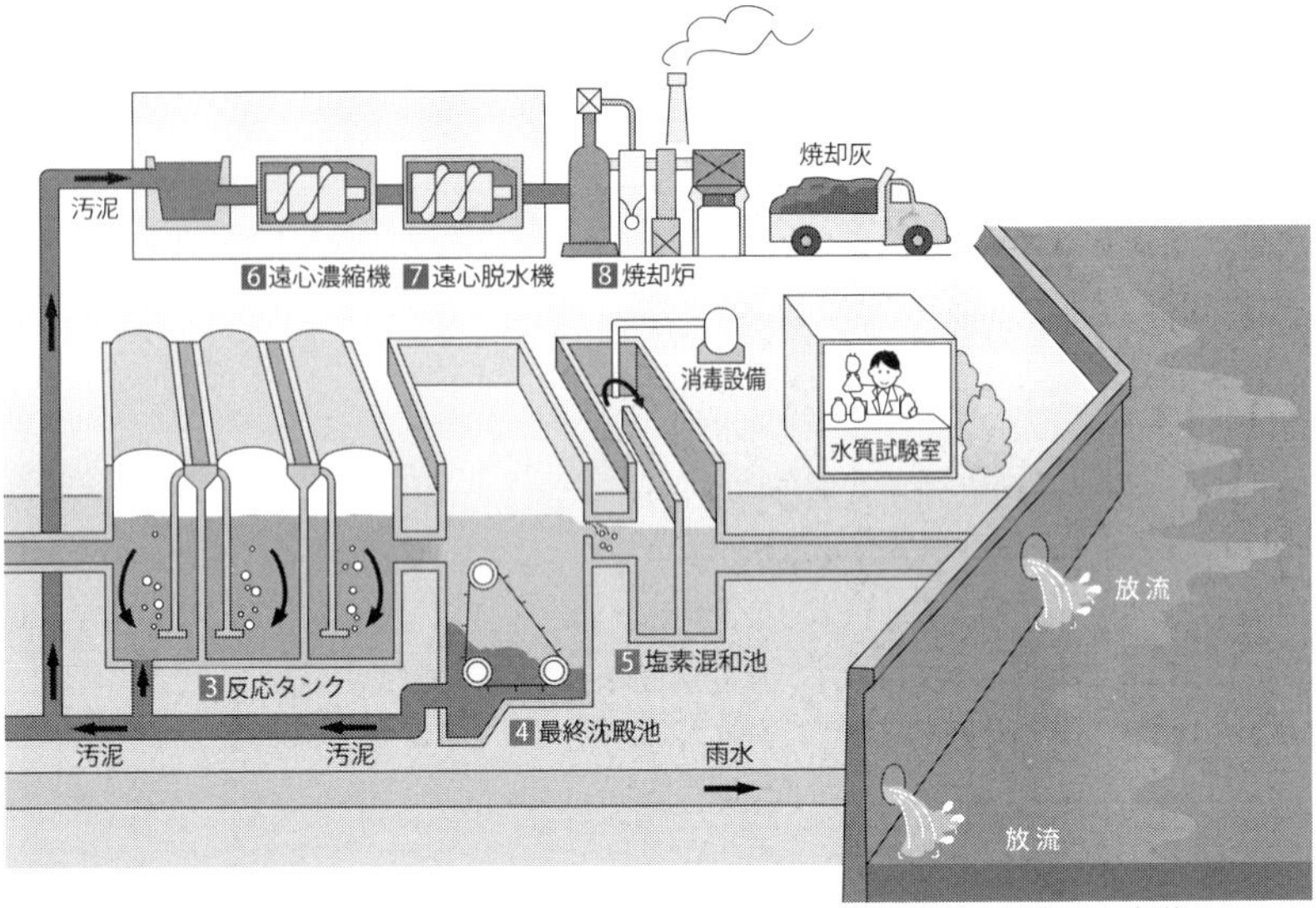

横須賀市上下水道局HPより

式でしたが、東京や横浜などの大都市から水洗化が始まり、大規模な下水処理場が建設されていきました。そして、20世紀後半には各都市とも競うように下水道普及率を高めました。横須賀市でも、１９６３年に下水道事業が開始されました。

　では、私たちが出した汚水はどのように処理されるのか、そのメカニズムをおさらいしてみましょう。

　家庭から出る汚水は屎尿、台所、洗濯、風呂から出る4種類です。下水道事業には、ほかに雨水対策がありますが、これは本来そのまま川や海へ流します。なお現代では、タイヤのかすなど社会活動から出た塵芥が雨で洗われ雨水排水に流れ込みます。

　家庭からの汚水は下水管を通り水処理場に運ばれます。下水は上水道と違い本来自然流下ですが、自然流下では限界があるので、だいたいはポンプ場を介して圧送されます。処理場に運ばれた下水は、まず沈殿池に入れられ重力でチリや固形物が沈められます。その後、排水は次のタンクに入れられ標準活性汚泥法（汚れ＝栄養

分流式下水道の仕組み

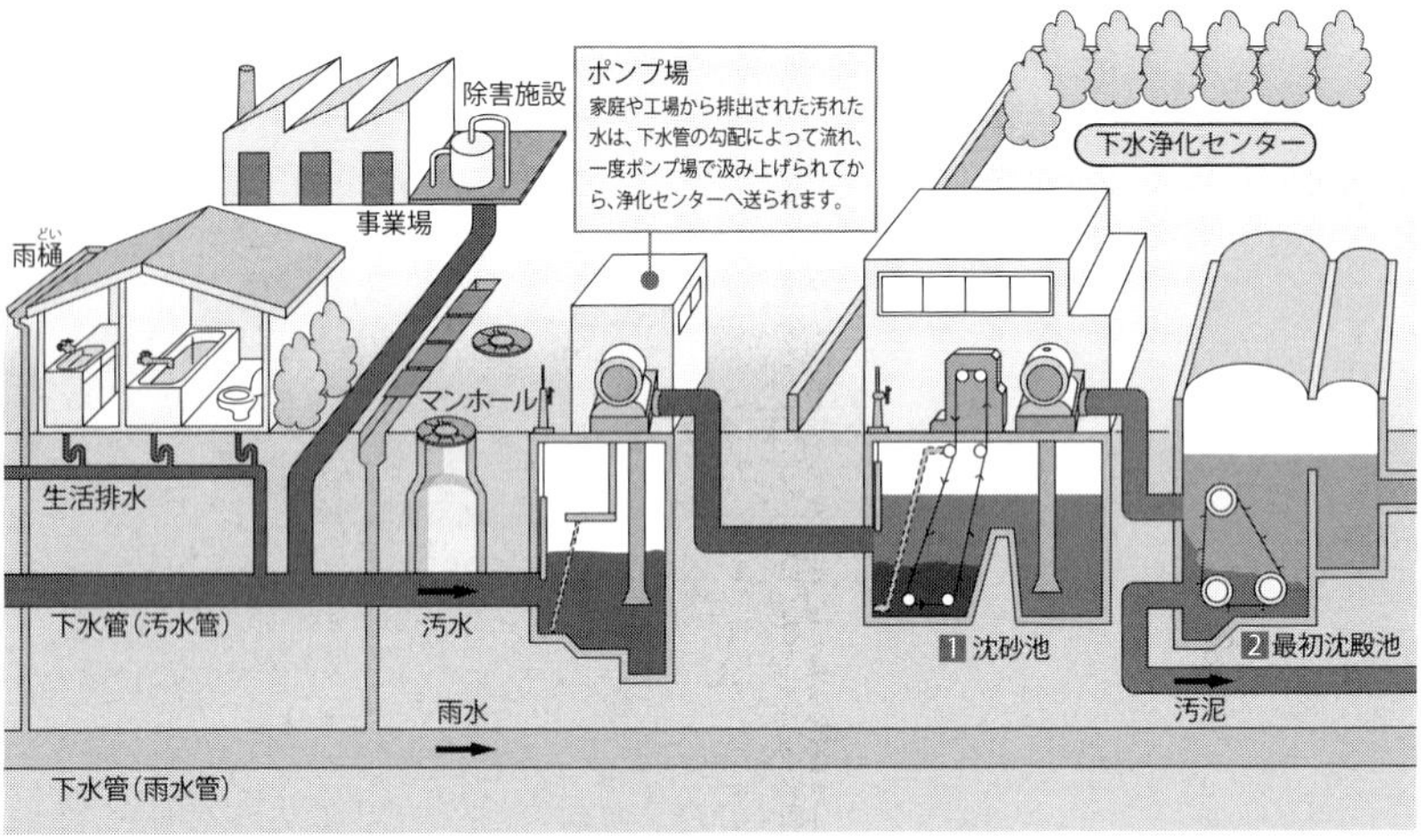

分流式：雨水は川・海に流し汚水だけを処理場へ運ぶ
合流式：雨水と汚水を1本の管で運ぶ

分をバクテリアに食べてもらう）により処理されます。処理された水は最終沈殿池に入れられバクテリアが沈んでから、上澄み水に塩素を吹きかけられ川や海に流されます。

もっとマニアックに知りたい方は、各自治体のＨＰで下水処理について解説しているので、それをご覧ください（ただし、オブラートにくるんだ表現の解説も見受けられます）。

役所をこき下ろすことが多い私ですが、評価すべきところは褒めておきます。各自治体の下水処理場では、法律に上乗せした厳しい排水規準を設定して十分な運転管理の下、川、海の公共用水域に放流しています。

下水処理は自然界の摂理に基づいて生物処理をしているので、バクテリアを十分働かせるために練達の運転管理が必要です。技術職員はプライドを持って仕事に就いていますが、この頃は行革で運転管理も民間委託が目立つのが気になります。チェック体制については、人減らしせず厳格にしておく必要があります。

雨の日は未処理下水が海に垂れ流される

さて、ここで知る人しか知らない下水道の構造汚濁問題に触れます。

1970年までに計画された下水道はすべて合流式で、家庭からの汚水を浄化センターまで運ぶのに雨水と一緒（1本の管）に運びます。下水処理先進都市は、お金をかけずに済む合流方式で下水道事業を始めました。

下水道にはこの合流式と別に分流式があります。合流式が汚水と雨水を一緒に運ぶやり方であるのに対し、分流式は汚水と雨水を別の管で流し汚水だけを処理場に運ぶ方法です。川・海が急速に汚れだしたため、70年の公害国会で水質汚濁防止法が成立し、下水道法も併せ改正され、これ以降は分流式に改められました。

環境のことを考えれば、初めからこの分流式で整備すべきだったのですが、おわかりのように管を2本敷く必要があり、単純に言えば敷設費に倍の金がかかるので、安価な合流式で敷設したのです。

では、合流式はどこに問題があるのでしょう。実は、晴れた日はまったく問題ありません。でも、雨の日を考えてください。時間雨量数ミリの雨でも、都市の下水管に入る雨量は相当な量となります（1㎜／hの雨は1時間あたり1㎡の広さに1ℓ溜まる）。流れ込んでくる雨水をそのまま下水処理場に入れたら沈殿池は溢れ返ってしまうので、各都市とも下水道管内の流量が晴天時の3倍を超えると、途中のポンプ場や雨水吐けから未処理汚水を、雨水で希釈しただけで流してしまうのです（雨天時に自動的に海に流す排水口がある。33、35ページ写真参照）。

要するに、雨の日は肥やしを川や海に直接まいているわけです。特に、初期降雨水は管の中に沈殿している汚泥や道路のゴミを一気に流します。汚濁負荷が非常に高い初期降雨水をファーストフラッシュと呼んでいます。

では、年間どれだけ「垂れ流しの日」があるかを横須賀市の例から見ます。98年からの10年間を見ると、いちばん少ない年で36回、多い年は100回を数え、平均は

生下水放流日数の実例（追浜ポンプ場雨水ポンプ運転状況）

	1998	1999	2000	2001	2002	2003	2004	2005	2006	2007
4月	14	6	8	3	3	6	5	3	3	1
5月	12	8	7	7	7	5	3	2	3	5
6月	12	9	12	4	10	5	6	5	4	1
7月	11	9	5	1	4	7	1	5	5	8
8月	7	7	5	7	4	8	2	3	4	2
9月	11	6	11	8	12	2	3	6	5	5
10月	9	4	7	7	7	6	10	4	4	2
11月	1	5	3	4	2	9	3	1	3	1
12月	3	1	1	3	5	3	2	0	1	4
1月	1	7	6	3	4	3	0	1	1	0
2月	4	0	4	2	4	2	2	3	4	1
3月	15	6	6	8	6	5	2	3	5	6
合計	100	68	75	57	68	61	39	36	42	36

雨水ポンプ運転というのは、生下水を処理場に送らず川や海に直接流してしまうことを意味する。雨の多い年には、生下水の放流日は100日にもなる。追浜浄化センターには、近接する自動車、造船工場の排水を引き受ける沈澱池があったが、企業は既に自前の浄化施設をつくっており接続しないことがわかった。そこで、環境負荷を低減するために、空いている沈澱地を雨水滞水地として活用することを下水道局に要望したところ、2004度より沈殿池がいっぱいになるまで汚水を送るよう運転方法を変更してくれた。その結果、放流日数を大幅に減らすことができた。合流改善の滞水池方式の先駆けである。横須賀市上下水道局の資料を基に作成

58日でした。実に6日に1回は未処理下水が垂れ流されているのです。冬は雨の日が少ないですから、梅雨時から夕立の夏、そして台風の秋に集中します。

したがって、雨が降った翌日など、お日様がカッと照る夏は、肥やしを栄養にした植物プランクトンが大増殖します。植物プランクトンが1㎠あたり数千から数万に達すると、そのプランクトンの色で海が茶色や赤色になります。これを「赤潮」と言います。

以上、赤潮の原因は下水にあります。これが冒頭に述べた夏の海が濁る原因です。都市が背負う業《ごう》と言ってもよいでしょう。

行政が法律違反？

「環境の時代」、こんな人為的理由で海を汚し続けていていいのか、と皆さんは思われませんか。

まさにそのとおりで、雨天時の合流式下水の排水は「水質汚濁防止法違反」になるのです。役所が毎日行ってい

る下水処理の排水が法律違反とは！　これは、国や自治体にとって大変なことになったのです。横須賀市は前任の官僚出身の沢田氏が、１９９３〜２００５年の間市長を務めていました。この人は何でも一番が好きで、中核市レベルで初めて下水処理場にＩＳＯ１４００１を適用しました。ＩＳＯ１４００１はスパイラル状に環境対策を上げていく方式なので、当初私もこれに賛成しましたが、とんでもないペテンがわかりました。

私は、合流下水施設から公共用水域に出る排水が雨の日は水濁法違反になるので、これに手を付けてくれると思ったのですが、この市長、当時50億円の市立美術館を建てる算段をしていたので、環境に金をかけたくありませんでした。そこで、ＩＳＯ１４００１は下水処理施設内だけに限り、放流口や雨水吐けからの放流水には適用しないとしたのです。その理由は、国の言うとおりやってきたのだから市に責任はないと言うのです。私や下水問題に詳しい人たちは、この「ペテン」をＩＳＯならぬ「ＵＳＯ８００」と言って批判しました。

海の浄化のために合流下水対策を取ってほしい、との私の質問に、この方は「本市が東京湾に出す下水量は全体の３％に過ぎず先鞭を付ける考えはない」とハッキリ答弁しました。

この人はＩＳＯ１４００１の取得と併せて「環境行動自治体」を名乗り、都市像を「国際海の手文化都市」としましたが、海の浄化に対する意識はこんなものでした。当然、「国際」とはアメリカ軍のことかと揶揄されました。また、「海の手文化都市」も海のことを一考だにしていないことから、この不動産屋的ネーミングを私は「海の手前・文化都市」と指摘しました。市長は２００５年に３代目の官僚市長に替わりましたが、市トップの思考は未だに海の手前で止まっています。

話が脱線しましたが、この時は雨の日に下水をすくい、水濁法違反でこのＩＳＯ市長を告発しようかとも思いましたが、国が姿勢を変えたことにより荒業を取らずに済みました。

霞ヶ関華麗なる転身

下水道の環境対策を実施

２００４年、国土交通省は合流下水道などの水濁法違反状態を解消するために、合流下水道改善を打ち出しました。同時に、東京湾など生活排水による富栄養化の激しい内湾に対して、富栄養化の元となる窒素、リンの総量規制（環境省所管）も立法化されました。これに合わせるかたちで、東京都は雨天時の合流下水排水の衝撃的写真をホームページで公表しました。

国や都は、下水道の環境対策を実施すべき時に入ったと決断したのです。

なお、これに至るまで東京湾の環境対策については、８都県市（東京、神奈川、埼玉、千葉の１都３県と横浜、川崎、千葉、さいたまの４政令市）が東京湾浄化を国へ要請していました。また、東京湾沿岸自治体で構成される「東京湾岸自治体環境保全会議」も結成されており、以下のこ

東京都下水道局HPに掲載の合流改善事業のPR写真。晴天時は生下水は放流されないが……

雨が降り雨量がある水準を越えると、このように生下水が公共水域に放流される。この合流下水の放流が東京湾汚染の一大原因である。この写真は、合流下水改善が国策として取り上げられる時期に合わせて公開された（2004）

とを要望していました。

1　富栄養化対策
2　下水道促進と生活排水対策
3　河川、港湾の汚泥による水質汚濁防止

同会議はこのほか、自然生態系の保全と回復、東京湾を市民の手に取り戻す対策などを国に対し要請しています。

海の浄化に関心をもつ湾岸自治体の担当職員たちは頑張って対応しています。これを受けて、国では環境省、国交省を中心に、東京湾浄化のための窒素・リンの総量規制や下水道対策が実施に移され、さらに、自然生態系の保全回復が政策として取り上げられるようになっています。ところが、これを、マスコミがほとんど報道しません。また、担当職員は理解しているのですが、横須賀市長をはじめ湾岸自治体の長に無理解者が多くいます。

私は、下水道改善は21世紀初頭における最大環境対策だと思っています。しかし、マスコミは地球「温暖化」ばかり取り上げ、それが宇宙や自然現象の影響なのか人為的影響なのかを十分分析もしないで、「偏向」報道をしています。まず、目を向けるべきは身近な環境改善ではないでしょうか。本当に優先すべき環境対策は何か。私たちが支払う税金が東京湾浄化に使われるように皆さんも考えてください。

合流区域対策のいろいろ

さて、実際に動き始めた下水道の環境対策について見ていきたいと思います。

下水の環境改善策に合流改善と高度処理があります。両方同時にやることが理想ですが、どちらも巨費を要するため優先順位を付けなければなりません。4、5年前に私は、横須賀市としてはどちらを優先するか議会で質問しましたが、横須賀市は合流改善を優先すると答弁しました。国も合流改善優先を認めています。それでは、その下水道の合流改善について見ていくとしましょう。

合流改善には次の４つがあります。

（1） スクリーンの設置

合流管は図のようになっています。大量の雨水が入ってきて、管内の水量が晴天時の3倍になると雨水吐けから川・海に流れ出す仕組みです。汚水と混合ですから、越流水にはトイレットペーパーなどが入っています。これをそのまま出すと、トイレットペーパーが舞い散るなどで見た目が悪くなります。横須賀市では昔、ノリ養殖場に近い雨水吐けからトイレットペーパーが流れ出し、ノリに白い点々が付いて漁業報償請求が出たこともあります。これを防ぐためにスクリーンを張り固形物が出ないようにしますが、単純で安上がりな対処療法のため肥やしの栄養分は網をすべてすり抜けてしまい、水質浄化には効果がありません。横須賀市の場合、これは実施中であり、予算総額は１０５４万円です。

雨水吐き室へのスクリーン設置

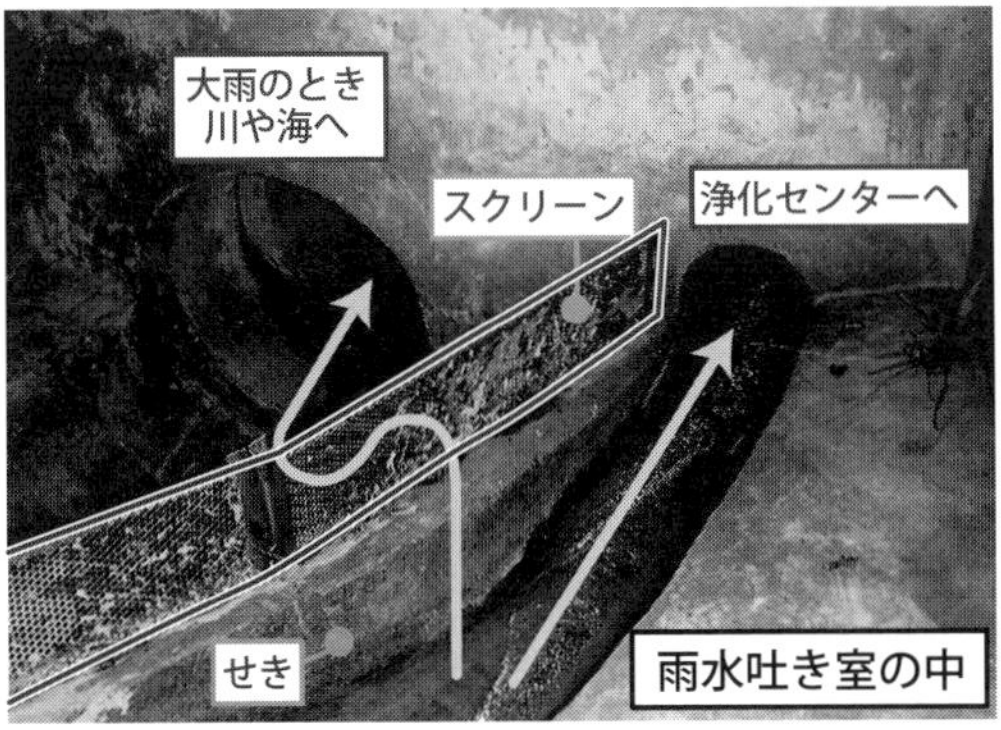

横須賀市上下水道局HPより

（2） 汚水バイパス管の敷設

分流区域の下水を浄水場に運ぶ途中で合流区域を通ります。合流区域に入ると合流管しかないので、せっかく分流で運んできた汚水を雨水と一緒の合流管に入れてしまいます。このカラクリについては「行政が出す数値の読み方」（46ページ）に詳しく書いてあります。

そのため、雨の日は分流区域分の汚水も加えて雨水吐けから流してしまうので、私は、合流区域を通る分流地域は「実質合流区域」と表現せよと言っています。しかし、上下水道局は地図どおり、実態を無視して「分流区域は分流区域なのだ」と無理が通れば道理が引っ込む的な弁明に終始しています。しかし、国からは、合流式下水道の緊急改善事業実施要領（02年5月）や下水道法施

｜汚水バイパス管の設置｜

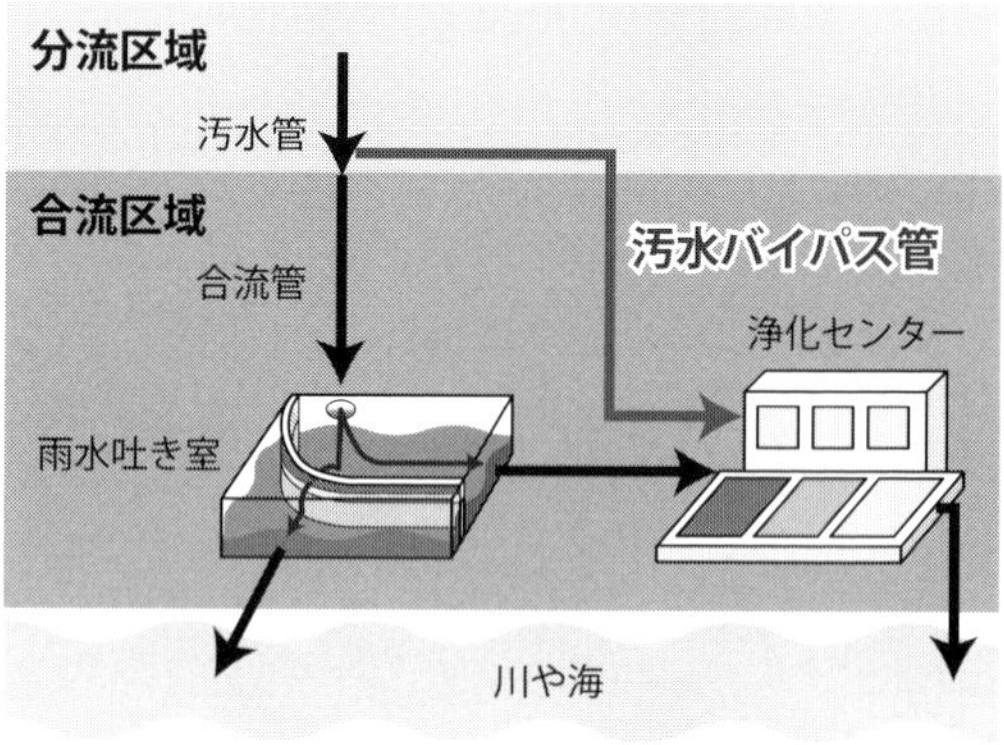

横須賀市上下水道局HPより

｜汚水バイパス管の位置図｜

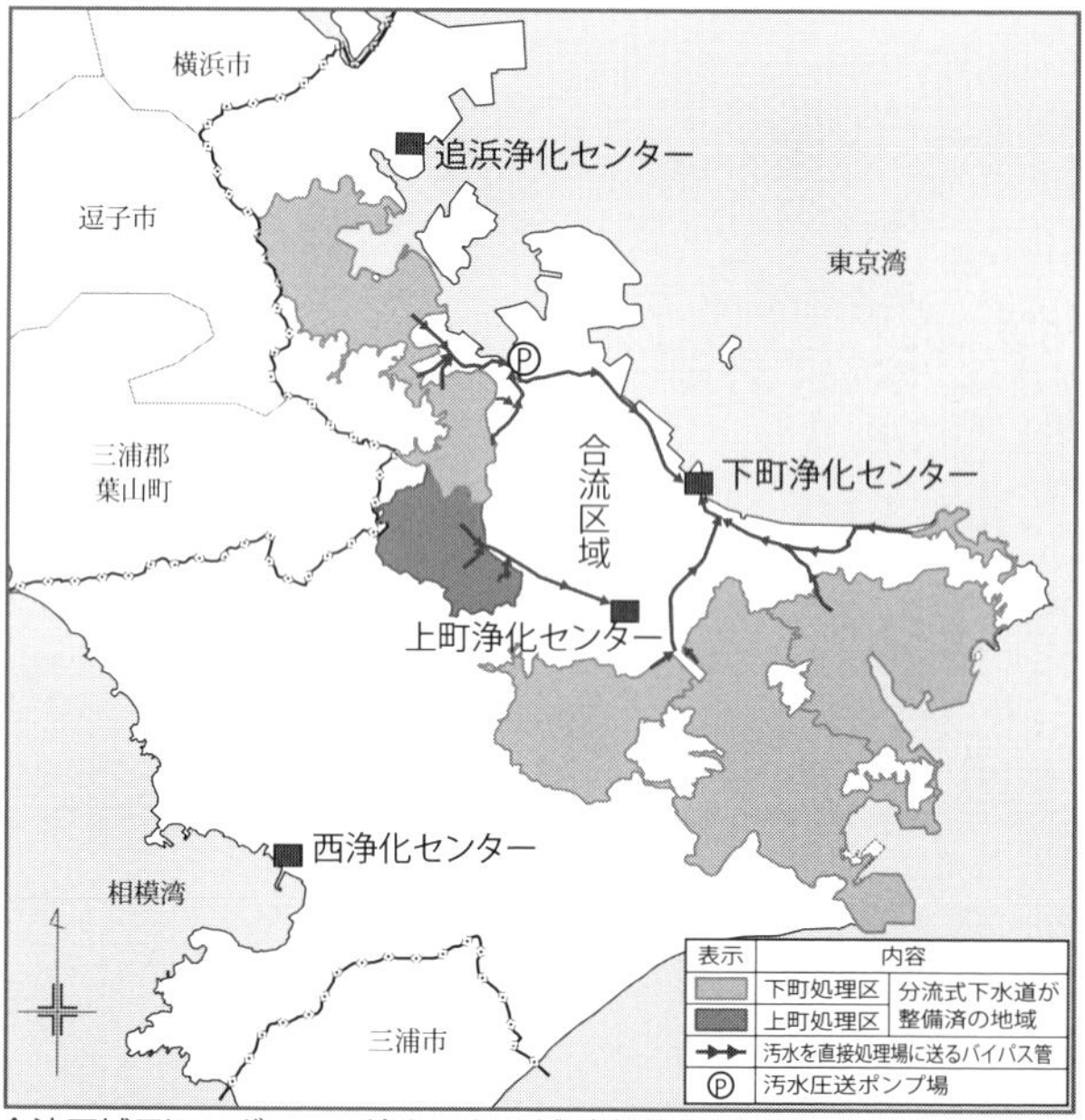

合流区域周辺のグレーに塗られた区域が実質合流区域
資料提供：横須賀市上下水道局

行令の改正（04年4月—原則として今後10年で改善）で合流下水道対策を取るよう求められています。国の指示には逆らうことはできないので、対策の一つとして合流区域に汚水専用バイパス管をもう1本敷設します。昔はこの管を遮集管と言っていました。

　横須賀市の場合、このバイパス管を11・3km敷設予定で、予算は概算で150億円を見込んでいます。

(3) 雨水滞水池の設置

　雨の日、未処理の下水が川や海へ流れ出る回数を減らすために、下水が雨水吐けに達する前に一時的に溜め置く「雨水滞水池」を設置します。浄化センター近くに設置するのをオンサイト、遠いところに設置するのをオフサイトと称します。雨が止み処理場に余裕ができた段階で、溜めておいた下水を浄化センターへ送って処理し海へと流します。

　横須賀市では10カ所に滞水池をつくる予定で、これの概算費用は175億円とされています。

(4) 合流区域を完全分流に変更

　合流区域にもう1本の管を敷設し、汚水と雨水を別々の管で流します。

　分流化は団地などには効果があると思いますが、個々

| 汚水滞水池の建設 |

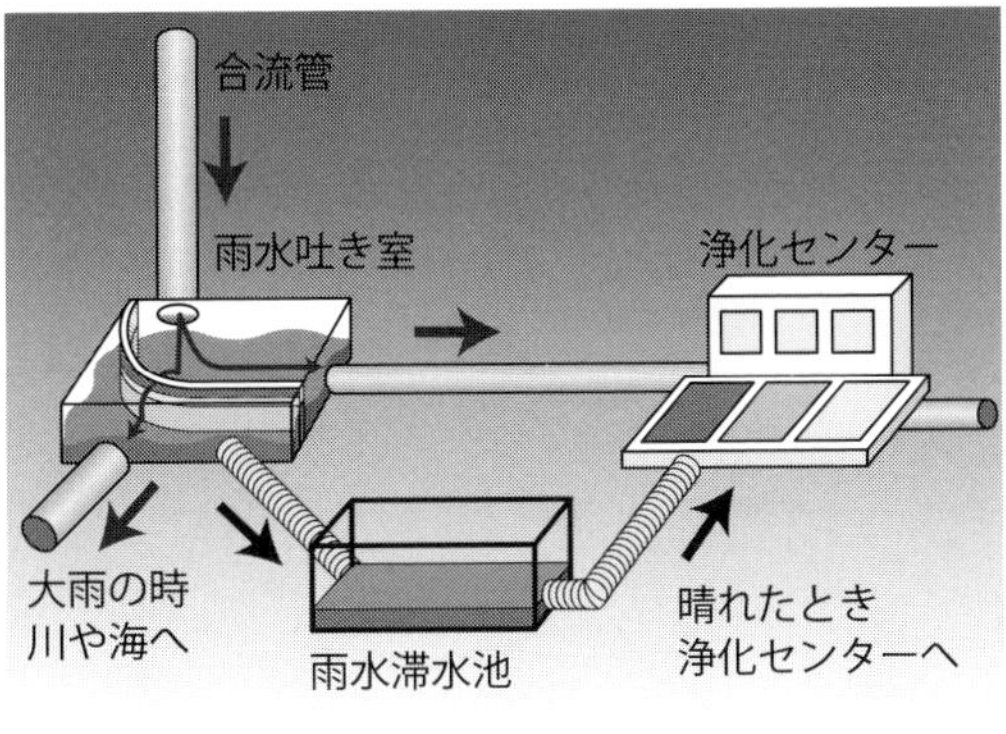

横須賀市上下水道局HPより

の住宅においては宅地内の排水設備を切り替えることが必要となり工事費用の負担が生じます。水洗化されていないならともかく、一般人の感覚では、自分の流している汚水が分流で流れるか合流で流れるかまでは関心が及ばず、また、それは役所の都合だろうと思う人が多いと思います。ですから、この方式を強要しても普及は遅々として進まないでしょう。市はこれに80億円を見込んでいます。対象地域に指定されている人はどう思われるでしょうか。合流区域を示す地図を49ページに紹介していますので参照してください。

分流化

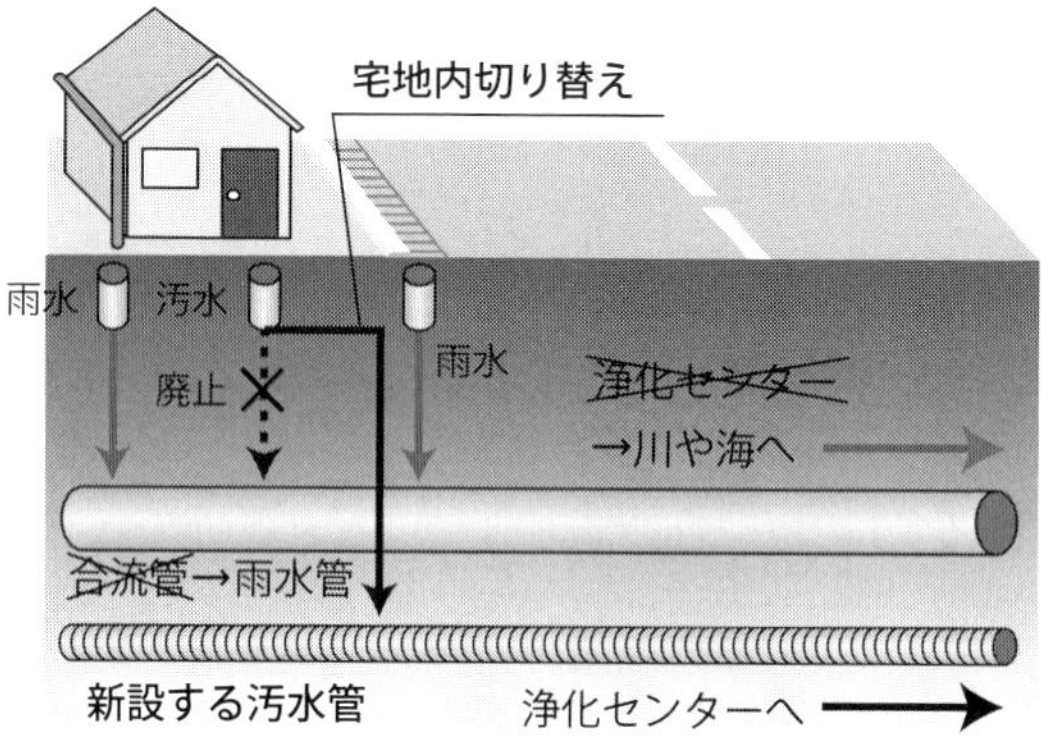

横須賀市上下水道局HPより

次なる浄化作戦、下水の高度処理とは

そして、国は海をきれいにするために、合流改善のあとには高度処理にも手を付けよ、としています。そこで、下水処理場を持つ全国の自治体は、合流改善の次には高度処理に取り組まざるを得なくなりました。

ここで、高度処理とはどういうものか見てみましょう。富栄養化の元になる窒素とリンを除去するために、現在の標準活性汚泥法による2次処理の後に生物や薬品を利用して処理を施します（3次処理）。この3次処理が高度処理と呼ばれます。

ここで高度処理の原理と方式を簡単に説明します。

窒素の除去

窒素除去は硝化細菌（好気性）による硝化反応と、脱窒細菌（嫌気性）による脱窒反応を組み合わせて行われます。下水中の窒素の大半はアンモニア性窒素で、下水が溶存酸素が十分な好気槽に入ると硝化細菌の働きでアンモニアが硝酸等に酸化されます（硝化反応）。この硝化された下水は無酸素槽（溶存酸素はないが結合性酸素はある）に送られます。この槽にいる脱窒細菌は溶存酸素がないと硝酸の酸素（結合性酸素）を利用して呼吸するため、硝酸は窒素ガスに還元（脱窒反応）され、大気中に放出され、下水中の窒素分が除去されます。

リンの除去

リンの除去には「ポリリン酸蓄積細菌」の性質を利用した生物処理と、化学薬品（金属凝集剤）を利用して行う物理化学的処理の2種類ありますが、ここでは前者を簡単に説明します。ポリリン酸蓄積細菌は、嫌気槽（溶存酸素も結合性酸素もない）の中では、細胞内に蓄積したポリリン酸を分解し、体外へリン酸を放出します。そのため、嫌気槽でのリン酸濃度は高くなります。次に、それを好気槽へ送ると嫌気槽で放出した以上のリン酸を過剰に体内に取り込みます。この「リンの過剰摂取現象」と呼ばれる現象を活用し、処理水中のリンを除去します。

この説明を読んで高度処理理論がすぐ頭に入る人は化学知識の豊かな人です、あなたは偉い！　わかりづらければ、こういうやり方があるのだという理解だけでけっこうです。高度処理についてさらに詳しくお知りになりたい方は、各自治体のホームページで「高度処理」を検索して調べることができます。

なお、この高度処理をするには莫大な費用を要します。横須賀市の人口は現在約42万人ですが、高度処理のインフラ費用は約５００億円と見込まれています（合流改善が優先されるので、未だまったく手は付いていません）。一度汚した環境をきれいにするには巨額の費用を必要とします。私が、下水道改善が21世紀初頭の最大の環境対策というのはこのためです。

公共事業の内容も道路や鉄道、空港などから環境回復にシフトする必要があります。既に霞ヶ関の主導で始まっていますが、官僚主導だけでなく国民理解の下に進めるために、国会での論議とマスコミ報道が必要です。

自然のメカニズム

風任せの環境対策

この人為的汚染に対して、自然はどのように作用しているかを見ていきます。

夏は太平洋高気圧（昔はその位置から小笠原高気圧と言っていた）ががっちり張り出すと安定した天気が続き、最近では35度を超す猛暑日が続くようになります（東京湾がなければもっと暑くなります）。この気圧配置から夏の東京湾での季節風（卓越風）は南西風となります。夕凪・朝凪は、朝晩の一時期、陸の温度と海水温がほぼ同じになり風が止むことですが、昼からは海より陸の温度のほうが高くなり、太平洋や東京湾から都心に向けた風が吹くようになります（風は温度の低いところから高いところへの空気の移動）。夏の午後は、これが追い風となり南西風が吹きます。

東京湾西側に位置する横須賀市は夏らしい夏を迎えると、この南西風のおかげで富栄養と高水温で増殖したプランクトン（植物プランクトンは光合成するために海表面に多い）は対岸の千葉県湾奥部にどんどん送られていきます。このため、南西風が吹き続けると横須賀の海は澄んできます。

南西風は横須賀や東京湾西部に位置する自治体にとっては「天佑神助《てんゆうしんじょ》」のカミカゼとなりますが、逆に対岸の千葉県湾奥部は汚れの吹き溜まりとなり、とてつもないツケを背負うことになります。青潮です。青潮は東京湾西側に住む神奈川住民にとって耳なじみがないでしょうが、下水道がもたらす富栄養の究極の汚濁現象が青潮です。

青潮

都市排水の影響を受ける東京湾など都市に囲まれる内湾は恒常的に富栄養化し、赤潮（植物プランクトンの大増殖）が日常的に起きます。大量に発生した植物プランクトンの寿命は短く、死滅すると壊れながらどんどん積み重なるように沈殿していきます。

最初は好気性のバクテリアにより生分解されますが、非常に大量のプランクトンを分解するために海底の酸素が大量消費され、貧酸素または無酸素水塊ができます。酸素がなくなるので好気バクテリアはアウトになり、今度は嫌気バクテリアの出番となります。嫌気バクテリアが活発に働くと、海底から大量の硫化水素が湧き出します。

さらに、夏の東京湾では南西風が吹き続けるため、湾口部から押し上げられる海水は千葉県湾奥のコンクリート護岸でブロックされ海水の動きが止められます。

また、強い日射によって海表面の水温は30度にもなりますが、海底の水温は10度以上低いので海水の対流が止まります（お風呂を沸かした時に上が熱く下がぬるい状況を思ってください）。海表面には植物プランクトンが出す酸素が豊富（過飽和状態）にありますが、対流がないのでこの酸素が海底に届きません。このため夏期には、横浜港から奥にかけての海底では無酸素状態の時期が長く続きます（秋から春は温度差がなくなるため対流が起き、海底にも酸素が供給されるので青潮は解消されます）。

東京湾は天気が悪くなると、その気圧配置から北東風が吹きますが、猛暑が一段落して急に北東風が吹いたり、暑い夏が終わり秋風が吹いたりするようになると、海表面が湾口部方面、つまり沖へと押し出されます。すると、無酸素水塊が湧昇現象によって岸近くの浅海域に押し寄せ居座ります。

青潮発生の仕組み

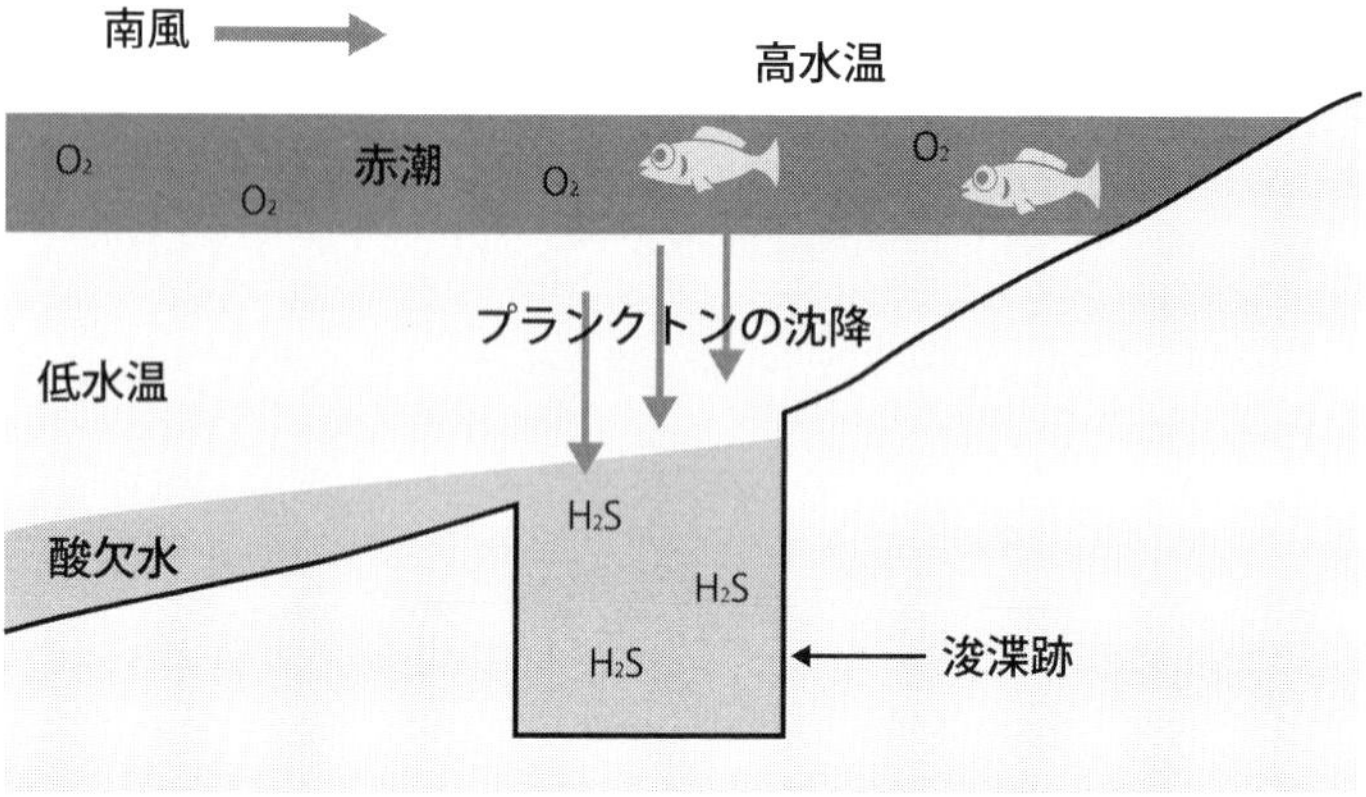

赤潮発生の表面海域では、植物プランクトンが活発な光合成を行うので、酸素は豊富にある

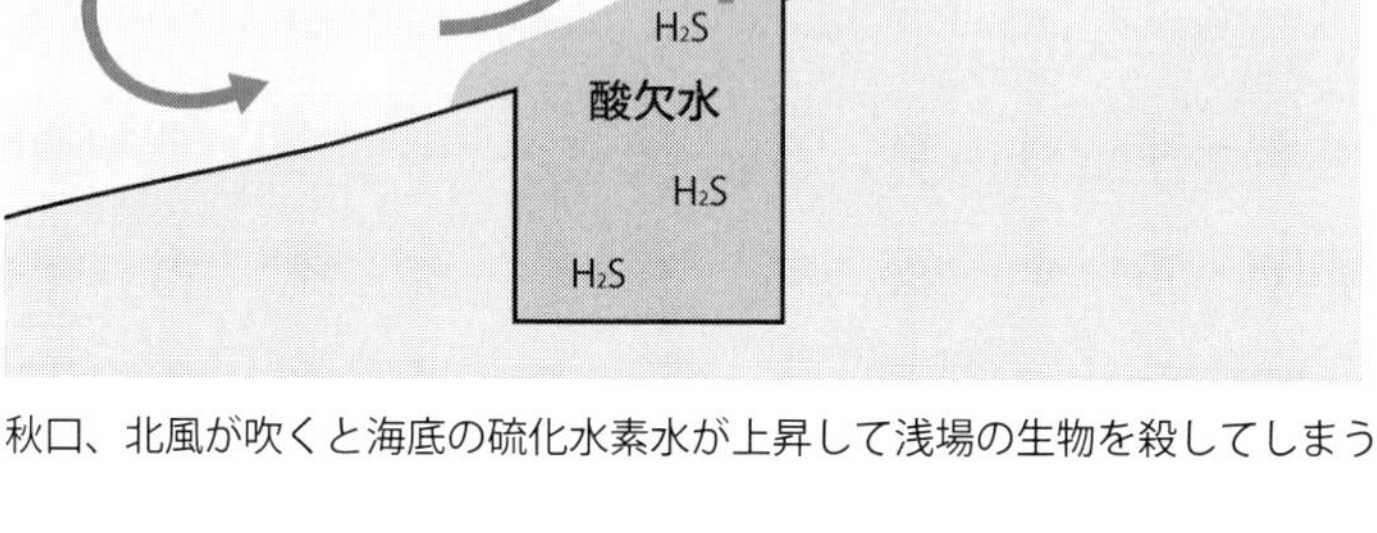

秋口、北風が吹くと海底の硫化水素水が上昇して浅場の生物を殺してしまう

この水塊は硫化水素等を大量に含んでおり、これが海表面の酸素と反応して青色ないし白濁色を呈します。これが青潮です。硫化水素を含む無酸素水塊が押し寄せるため、浅い海に暮らすアサリ、アオヤギ、ハゼ、カレイ、イシガニなど漁業有用種を含む大量の生物が、まさにナチスのガス室に追いやられるごとく死んでいきます（2ページ写真参照）。

なお、青潮被害は規模を変えて年に何回か発生することもあります。年によって被害の強弱がありますが、船橋漁協など湾奥部の漁業は何億円もの損害を被っています。これが究極の東京湾汚染で、何度も言いますが、その原因の一番を占めるのが下水道なのです。

「青潮防止のためには水域に流入する窒素、リンを削減するなどの富栄養化防止対策が必要である」と環境用語の解説にあります。が、もう一つ人為的原因があります。東京湾開発の一環として20世紀中頃から京葉工業地帯の造成が始まり、埋め立て用土砂を確保するために、埋め立て地先の浅瀬を浚渫《しゅんせつ》して深い穴を開けたり、船橋港や千葉港建設に伴い航路を確保するために海底を深く広く掘削したりしたので、海水が余計滞留するようになったのです。川をせき止めダムをつくると、水が一気に淀むのと同じです。なお、海水の動きを止めると外洋でも同じような状況が起きます。青潮は無酸素なので海の生物を皆殺しにします。

しかし、神奈川に住む者にとって青潮は対岸の火事で、横須賀市などは風任せでプランクトンを千葉に押し付けていることは、まさに「我関せず」です。ゆえに、先に紹介した市長答弁「横須賀の下水排出は総量のたったの3％」論に行き着くのです。米空母の横須賀母港化で、NLP騒音を厚木飛行場周辺の住民にまき散らしていることに頓着しないのと、同じ構造と言えるでしょうか。

海水自体が生き物

昔は、南西の風が吹き続けると横須賀の海はどんどん澄んでいきました。

しかし、この頃は汚濁負荷が高まっているせいか、南西風が吹き続けても、4、5日経つとまた濁ってしまうことがよくあります。風任せにも頼れなくなってきたようで、秋になり水温が下がるまで透明度はなかなか回復しません。なお、私の潜水記録で年代別の透視度変化と月別の平均透視度をグラフにしたので、参考までにご覧ください。

グラフで見るように、海にいちばん親しみたくなる夏の時期の透明度が極めて悪いことがわかります。夏に気持ちよく泳ぎたいし、5、6mはクリアに見える中で魚を見たいものです。

また、地球規模で言えば、この20年程は黒潮の流れが直接東京湾方向に向かうことも少なく、「うがい効果」を期待できない状態が続いています。合流改善と高度処理の促進が急がれるし、また、20世紀に〝失わせてしまった〟浅瀬を少しでも回復することが、これからの東京湾の環境対策なのです。

そうすれば、私たちはもっと楽しく海に接することができ、もっとおいしい魚介類を食べることができるのです。楽しくなることに税金を使いましょう。

2002～2006年 5年間の月別平均水温および透視度

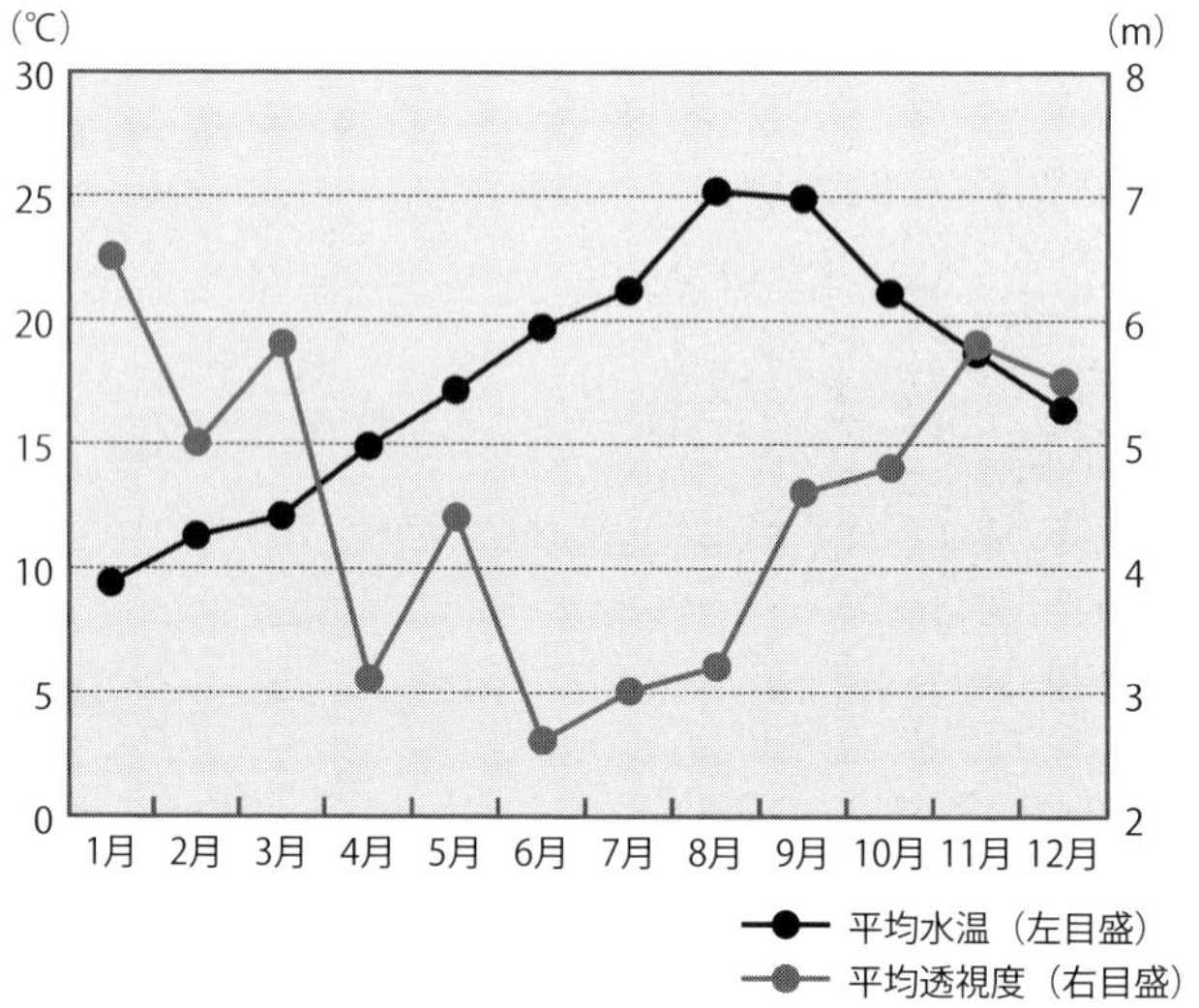

東京湾の赤潮は生き物を殺さない

ところで、東京湾に発生する赤潮プランクトンには、瀬戸内海で発生するシャットネラ型のように、魚のエラに取り付いて殺してしまう悪質なタイプはどういうわけかいません。ダイダイ色は夜光虫の死んだ固まりだし、醤油を煮しめたようなものは珪藻プランクトンです。赤潮は、流れ込んだ栄養分を元に大発生する植物プランクトンですが、色のわりには毒性がなく、むしろ植物プランクトンなので酸素を大量につくり出します。私たちが吸っている酸素は、実はその多くが植物プランクトンなどの海の植物によってつくられているのです。

ところが、2003年5月に生き物を殺してしまう赤潮が神奈川県側で発生しました（2ページ写真参照）。無酸素水層が形成されたことによるもので、生物皆殺しの有機物汚濁被害が「対岸の火事とたかをくくっていた」横浜や横須賀でも出たのです。魚が大量に浮き上りました。横浜の野島では海の草、アマモまでほぼ全滅してしまいました。この被害は、環境回復でアマモを植えている市民団体を大いにガッカリさせましたが、市のトップや市議の多くは関心を示しませんでした。

また同じ年の10月には、ノリ状のドロドロ植物プランクトンが大発生し、海面一面を覆い尽くしました。そのため、エンジンをかけた漁船が吸水口から取り込んでしまい、エンジンが焼き付くトラブルも発生しました。この年、それまでに経験のないタイプの赤潮プランクトンが2回も大発生したのですが、なぜこのようなことが起きたのか原因はわかっていません。輸入食品が多くなっているから、その結果下水の成分が変わったからではないかという専門家もいましたが、調査費も付かないため未だにわからずじまいです。同種の被害がいつ再び出るかは、まさに「神のみぞ知る」です。

ミーハーなテレビやマスコミが「東京湾はきれいになっている」などと言っていますが、何を根拠に言っているんでしょうかね。夏に気持ちよく泳げない現状からして、とてもきれいになっているとは言えません。きれいにする努力、行政対応を、マスコミや湾岸住民がもっと強く求める必要があります。

●●●行政が出す数値の読み方

毎年発表される環境に関する報告

環境省が環境白書を毎年出すように、どこの自治体も環境に関する報告書を毎年出しているはずです。横須賀市では横須賀市環境基本計画の進捗状況を示した年次報告書と、環境測定データを集計した『よこすかの環境』を作成しています。これらの報告書を読む市民は、環境問題に取り組む人などごく少数だと思いますが、報告書から情報を読み解くには専門的知識が必要というのが現状です。

ここでは『よこすかの環境』を例にとって、海の汚れをどのように報告しているかを見てみます。

海域のデータは、1974年より国の基準に沿って東京湾側4カ所と相模湾側1カ所で取っています。測定項目は、COD（化学的酸素要求量—海の汚れを薬剤利用で測る方式で消費酸素量が多いほど汚れていることがわかる）、pH（水素イオン濃度—海水はpH7の中性かわずかにアルカリ性だが有機汚濁が進むとアルカリ度が増す）、DO（酸素要求量—有機汚濁が進むと好気バクテリアが活動し酸素が不足するので生き物にとっては酸素が多いほうがよい環境である）、そして窒素とリンの計5項目です。

しかし、いちばん手っ取り早い環境指標は見た目のきれいさで、医師が患者の顔色や声の張りで具合を判断するのと同じで、見た目が重要です。そこで、赤潮発生回数と発生日数が問われます。プランクトンの大発生により海が濁り、透明度が2m以下になると「赤潮」とカウントされます。横須賀市は東京湾だけでなく相模湾にも面しているので、両湾のデータが『よこすかの環境』に出ていますが、年によっては相模湾のほうが発生回数が多くなっています。

赤潮は市民の通報による

この頃、相模湾も有機汚濁が確かに進行してきていますが、水質全般は東京湾より当然いい状況です。では、なぜ逆転の数字が出ているかというと、赤潮発生データが申告制のためです。漁師や市民などが「赤潮が出ている」と県の水産試験場（現在は「水産技術センター」と言う）や、県の公害担当に通知してはじめてカウントされるからです。したがって、漁師が「いつものこと」と報告しなければ赤潮はカウントされません。なんと、赤潮情報はこのようなシステムの下で「データ化」されているのです。ですから、データ上の赤潮発生回数は「最低発生回数」と受け取るのが正解で、すべての発生回数が網羅されているわけではないのです。

私は以前から、横須賀市が「環境行動自治体」を名乗るなら、市独自で透明度を測って正確な記録を集積するべきだ、と提案しているのですが、予算がない、人手がないなどの理由で実現していません。また、データには発生回数は書いてあるものの、発生日数は出ていません（役人は言い訳の名人―やらないのはやる気の問題）。

東京湾では赤潮状態が10日以上続くことがあります。前に、6日に1回は合流下水道が垂れ流されていると書きましたが、これに連動して赤潮状態が何日あったのかが問われますが、データは取られていません。

また『よこすかの環境』では、国に対しては富栄養化問題に関連し下水道整備、生活排水対策を要望しているものの、市長や上下水道局に対しては「勧告」や提言を何ら出していません。これはどこの市も同様と思われます。

医師にたとえると、検査はいろいろするが患者の顔色は見ず、処方箋も出さず、健康指導もしない駄目医者と同じ対応です。水質浄化や環境回復に関心のない市長は、これでは余計海のことがわからず環境対策にますます熱は入りません。まあ、担当部長や職員がこんな指摘をすれば、市長から「余計なことだ」と相当にらまれ、下手をすると左遷されるかもしれません。

　では、これらの環境調査は何のためにしているのかと言えば、美しい海を取り戻すため、そして魚介類が安全であるかどうかを点検するためであるはずです。しかし、魚介類の安全調査は保健所が行うことだからということで、この環境報告には載っていませんでした（衛生年報に記載）。言われるところの、縦割り行政の弊害です。また、私が１９９１年に初当選してこの衛生年報を見ると、調査対象の魚の種類が毎年違っており、しかも多くは回遊魚中心でした。

　これでは内湾魚介類の汚染蓄積はわからないと指摘すると、「金がないので市場に行き、ただでもらえる魚で調べていた」と言うのです。魚の購入料などたかが知れているのに、それすらケチってアリバイ的に調べていただけでした。そこで、これを改めさせ底魚や根付きの魚、アサリなどを中心に絞り、衛生年報に載せるだけでなく、『よこすかの環境』にも関連資料として載せるように改正してもらいました。

　環境行政を充実させるには議員と市民のチェックが必要です。

隠し続けられる合流下水の実態

もう一つの「データ隠し」に、合流下水道の面積と人口についての発表があります。

　実は、下水道の公表資料には大きな嘘があるのです。

　横須賀市の下水道の区分については左ページのように発表されています。

　１９７５年以降に造成された団地や家庭での水洗化に伴う下水道は、分流式で行われてきました。ところが、その地域から下水処理場に運ぶ途中で、図上■で塗ってある合流エリアを通ります。つまり、せっかく汚水と雨水を分けて運んできたものを、ここで一緒くたにして合流管に入れてしまっているのです。結果、合流になるのですから、■と■の区域は「実質合流区域」と表現しなければ実態を表さないことになります。

合流式による整備区域と合流区域に流入する分流区域

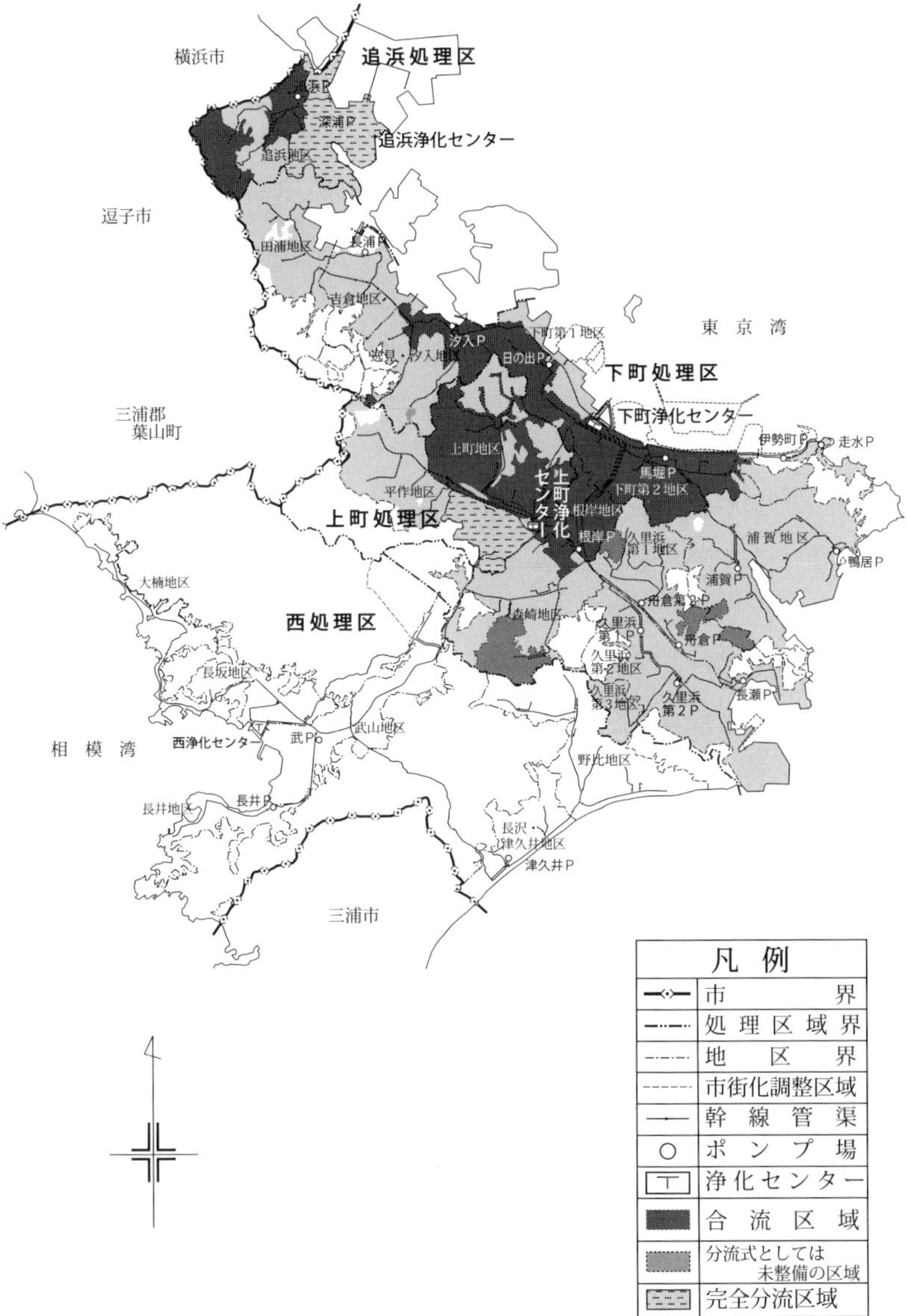

資料提供：横須賀市上下水道局

一柳修正表vs.上下水道局発表資料

そこで、市発表の資料と私が修正した資料を見比べてください（人口は100人未満切り捨て）。

当局発表に従うと、東京湾に流れる合流区域は1155ha、人口は9万5100人となりますが、グレー部（■と■）を実質合流として換算すると実際の合流区域は4312haになり、実質合流人口は31万8500人にもなってしまいます。約10万人分しか垂れ流していませんと言っていたのが、3倍にもなるのです。

横須賀市の完全分流人口はたった1万4300人に過ぎず、処理人口約33万人の4・3％にしかなりません。つまり、実質合流人口は処理人口の95・7％にも達します（残りの約7・6万人は完全分流の西処理場に行き相模湾に放流）。合流改善が国策となり改善事業が進み出している中で、なぜこのような態度を取り続けているのかまったく理解できません。私のたび重なる指摘に、さすがに後ろめたさを感じたのか、この頃は「合流施設を経

完全分流区域と実質合流区域の人口
（一柳の集計）

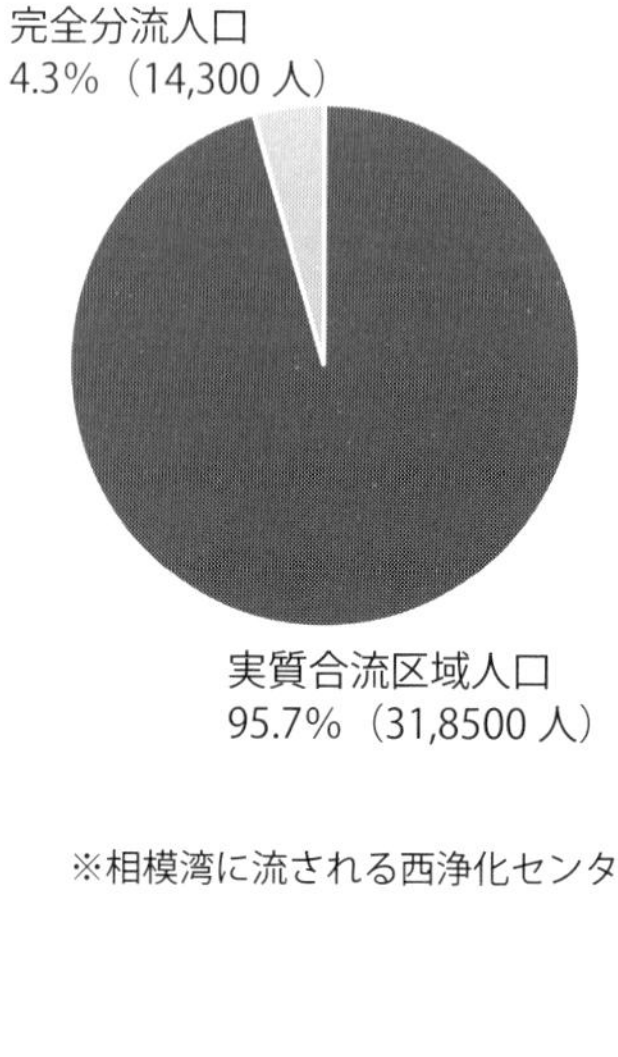

分流区域と合流区域の人口
（横須賀市上下水道局集計）

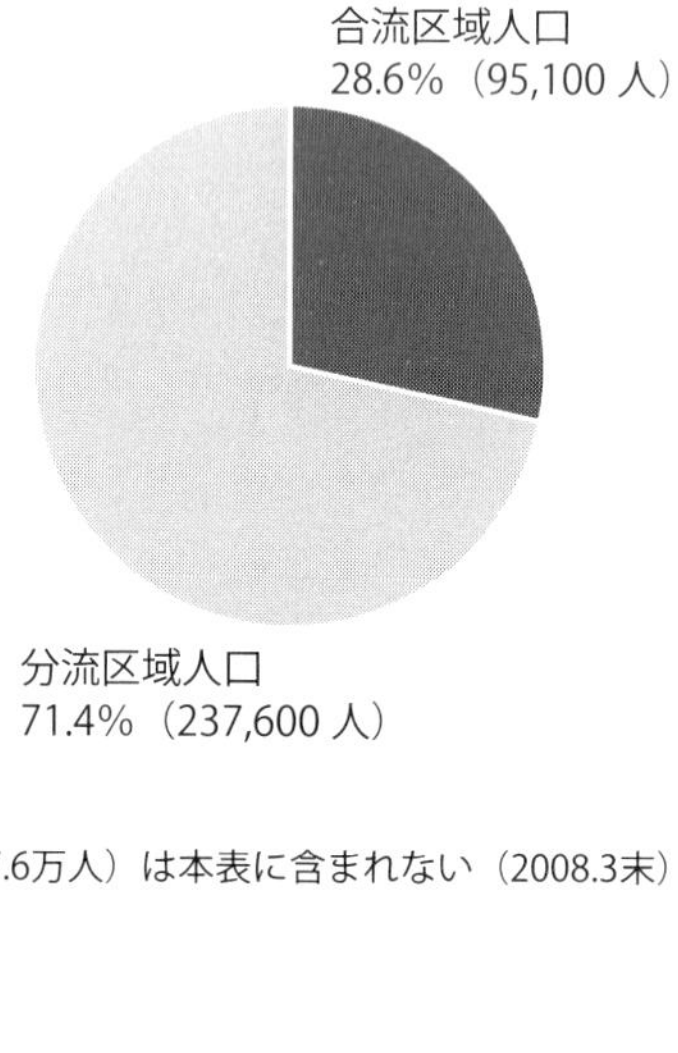

※相模湾に流される西浄化センター分（約7.6万人）は本表に含まれない（2008.3末）

由しない分流地域」などとのレトリックを駆使していますが、正直に表現すべきです。特に、下水使用料金と市民税を払う市民には正直に情報を提供し、21世紀初頭の最大の環境政策を堂々と展開して理解を得るべきです。

横須賀市のこのような態度を見ていると、冒頭で示した東京湾に流れる表の信憑性も揺らぎます。なぜなら、このような実態隠しは横須賀だけとは考えにくく、東京湾に流れ込む実質合流人口はもっと多いのではと疑われます。国土交通省もこの疑問に答えてほしいものです。

いずれにしても、1都3県2800万人の生活排水が東京湾に流れ込み、そのうち低めに見積もって900万人分が合流式です。私たちの幸せのために、合流改善と高度処理の促進を図る必要があります。国は方針転換を明確にしていますが、湾岸自治体は、横須賀市を見てもわかるとおり、わかりやすく説明しているとは言えません。他都市でも多分同じだと思います。

湾岸住民の皆さん、どうぞハッキリ説明しろと求めてください。また、あなたの支持する議員に下水道改善にもっと関心を持つよう要請して下さい。

埋め立てで消失した浅瀬

もう一つの汚濁原因、埋め立て

東京湾を汚している最大原因は、私たちが出す生活排水であると詳述してきました。

その次に大きな影響を与えたのが湾岸開発、すなわち沿岸の干潟、磯、砂浜の埋め立てです。海でいちばん大事なところは干潟、磯、砂浜の浅海域です。そこはまさに生物多様性の宝庫で、たくさんの生き物が、湧いたプランクトンなど有機物を食べて処理してくれるからです。干潟、磯、砂浜という浅海域は天然の巨大下水処理場でした。しかし、人間活動に土地が必要とされたことから、この浅海域は不動産用地としか評価されてきませんでした。江戸からバブル期までに、内湾沿岸の95％が埋め立てられたのです。

埋め立ての歴史と時代背景を、ここで振り返りたいと思います。

徳川家康から始まる埋め立て

東京湾の埋め立てが始まるのは、1590年に徳川家康が江戸に入ってからです。

1603年家康は征夷大将軍に任ぜられると、「天下普請」と言われる江戸開発に取りかかります。まず神田山を崩した土砂で、城前の日比谷入り江（現日比谷公園界隈）の埋め立てが行われます。次いで、利根川河口域が埋め立てられていきます。

当時は今では想像できないくらい自然が豊かで、利根川、渡良瀬川も東京湾に注いでおり広大なデルタ湿地帯が広がっていました。川筋も水害のたびに変わっていました。江戸の都市化によって堤防がつくられ、今のような河道がだんだんと確定されていきました。しかし、頻発する水害に業を煮やした2代将軍秀忠は、利根川の河道変更の大事業を行い鹿島灘に放流するようにしました。

河道の大変更が行われましたが、農耕用の水源補償のために墨田、江戸川に水路が残され現在に至ります。江戸の町の発展に伴い、旧利根川河口域を利用して武家屋敷用地を造成し、また、食糧供給のための新田開発や猟師（当初こう表記されていた）と町人のための集落づくりが行われました。

人口が集中し都市を形成するようになると、塵芥処分のための埋め立ても行われだします。「夢の島」の始まりです。隅田川左岸（西側）の湿地帯がゴミ処分場に指定された、とモノの本にはあります。人口の集中は東京湾の埋め立てに拍車をかけますが、江戸期の埋め立てはまだ旧利根川河口域に限定されていました。なお、当時の埋め立ては、城下については幕府直轄、江東地域については民間に任されました。

18世紀になると江戸の人口は100万人を超し、ロンドン（85万人で欧州一）を抜いて世界一になったことは有名ですが、それは東京湾があったからです。土地造成に適する浅瀬が広くあったことに加えて、波静かな「江戸湊」は上方から運ばれる大量の物資輸送に欠くことのできない良港でした。

また、養分豊かな東京湾の浅瀬は多くの魚介類を生産し、江戸住人のタンパク源となりました。おいしい江戸前の魚介類は、江戸文化成熟期の文化・文政時代（1804〜30年）までに、にぎり寿司をはじめ天ぷら、鰻の蒲焼きなど、世界に通用する「江戸前料理」の素材として利用されるようになります。

幕末以降1都2県に広がる埋め立て

19世紀後半のペリー来航以降、寒村だった横浜が外国に開かれ、神奈川の埋め立てが始まります。

なお、江戸時代の東京湾を表す時「江戸湾」と記述する方がいますが、当時、東京湾を江戸湾と称した人はいません。湾岸にあるいちばん大きな都市名を湾名に冠するのは欧米のやり方で、江戸時代は三百大名により日本は分権統治されていたので、目の前の海は「○○浦」とか「○○湊」と称しても、湾全体を俯瞰《ふかん》した呼称はなかったのです。伊能忠敬の地図を見ても湖や河川名の記載はありますが、湾名については一切記入がありません。ペリーがつくった海図の「EDO BAY」に倣って「江戸湾」と書く著者は浅学さを暴露しているようなものです。

余談ですが、三浦半島の由来は、かつて相模湾を「西浦」と呼び、東京湾内湾を「内浦」、外湾を「外浦」と呼んでいたので、これで「三浦」になったという説が有力と言われています。

明治政府は日清日露の戦争以来、日本が列強に伍するため重工業路線を採りだし、川崎から横浜にかけて京浜工業地帯を造成していきます。神奈川では工業の川崎港、国際商港としての横浜、海軍軍港の横須賀と3つの港町ができます。大正期の関東大震災後には、瓦礫の投棄で湾岸が埋め立てられました（横浜の山下公園が有名）。また、横浜港だけでなく東京港の拡充も行われます。

大正末期になると、海軍により追浜《おっぱま》飛行場や木更津飛行場の埋め立てが行われます。東京都部の飛行場では、東京市が戦前に現在の夢の島に水陸両用飛行場（当時飛行艇など水上機も多かった）の造成に手を付けましたが、戦後ＧＨＱの命令で羽田に集中します。戦時中は、京葉工業地帯の埋め立てや千葉県の本格埋め立ても始まります。

すさまじい戦後の埋め立て

朝鮮戦争による経済復興の始動と共に、1都2県の湾岸開発が一斉に開始されます。東京都では東京港の拡充、人口集中によるゴミ増大対策としての夢の島造成、江戸川区南端の住宅・流通用地や都市施設のための埋め立て、などが行われました。また、羽田空港の拡張は今もって行われています。

神奈川県も戦後のコンビナート化で川崎扇島、横浜大黒町の埋め立てが次々と行われました。１９６０年代に入ると根岸湾の大埋め立てなどが行われ、横浜には金沢区に砂浜が残るのみとなりました。60年代後半には横浜の飛鳥田革新市長が金沢埋め立てを決定し、横浜の自然海岸は70年代初頭にはほぼ壊滅状態になりました。現存する横浜の自然海岸は、横須賀市との市境にある野島の５００ｍのみです。

横須賀の場合、戦前はほとんど海軍関係の埋め立てで、横須賀軍港、追浜の海軍航空技術廠や飛行場、そして南方への物資輸送のための久里浜港の埋め立てが行われました。60年代後半には「悪名」高い西武グループの総帥、堤康次郎により、横

埋め立て前の金沢湾。野島から小柴方面を臨む。遠浅の広大な海岸は、今や八景島がデンと座る人工海岸になった（1972初秋）

須賀市最大の海水浴場、大津・馬堀《まぼり》海岸が住宅用地として埋め立てられましたが、一企業のための広大な埋め立てが批判を浴びました。70年代には、米空母の母港化を認める見返りとしてアメリカ海軍制限区域の一部が解除され埋め立てが認められ、輸送産業と公共用地確保のために、追浜地先の埋め立てがさらに行われました。

戦後の埋め立てで最もすごかったのは千葉県です。京葉工業地帯の発展で、都境の浦安市から富津《ふっつ》にかけての沿岸部の多くが埋め立てられました。21世紀に残った干潟は、盤洲《ばんず》干潟と富津、それに有名な三番瀬《さんばんせ》だけです。なにせハマコー先生の活躍を許す土地柄ですから、環境問題が浮上してきた70年代からも、自然保護運動を蹴散らしてきました。この時代、私も対岸の千葉と連携をとって埋め立て反対運動を行っていましたが、当時の千葉県の役人の態度の悪さは忘れることができません。

60年代から70年代初頭にかけて開発の歪みによる公害問題が顕著になり、東京都では67年に美濃部知事を、神奈川県では75年に長洲革新知事を誕生させましたが、千葉で非保守の知事が生まれるのは、それから30数年を経た堂本さんの時です。しかし、この時既に開発の20世紀は終わっており、国は東京湾の環境保全に政策転換していました。

自然再生へ方向転換

反省に基づく政策転換

以上、駆け足で東京湾埋め立ての経過と歴史的背景を見てきましたが、徳川家康の江戸入府の1590年から、バブル期終了の1990年までに埋め立てられた東京湾沿岸の面積は2万5000haに及びます。東京湾内湾（観音崎―富津ライン以北）は約12万haですから、2割を埋め立てたことになります。

東京湾は、内湾の広大な干潟と浅瀬、および横浜以南に広がる磯と砂浜が交互に織りなす海岸線が自然界の浄化システムを機能させています。ところが、江戸時代から高度成長期までそのことにまったく無理解で、埋め立てを進めてきました。

70年以降、あまりにすさまじく行われた沿岸埋め立てに対し、千葉県や神奈川県で環境保護運動が起きました。神奈川県では、少数の学者や私たち環境保護団体がこの自然の浄化システムの機能を指摘してきましたが、千葉県ほどひどくはないとしても、当時は環境保護「冬の時代」で、学者も冷や飯を食わされ昇進も遅れるという状況でした。つい10年前までは、霞ヶ関や永田町に行く時は「喧嘩に行く」と相場が決まっていた程です。

しかし81年には、神奈川県で環境アセスメント条例が施行され、50ha以上の埋め立ては環境アセスにかかるようになりました。横須賀市が行った約60haの安浦埋め立て（現平成町）が同アセス適用の第1号で、東邦大の風呂田利夫教授（当時は講師）と共に私も県専門委員会の参考人として呼ばれ意見陳述を行いました。それまでとの対応の違いを明確に感じた時でした。

78年に、東京湾唯一の自然島である猿島を8倍の面積に埋め立ててレジャーランド化する構想が持ち上がりましたが、私は埋め立て反対運動を起こし、「埋め立てより自然の活用を」との請願を市議会に出しました。最終的には全会一致で請願が採択され、埋め立てをストップさせることができました。

バブル期には、中曽根内閣に東京湾横断道路をつくらせてしまいましたが、反対した学者、環境保護団体の予測どおり大赤字となったことは、今や周知のことです。この時、社会党はこの愚策に対し体を張って止めようとはしませんでした。社会党は環境の時代に対応できない体質のため、国民の支持を失うことになりました。

２００１年には環境庁が環境省に改組されるなど、東京湾は開発の時代から保全と回復の時代にシフトします。90年代、東京湾での最大の埋め立て問題は、江戸川河口に広がる三番瀬の埋め立てでした。しかし、国は埋め立てに批判的になり、千葉県も従来の開発計画の見直しを迫られました。三番瀬の保護運動は「西の諫早干拓、東の三番瀬」と全国の注目を集めたことから、現在、都民の出張《でば》り運動もあり様々な団体がかかわっています（かかわり過ぎとも思えます）。各関係団体の思いの違いがあり、また堂本知事の方針も理解できないところがあり、自治体の踏ん切りの悪さが完全保全の道を迂回させているようです（この点については、お付き合いのある老舗団体「三番瀬フォーラム」のＨＰに掲載の主張を参考にしていただければと思います）。

国土交通省は下水の改善のほか、東京湾沿岸の保全と回復にも力を入れだしています。この動きを受けて横須賀市は05年の港湾計画の改定で、93年に出した大埋め立て計画を完全廃棄し、代わりに「自然の再生と共生」というキーワードの下、横須賀市の港湾区域を３つのエリアに分けました。

日本の人口のピークは04年（1億２７８０万人）で、05年から減少に転じました。国立社会保障・人口問題研究所は06年12月、予測を見直し新たな人口推計を発表しました。これによると、２０５０年の推計人口は

横須賀市港湾環境計画

横須賀市港湾部パンフレットを基に作成

９５１５万人です。今後44年間で３２６０万人減ることになります。東京湾は、今まで開発による人口の集中によって痛めつけられてきたので、これからはまさに環境回復の時代に入ります。

　人口減少は、潤いのある環境を取り戻すためには非常によいことだと思っています。

湾岸自治体と海岸

　国は東京湾保全と環境再生重視へと舵《かじ》を切ったと書きました。しかし、国の動きに比して、湾岸自治体の環境再生に対する思想の遅れが目に付きます。

　三番瀬の保護運動を保全ブームになる前から行っている「三番瀬フォーラム」の小埜尾《おのお》精一《せいいち》さんも「国とは話が通じるが、千葉県など関係自治体と堂本知事は話にならない」と言っています。

　横須賀市でも、１９７３年から3代続く官僚市長はいずれも海に関心がなく、３年前、港湾計画が「環境再生／エコポート」に変わったのに、その具体化にはまるで関心を示していません。

　そこで以下に、私が市議になってから16年間の横須賀市における港湾政策の変遷を紹介します。

　横須賀市は、２００５年に環境再生のエコポートを主眼とする港湾計画に改定しましたが、その前の港湾計画は実にひどいものでした。

密室審議で２２００億円の埋め立て計画を決めた官僚市長

　バブルは既に終わっていた１９９３年、官僚出身市長の横山氏が退任間際にもかかわらず密室で港湾審議会を開き（議事録公開もなし）、２２００億円もの巨大埋め立て構想「ポートフロンティア計画」を強行決定しました（当時の市議会では社会党と共産党以外は賛成）。

　私は、この「時代を見ない」計画のごり押し決定とアナクロ計画に対し、市議会本来の機能である行政チェックを実行しないいわゆる「与党」のやり方に我慢ができませんでした。とはいえ、私は当選から2年目のまだ1年生で、かつ議会では少数派に属する立場でしかなかったので、一矢を報いるためにいかなる手立てが可能かを考えました。

よこすかポートフロンティア計画

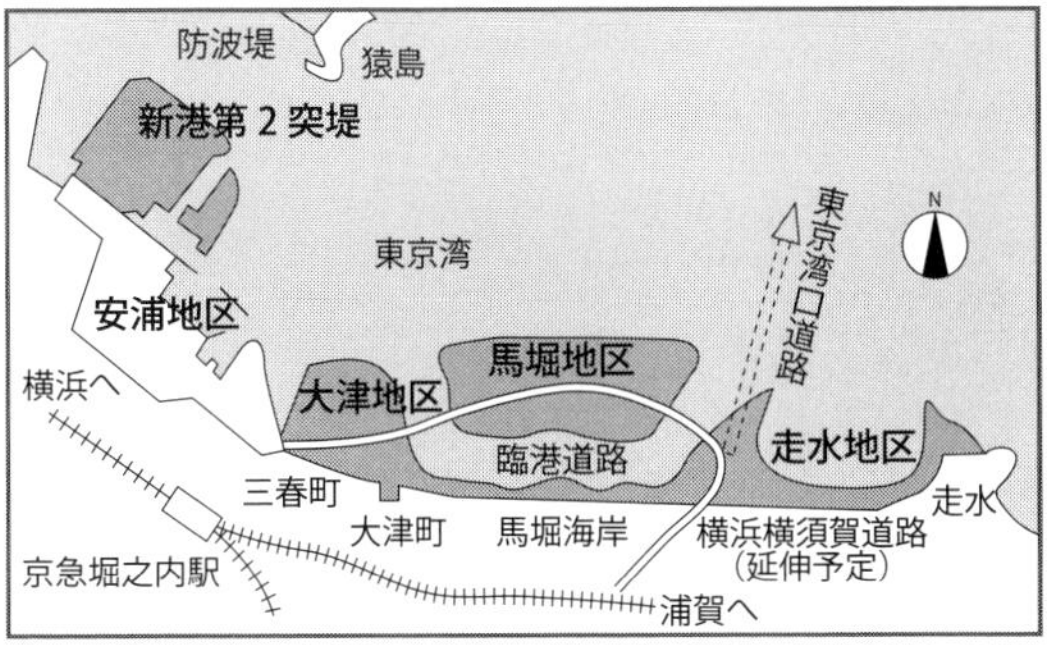

グレー部分が新たな埋め立て地。1993年に報告した時の図。93年に港湾計画決定。2005年の改定で完全廃止

市民の反撃、功を奏す

そこで、行動を同じくする呉東《ごとう》弁護士および市民らと相談し、密室での決定は１９５０年に制定された港湾法の趣旨に反するとして93年9月2日、資料の公開を求めて簡易裁判所に調停の申し立てを行いました。調停はすぐに認められ記者会見したところ、翌日の新聞各紙で報道されました。すると効果はてきめん、当時の運輸省から横須賀市は大目玉を喰らいました。それからもう15年経っており「時効」と思うので、その時の顛末を初めて公表します。

翌日の午前、当時の港湾部総務課長から電話がかかってきました。

課長「先生ですか。先程、運輸省から電話があり『密室で審議して、まして調停とはいえ裁判沙汰になった港湾計画は前代未聞だ』ときつくお叱りを受けましたので、なんとか調停を取り下げてもらえないでしょうか。」

一柳「私は調停の申し立て人ではないから、私に言うのはお門違いだし、市が困るのはこちらにとって好都合だから取り下げなんてあり得ない。」

課長「調停を取り下げてくれるなら言うことは何でも聞きます」と、なんともおいしいことを言います。

一柳「何でも言うことを聞くというなら港湾計画を白紙撤回してほしい。」

課長「国の中央港湾審議会を先日通ったばかりだからそれは無理です。調停の申し立てがもう1カ月早ければそれも可能だったですね」とこちらを皮肉りました。

一柳「それなら電話ではなんだから、これから会いにいく」と市役所に出かけました。

そこで、課長と直談判。

一柳「計画撤回以外、何でも言うことを聞くというならば、資料の全面開示と次回からの港湾審議会を公開にしてほしい。それに情報公開条例をつくってほしい」（※当時横須賀市情報公開条例を持っていなかった）。

課長「資料の公開と審議会の公開は約束します。情報公開条例は所管が違うので約束はできません。」

一課長との口頭約束ではいつひっくり返されるかわからないので、先輩議員に電話をかけ一緒に助役と会い、課長との約束の確認を迫りました。当時の筆頭助役は「わかりました、正直、横須賀市は情報公開が遅れていました。市長も替わりましたのでなんとかします」と答えました。ならば念書にと思いましたが、先輩議員がそこまではしなくても大丈夫だろうというので口頭約束にとどめました（この約束後、調停は取り下げられました）。
※横須賀市は当時、自治省官僚出身の横山市長の意向で情報公開条例を制定しませんでした。この時、神奈川県下の情報公開条例未制定市は、南足柄と三浦を加えた3市のみという状況でした。

瓢箪から駒──情報公開条例制定を促進

こうして港湾審議会は公開されるようになりました（これを機にすべての審議会、委員会が公開となる）。また、情報公開条例は議員提案で出したかったのですが、当時私が所属する会派の社会党から出しても、共産党が賛成するだけで、いわゆる保守系の「与党」議員によってたかって否決されるのは目に見えていたので、当局提案を了解しました。

助役が約束をどう履行するのかと見守っていたところ、それから1年余り後、情報公開条例を制定するための委員会が設置されました。助役はその座長に、社会党が市長選に担ごうとした元ジャーナリストを就任させてくれました。

そこで、弁護士グループなどと会合を数回持ち、当方案を相当盛り込んだ条例案を座長から手渡し、市提案で条例案が提出されました。こうすると、質問もせず可決してくれるので、めでたく横須賀市情報公開条例が全会一致で採択されました。これが1996年のことで、ようやく県下19市中17番目の制定となったわけです。

ところで、議院内閣制でない地方議会には「与党」などというものは制度上あり得ません。しかし、マスコミも誤解し市長派を「与党」と称しています。各地方議会の多数派ほど「与党意識」が強く、市長提案に対しすべて賛成の議会が多いのが現実です。また、「与党」を任じだすと厳しい質問をしないばかりか、中にはまったく質問をしない人もいます。

質問を〝しない〟〝できない〟議員は、駅頭に立っても演説もできず議会報告も出せません。有権者もだんだんこのことがわかってきています。駅前演説や議会報告もただ行うのではなく、その内容が問われるべきで、有権者は内容を問うて選挙の際の参考にしてください。

議員として専門分野を持たず、また課題に対する追及力がないと、市長選挙で「恩」を売り、言うことを聞いてもらう人も出てきます。堂々の論議をして政策実現できる議員を選ばないと、全体の利益にならないことを知っていただきたいと思います。

政界裏話のついでに、この埋め立て計画のその後に触れます。

後継市長、埋め立て計画廃棄に動く

戦前型官僚市長の横山氏が退陣したのち、1993年、後継市長にキャリア官僚の沢田助役が就きました。実はこの沢田氏、本来なら一期前の89年に市長になるために自治省（当時）から来て助役に就いていたのです。ところが、前任の横山市長は市長こそ最大の生き甲斐となっており、市長禅譲の約束を反故にしてもう一期やってしまったため、沢田氏との関係は冷えていました。

93年にようやく市長に就任した沢田氏は、煮え湯を飲まされた恨みか、滞貨一掃か、徹底的に横山色排除に動きました。人事では親横山派を冷遇し、横山時代に干されていた労組役員経験者までを幹部に登用し、借金財政の公開に踏み切りました。

さて、肝心のポートフロンティア計画ですが、沢田市長誕生期は既にバブルが崩壊していた時期で、埋め立て過ぎた臨海部の土地は余り地価は下落し始めていました。そこで、沢田市長はポートフロンティア計画を「消しゴム」でドンドン消し始めました。

97年に再選すると、沢田市長は議会答弁で「今後新たな東京湾埋め立てはしない」とも答弁し、前市長が無理して進めたポートフロンティア計画に事実上引導を渡しました。港湾計画は通常10年程で見直しとなりますから、２００３年から港湾計画の見直しに入りました。

横須賀はエコポートに

この時期、国土交通省も東京湾の環境回復にシフトしていたので、横須賀市の港湾計画も環境再生のエコポートとする方向になりました。こうなると、行政は今まで「敵」であった私たち環境団体の意見も採用するようになりました。

２００３年から港湾計画の見直しが行われ、05年に港湾計画は改定されました。横須賀市は開発型港湾計画から、57ページの図のように「再生」「活生」「共生」の３つのエリアにおける海との触れ合い、また磯浜復元も視野に入れた「エコポート横須賀」の港湾計画に転換しました。私が４半世紀前から提案してきた「失われた環境」の復元が、ようやく実現するようになったのです。

追浜に浜を取り戻す

さて、これから港湾計画の改定に伴う磯浜再生の話を展開しようと思います。追浜に浜を取り戻す活動です。

ところで、皆さんは追浜をご存じでしょうか。横須賀市民なら地名、駅名はよくご存じだと思います。海軍航空部隊の発展になくてはならなかったのが追浜です。大正初めから飛行場がつくられ、また予科練発祥の地でもあります。1932（昭和7）年からは浅海域を埋め立て、海軍航空機のプロトタイプ研究の海軍航空技術廠がつくられ、真珠湾攻撃時の研究も行われ、艦上爆撃機「彗星」や双発爆撃機「銀河」などを送り出しました。また、敗戦間近にはジェット機「橘花《きっか》」やB29迎撃用のロケット機「秋水」の試作も行っていましたが、いずれも敗戦により実戦には間に合いませんでした。これらの話は海軍や戦記に詳しい人ならおなじみだと思います。

追浜駅は京浜急行で品川から約50分、横浜との市境に近く横須賀の北の玄関口ともいえる場所です。戦後、海軍航空隊の跡地に進出した日産自動車や日本海洋開発機構などがあるので、訪れた方も多いのではないでしょうか。

今日、追浜と呼ばれる地域は51年までは浦郷《うらごう》と呼ばれていました。まさに、浦々が深く入り込んだ「さと」（＝浦郷）だったわけです（64ページ参照）。

追浜は現在、駅名、地名に「追浜」が残るだけです。実際には戦前の海軍による埋め立てと、戦後の工場用地や公共施設用地用の埋め立てにより「浜」は完全に失われています。横須賀南部の東京湾側には、久里浜や津久井浜といった実際に浜が現存する地名もありますが、追浜は浜のない地域になって久しいわけです。

そこで、私たちは21世紀の幕開け前夜の99年から「追浜に浜を取り戻す」運動を考えました。当時の沢田市長に会って要請したものの、市長は美術館づくりに熱中しだし、自然再生にはあまり興味がなく金がかかるとして認められませんでした。

そのため活動は2、3年頓挫しましたが、2002年10月に思ってもみないことが起きたのです。砂浜は戦前

明治期の浦郷

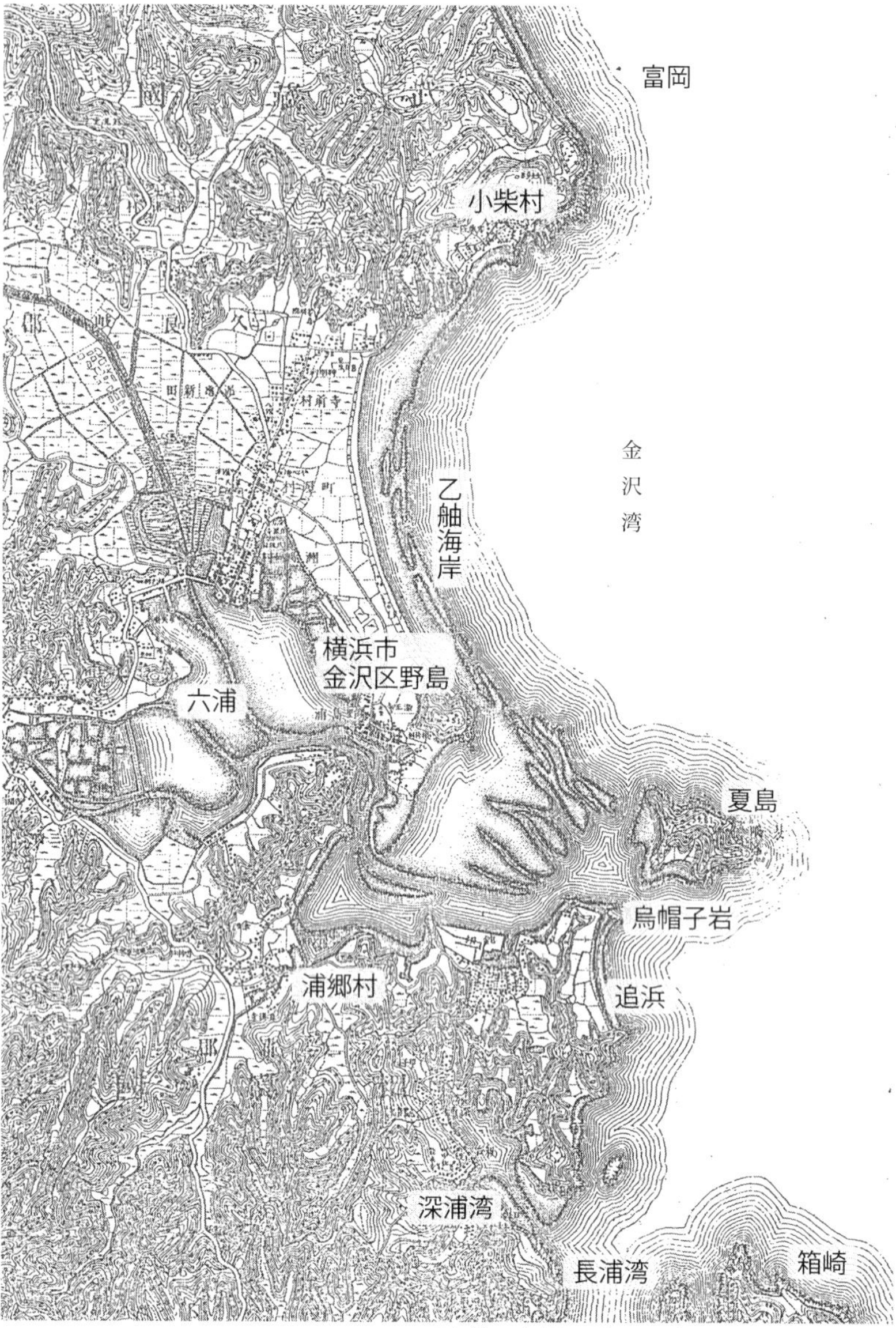

国土地理院発行の地図コピー上に一部地名を記入

からの埋め立てで完全になくなっていましたが、10月の台風で、かつて飼料会社のあった遊休地（現・東ガスパワーの敷地前）の護岸が安普請のためパッタリ倒れ、なんと砂浜が出現していることが確認されたのです。

まさに「神風」吹くで、護岸が壊れ砂浜が現れたのです。これだと思いました。

そこで、かつての海関係のメンバーに再集合してもらい、港湾部に掛け合いました。その結果、港湾部は次期港湾計画の改定の中で環境再生に踏み出すので、その中で方向性を探ろうということになりました。

前述のとおり05年に港湾計画が改定されるのですが、その際、市民協働事業として「追浜に浜を取り戻す」ための取り組みが実施されることが決まりました。市民協働で行う必要があることから、会の名称も「よこすか海の市民会議」と命名されました。こうして、追浜に浜を取り戻す活動が再開されることになったのです。

2002年の台風で追浜に現れた自然の砂浜。右側に延びる護岸と前方に見えるスロープは旧帝国海軍の建造物。スロープは小型水上機の発着用滑走台。この砂浜をテコに、さらに大きな砂浜を取り戻す活動を行っている

海の草原づくり、アマモ植栽運動開始

２００５年に港湾計画が改定され、20世紀に失われた自然の再生と海に親しむ環境共生型になりました。しかし、この策定が市民に浸透しなければ市民のための政策変更とは言えません。そこで市民への広がりを考え、市との協働によるシンポジウム開催などのほか、よみがえった砂浜にアマモを植える活動を行い、昔のような海の草原を再現しようということになりました。

また同時期、霞ヶ関の国土交通省にも行き、浜の再生

深浦湾の入り口の自生アマモ場にコアマモを植える親子らの参加者。2003年以降、追浜に浜を取り戻す運動の一環として「アマモ植栽イベント」を行っている

移植アマモ場には植栽後2年目からアオリイカが毎年、産卵に訪れるようになった。アオリイカは内湾で産卵・孵化し成長すると、南下し外洋域で成体となる。内湾がないと海の生態系が成り立たないのである

実際のアマモ移植はダイバーの手によって行われる

や草原づくりに協力を求めたところ、アマモ植栽や市民を海に誘うイベントの活動費として、年20万円の補助金が交付されるようになりました。これには、港湾部が横須賀市長名で副申（行政用語で是非了解してあげてほしい旨の意見を添えること）を出してくれたことも役立ちました。

砂地へのアマモの植栽は港湾計画改定に2年先立つ03年から既に実施しており、以降毎年6月にアマモ植栽のイベントを催していました。当初、専門家からアマモの活着は難しいとの指摘も受けましたが、植えてみるとアマモは海の潜在自然植生なので、地下茎や種でアマモ場を確実に形成していくことがわかりました。また、2年目からはアオリイカが夏に必ず産卵するなど、生き物の産卵場として活用されるようになりました。

こうして04年からは、市民協働事業として港湾部だけでなく環境部と経済部農林水産課の支援も得て、初夏の恒例イベントとしてアマモ植栽が行われるようになりました。

本末転倒に気を付けましょう

なお、アマモ植栽運動は今日、日本全国の内湾でのムーブメントになっています。私たちも、アマモ植栽は一般市民が参加できるということで毎年イベントを組んでいますが、運動主催者はくれぐれも目的と手段を混同しないように注意する必要があります。アマモは、元は浜辺の雑草ともいえる海の草です。その草さえ生えさせなくしたのが、戦後のすさまじい沿岸埋め立てであり浅海域の消滅だったのです。

したがって、目的は20世紀後半に大きく〝失わせてしまった〟浅い海、あるいは磯や浜が、元来その海域にあった自然の浅い海を取り戻すことです。アマモを植えることは手段であり最終目的ではありません。

アマモは自然の良好な砂地さえ存在すれば、勝手に生え増殖します。そうすれば、おいしい魚介類も戻ってきます。豊かな海を取り戻すことは、まず浅い海を取り戻すことです。環境を回復して、おいしいエビ・カニが食べられる〝公共事業〟を興すことなのです。

浜を取り戻す運動にご注目、ご参加ください

年1回のアマモ植栽イベントだけでは、追浜に浜を取り戻す運動は散発的で浸透度に欠けるので、冬は経済部や地元漁師さんと協力してワカメオーナーを募集しています。11月末に種付けをしてもらい、翌年2月に刈り入れをします。成長するまでの3カ月間の面倒は漁師さんがみてくれます。3000円で5、6kgのワカメとメカブが手に入りますが、あまり多く持ち帰ると茹でて干す作業が大変になります。

また、追浜の海の豊穣さを知っていただくために、2000円程の参加費で、獲れた魚の試食会（アルコール持ち込みOK）なども年によって催しています。地産地消といっても掛け声ばかりで、実際には地元の魚介類に接するということはなかなかできないものです。私たちが漁師さん共々その機会をつくっているので参加して

みてください。値段的にも格安といえます。

そのほか、浅い海の重要性と失われた浜を取り戻す意義を知っていただくために、市と国の応援を得てシュノーケリングで海を覗いたり、カヤックに乗って海の楽しさを知ったりするイベントも行っています。夏は赤潮が出ることが多いので10月初旬に企画しています。これら年3回のイベントは『広報よこすか』や新聞各紙で紹介されているので、これから是非参加してくださるようご案内いたします。

なお、横須賀の海の楽しさについては、第Ⅲ章で詳しく述べます。

これも追浜に浜を取り戻す運動の一環として行っている「ワカメオーナーイベント」。種付けから3カ半月後の収穫（2006.2）

II章　東京湾漁業クライシス

―江戸前料理・文化が失われる

●●● 健康でおいしく豊かな海

「おいしいもの」と「きれいなもの」からいなくなる

この章では、海を壊すと「おいしいもの」と「きれいなもの」からいなくなる、というの私の持論を中心に展開します。

開発の20世紀、特にその後半は埋め立て、公害汚染、下水の大量流入と東京湾内湾部は徹底的に痛めつけられました。都市化と便利な生活を営むうえでしようがないところもありますが、環境に配慮しない開発が行われたことは、今でも思い返す必要があると思います。教訓から学ばない者は、昔から愚者と言われていました。21世紀には人口も減り環境負荷は軽減されますが、その中で東京湾を再生し、いかに〝健康でおいしく豊かな〟海を取り戻すかが環境政策のテーマです。温暖化や地球レベルの環境問題ばかり取り上げられる今日ですが、自治体の環境行政においては身近な環境の回復が求められるべきだ、ということに気が付いていただきたいと思います。

II章「東京湾漁業クライシス」の前半では、20世紀の政治経済がいかにおいしいものを失わせ、豊かだった漁労文化を衰退させたかを見ます。

最初に、江戸前で獲れる魚介類が江戸をはじめ関東の食文化をどのように育てたか、そしてその食材を供給するために東京湾沿岸の漁師は、江戸時代から今日まで東京湾漁業をいかに発展させてきたかを見ます。

豊かな東京湾が江戸前料理を生んだ

左ページに掲載した、明治時代末期の東京湾の漁場図をご覧ください。自然が壊される前の東京湾内湾の豊かさに驚かされます。

東京のすぐ目の前でもハマグリ、アサリ、シオフキ、バカガイなどの二枚貝が豊富に採れ、エビ漁が行われ、アサクサノリが羽田、大森界隈を中心にノリヒビで採取されていました。ビックリすることに、江戸川河口沖ではダツやサワラ（外洋性の回遊魚）を捕る網が使用され、

明治末期の東京湾の漁場

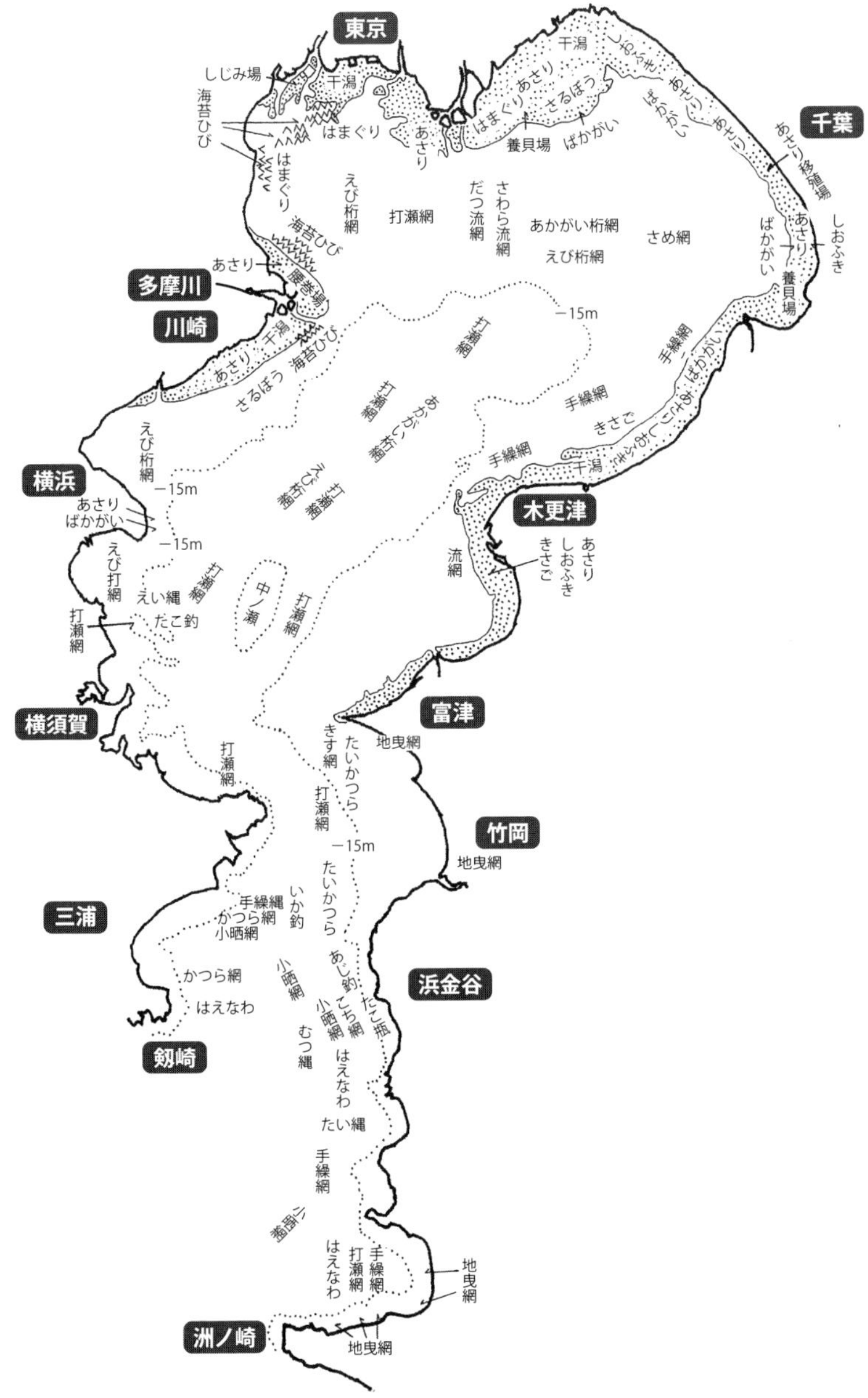

資料提供：（社）漁業情報サービスセンター『東京湾の漁業と資源その今と昔』

千葉側ではさめ網漁が行われています。湾岸の干潟では、トリガイやサルボウ（貝）、ハマグリも採れるので、江戸前の寿司ネタは東京でも横浜でも、まさに地産地消を地でいっていました。

江戸の町と漁食料理の華麗なる発展

では、豊かな東京湾がどのような食文化、まさに江戸前の味をつくったか、江戸前料理の発展を頼りに見てみましょう。

東京湾内湾の漁業は、徳川家康が幕府を江戸に開いてから大きく変貌していきます。1590年の入府以来、江戸の人口は増え続け、徳川幕府は大量供給できるタンパク源として漁業を重視し、それまで人口も少なく零細漁業がほとんどだった東京湾漁業を変えていきます。網で大量に魚を捕るために三河や紀州から漁師を呼び、様々な網による漁法を普及させます（反面、土着漁師とのトラブルも起きました）。

そして、湾岸各地に「お菜浦《さいうら》」（84浦）を指定し、年貢の減免措置をとるなど漁業の発展を推進します。

江戸中期までは酒にしろ醤油にしろ、嗜好品や調味料は関西から送られてくる「下りもの」で占められていました。この時期まで、酒、調味料などの7、8割は関西からの下りものだったようです。江戸庶民の口に合わないと需要がなくなるので、評判の悪いものは「下らない」と呼ばれるようになりました。これが「くだらない」の語源です。

江戸の発展により、享保年間（1716〜36年、8代吉宗将軍時代）頃から近郊都市での酒・醤油づくりが始まり、嗜好品や調味料も江戸好みの味のものが普及するようになります。江戸の人口も急速に膨張し、当時100万人に達していたと言われており、ヨーロッパ最大の都市ロンドンの人口をはるかに超える規模でした。世界最大の人口を抱える江戸の台所・日本橋の魚河岸に、最盛期は600軒の魚問屋や仲買が軒を連ねたと文献にあります。調味料づくりもさらに発展し、幕末にはキッコーマン（の前身）やヤマサ、ヒゲタなどが最上醤油として幕府からのお墨付きを得ていました。

うまい魚介類に、江戸の口に合う調味料が揃いだす18世紀末から19世紀初頭にかけて、江戸前料理は都市化と共に洗練され一気に花開き、今に続きます。江戸っ子の目の前には浅い海が広がり、新鮮でおいしい魚介類がたくさん獲れていましたが、よい調味料がなくてはやはり料理は発展しません。私たちが親しんでいる江戸前料理の歴史は、意外や200年程しかないことに気づきます。

江戸前料理花開く文化・文政期

文化・文政期（1804～30年）からは江戸前にぎり寿司をはじめ、天ぷら、蒲焼き、佃煮などが揃い、庶民に普及します。また、調味料は味噌・醤油だけでなく酢や味醂も江戸好みの味として普及していきます。それらと共に江戸独特な味付けが生まれ、煮付け、蒲焼きなども洗練され外食産業となりさらに発展します。

麺類も、江戸初期はうどんが主流でしたが（落語にも「うどん屋」があります）、江戸好みのタレと相まって江戸中期以降はそばが大ヒットし、今のそばブームに通じるようになります。

また「江戸前」とは、本来は鰻《うなぎ》を指す言葉だったそうです。江戸や周辺各地の川で捕れたウナギは濃厚に脂が乗るのはよいのですが、泥臭さもあったため、文政期（1818～30年）に「蒸してから焼く」（臭みと余分な脂分を削ぐ）方法が開発され、今に伝わる洗練された蒲焼きとなります。調理人の創意工夫にまったく感心します。ついでに言うと、鰻を蒸す時に串を3、4本打ちますが、背中から捌《さば》いたほうが打ちやすいので江戸では関西と違い背開きが普及しました。

なお、江戸期の鰻屋では、他所から来るウナギは脂の乗らない「旅もの」と呼ばれ、安物として扱われたそうです。また、神田川や深川あたりで捕れるウナギしか使わず、捕れないと休業するこだわりの鰻屋も多かったそうです。当時は、調理人も客も絶対なる地産地消にこだわったわけです。ということは、現在は「旅もの」と馬鹿にされたものしか食べられないわけですね。ちなみに、鰻の蒲焼きのほうが寿司より断然高かったそうで、今の時価に換算すると一人前7000~8000円したようです。そのため贈答用のギフト券（切手という）も売り出されました。

ウナギは川のものだけれど、寿司は江戸前の海からのものです。今や世界中で人気のある「にぎり寿司」ですが、江戸に最初の寿司屋ができたのは貞享年間（1680年代）で、当時の寿司は上方から渡ってきた「押し寿司」でした。それを現在のような形にした創始者と時期は諸説あるものの、文化・文政年間の華（花）屋与兵衛であるとの説が有力です。

江戸前にぎり「鮨」は、江戸前の旨《うま》いネタとご飯、酢、わさび、醤油が口の中で混ざり合い、おいしく感じる融合料理です。江戸で大ヒットしたにぎり寿司の全国普及は驚くほど速く、文政期末には大阪道頓堀で売られるようになり、それからわずかな時期で四国、高知でも売られるようになったとあります。うまいものには日本全国、目がなかったということになります。

なお、つい最近まで日本人の食事は、惣菜はわずかで腹は飯で膨らませ、栄養も主に飯から摂っていました。一汁二菜程度で2杯、3杯の飯をかっ込むのは当たり前でした。そういったわけで、華屋与兵衛のにぎり寿司も、米1合分でにぎりが5つ、海苔巻が2切れの構成で賄っていたそうです。この時のにぎり寿司1つの大きさを1貫と言いました。しかし、この分量だとかなり大きく、女性、年寄、子供では一口で食べきれず、食いちぎって食べる有り様でした。魚は噛み切れるけれど、タコや貝類は随分食べづらかったでしょう。なお、ついでに言うと、イカで噛み切れるのはコウイカのみです。

改良が得意な日本人なので、現在の日本橋三越付近にあった寿司屋が、にぎりを2つに切って客に出す「実用新案」を考案・実践します。こうした配慮は下品に食いちぎらずに済むと好評で、結局はこれがヒントになり、当初の1つ分（1貫）を2つに握り分け、出すようになったわけです。

明治以降の寿司屋

さて、文政期に完成した江戸前にぎり寿司は誕生から30数年で明治維新を迎えます。

寿司屋は明治から大正にかけて非常に繁盛し、屋台寿司を入れると都内には4000軒近くあったそうです。軒数で言えば蕎麦《そば》屋も非常に多く、現在の山手線内域には寿司屋とほぼ同数あったといいます。

また、風呂帰りに屋台で寿司をつまむ気安さもあったといいますし、横須賀でも海軍の高官などが利用した高級料亭の道筋には屋台の寿司屋さんが出ていたそうです。

明治30年代後半（1905年前後）から氷の冷蔵庫が普及しだし、寿司ネタの保存法も変化していきます。それまでは、江戸前の料理の基本ともなっていた漬けや昆布締めなどで保存していましたが、特に夏に冷蔵できるということで寿司屋は大助かりだったと思います。

なお、氷の冷蔵庫時代は今とは別に丁寧な冷蔵法が考え出されます。電気冷蔵庫のように乾燥しないので、水分を布巾でこまめに取り除くことで腐敗菌を抑えたのですが、こういう伝統芸は今のように冷凍が発展すると伝授されなくなっているようです。

大正時代（1912年〜）になると電気冷蔵庫が寿司店に普及するようになります。なお、関東大震災でガラス製の皿類やケースが破壊したため、木製の飯台（ゲタ）が普及したと言われています。

寿司の歴史を読むと、戦時中の物資統制令以来、米は全部配給制で、しかも戦後は米不足による食糧難もあって、1947（昭和22）年、飲食営業緊急措置令が施行され寿司屋は表立って営業できなくなりました。そこで、東京では寿司店の組合の有志が交渉に立ち上がり、1合の米と握り寿司10個（巻寿司なら4本）を交換する委託加工業として、正式に営業を認めさせたとあります。統制経済下では「闇」は取り締まり対象で、魚介類の調達にも苦労したようですが、なにせ闇のことですから文献にはあまり残っていません。

私の母も闇を承知で、コハダなど寿司ネタは金になるので、東京まで売りにいったことがあると言っていました。ただ「お金にはなるけど取り締まりが怖くて嫌だった」そうです。私の家は祖父（1945年10月没）が地付き（地元）網の株主で、父も敗戦により45年9月～51年までほかに職がなく漁師をしていました。なお、戦後復興が始まり世の中が落ち着きだすと、たくさんあった屋台寿司は「不衛生」との理由で禁止となります。

東京の漁業と小津映画

1960年頃までは、東京都だけでも二枚貝の生産は2万t以上ありました。小津安二郎監督の映画で寿司屋に入るシーンがあり、笠智衆や中村伸郎などがカウンターに座り「ハマ、ハマ」と頼むシーンが出てきますが、このハマはすべて江戸前のハマグリだったわけです。小津さんの映画はストーリーの似たものが多く、また俳優も原節子の役名が続けて「紀子」だったり、出てくる俳優も笠智衆、中村伸郎、杉村春子などが重複していたりで、どの題名の映画でハマグリを頼んだか定かに覚えていませんが、このシーンは特に印象に残っています。

小津さんは、シナリオづくりの時などはすき焼きをつつくのがお好きだったようですが、ご自身が江戸前ネタとはどういう付き合いがあってこのシーンを入れたのか気になります。

この時代までに東京湾岸の寿司屋に通えた人は、江戸前の味をふんだんに味わえた幸せな方だったわけです。62年に東京都の漁業権放棄が行われ、東京オリンピックを境に東京の街並みが大きく変わる中で二枚貝は激減しますが、小津監督はその激減が始まる63年に亡くなります。小津監督がもう数年生きていたら、東京湾漁業破壊をどう取り上げたでしょうか。

おいしいものを奪い去った政治責任

高度経済成長とバブル景気を経て、今や寿司屋に行けない人はいないほどになりましたが、ここまで漁場を破壊してしまうと、いくら金を積んだところで、おいしい地物産を食べることはできなくなってしまいました。

寿司屋では今、東京湾産のアオヤギは普通には食べられますが、アカガイ、トリガイ、ミルガイ、タイラガイは「金《かね》のわらじを履いて」探しても食べられない日が増えています。このような内湾の破壊は全国レベルで進行しました。

近年では、諫早干拓が行われてからタイラガイは全国的に捕れなくなってしまいました。諫早湾などは大干拓せずに漁業を大事にすればよかったのです。１９９７年に、諫早干拓のために閉め切り堤のギロチンを下ろして諫早と有明の海を駄目にし、おいしいものを食べる権利を国民から奪ったのは農政官僚と自民党です。国民が働いて稼いだお金を持って寿司屋でうまいネタを食べようとしても、食べられなくした政治責任を私は厳しく問う必要があると思っています。

さらには、これから中国がますます経済力を付けていくので、マグロやエビも取り合いになり値が上がっていくでしょう。ですから、自前の海をしっかり復活させて、おいしいものが再生する東京湾にしていきたいものです。

豊かな東京湾が生んだ数々の漁法

漁師は七色の仕事

豊かな東京湾が江戸前料理を発展させてきた歴史をざっと見てきましたが、次に、江戸時代から現在に至るまで、魚の生態に合わせてどのような漁が行われてきたかを見てみましょう。

なお、現在の漁業はすべて内燃機関による動力操業ですが、１９５５年頃までの東京湾内湾では人力による、実に多種多様でこまめな漁が行われていました。まさに「漁師は七色の仕事」をして生計を立てていました。

さて、ここで話を少し脱線させますが、農民文学があるのに対し「漁民文学」はあまり聞いたことがありません。農業は文字どおり晴耕雨読ができて、理念的な思考が生まれるのかもしれません。片や漁師は「板子一枚下は地獄」の世界で働き、人より先に無主生物を一網打尽にする博打性があるため、「書く」より「話」が得意で、彼らに聞き取りをすると実に含蓄ある表現をします。「漁師は七色の仕事」なんて実に趣のある表現だと思います。

さて、漁法にはいろいろありますが大量に捕るには網がいちばん効率的です。徳川家康入府後、東京湾内湾ではいくつもの網漁が移入され、江戸前の魚介類を大量に供給しました。それでは、豊かな東京湾が育てた江戸前漁法を詳しく見ていきましょう。

ひき網

「ひき網」は打瀬網、手繰網、地びき網の3種類

(1) 打瀬《うたせ》網《あみ》

打瀬網の起源はおよそ400年前で、瀬戸内海が本場とされていますが、江戸にいつ移入されたのかはよくわかっていません。帆を使い舟を横向きに進めながら網をひきます。その後、幕末にさしかかる安政年間（1854～60年）に爪付きの改良「桁網」が導入されて、漁獲が向上しました。桁と言われる鉄製の櫛《くし》状のもので砂地を掻きながらひいて、魚介類を網に入れます。東京湾では湾奥部の干潟域で行われ、二枚貝やクルマエビ、モエ

打瀬網

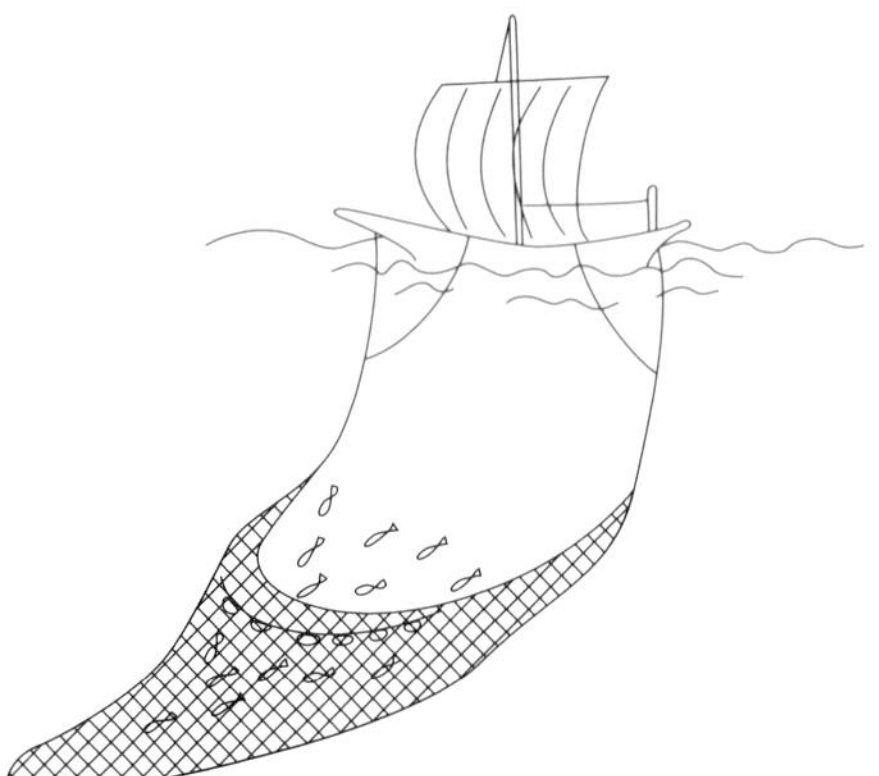

参照資料：千葉県浦安市郷土博物館HP

ビ、カレイ、ヒラメなど砂地に住む魚介類を狙いましたが、1960年代で姿を消しました。この方式は現在でも機械式縦びき網で応用されています。

(2) 手繰網《てぐりあみ》

シバエビ、クルマエビ、カレイなどを狙う網。打瀬網と同様に舟を横向きに進めますが、櫓《ろ》で漕いでひくのでかなりの重労働です。

そのため、帆を張り風を利用したり、潮汐流に舟を乗せたりして操業しました。海が豊かなのでけっこうな漁獲がありました。手繰網漁は、戦後も1950年頃まで横浜沖の中ノ瀬などで活発に行われていましたが、その後、機械船による底びき網に代わり、ひき方も横びきから縦びきに代わりました。

現在の機械小型底びき網。網を上げているところ

(3) 地びき網

江戸から明治かけて、1都2県の東京湾内湾の沿岸はすべて漁場とも言えたので、各地で地びき網漁が行われていました。

地びき網は江戸の初期、萬治年間（1660年頃）に伊勢より伝来し、千葉富津をはじめ各地に広がりました。アジ、イワシ、サバ、カマス、ウミタナゴなどが主な漁獲対象で、ほかにはタイ、コノシロ、クルマエビも捕っていました。地域によって網の長さも様々

|地びき網|

で、横浜金沢では６５０ｍもの網を４隻で展開し地域総出で網をひきました。

　昭和に入ると、埋め立てなどで漁場が喪失すると共に環境劣化の進行でだんだん捕れなくなり、東京湾内湾での地びき網は戦中期にほぼ消滅しました。なお、現在、内湾部ではアクアラインの千葉県金田で小規模なものが観光用に行われているようです。

巻網《まきあみ》

２隻以上で使うビッグキャッチ用の網

　巻網はアグリ網とも呼ばれ、網の大きさによりロクダ網やモエイ（舫）網などがあり、また、佃島で行われた６人で行う小型の巻網もありました。

　漁獲対象はコノシロ、ボラ、サッパ、イワシ、エボダイなどで、巻網漁は江戸期から１９６０年頃まで各地で行われていましたが、海の汚れのために網船の廃業が相次ぎました。現在、内湾の巻網漁は千葉県の船橋や横須賀市の鴨居を母港として行われています。

マダイ捕り用の地びき網

各地の地びき網の中でも特筆したいのが、千葉竹岡の近辺で行われていた「桂網」です。マダイを捕るため江戸初期に紀州から導入されたもので、明治までは将軍家御用達の網でもありました。

ブリ板と呼ばれる魚を脅す板を付け、舟でひき最終段階は浜にいる「ひき子」に渡し、地びき網風に浜に上げます。マダイは東京湾内湾と外湾の境界線である富津―観音崎ラインで産卵することから、桂網漁が千葉の富津や金谷で行われました。

マダイの幼稚魚は内湾部のアマモ場で育ちます。そこで母ダイは、ふ化した稚魚がすぐ内湾のアマモ場にたどり着けるよう、観音崎―富津ラインの外湾で産卵します。その後、アマモ場で手の平サイズ程に育ったマダイは外湾の深場へ下ります。その習性を利用したのが桂網でした。

対岸の神奈川県側では桂網の代わりにタイ釣りが行われ、特に横須賀鴨居が有名です。一昔前までは「関サバ」同様に鴨居ブランドがありました。参勤交代や勅使供応など、幕府のイベントでは多くの真鯛が必要になったので御用達となったわけです。なお、桂網は東京オリンピックの翌年（1965年）にその歴史を閉じました。

巻網

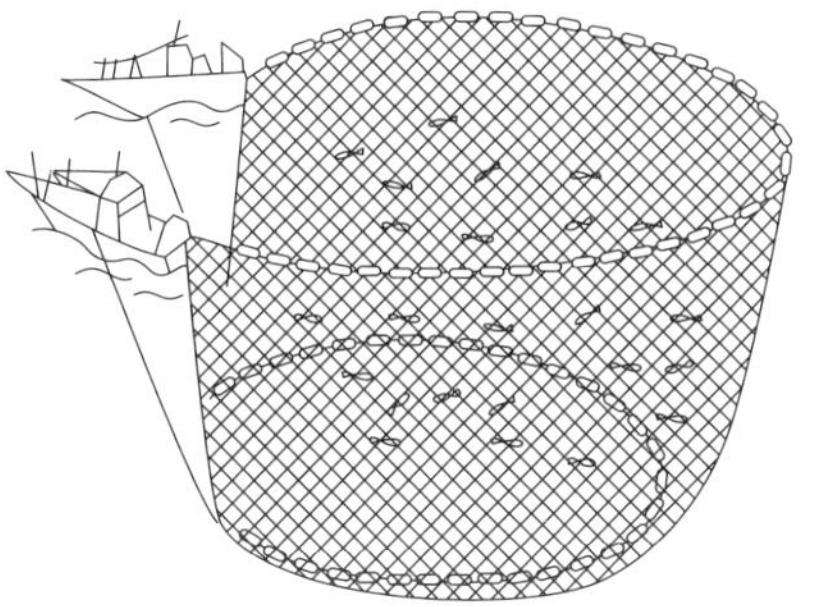

参照資料：千葉県浦安市郷土博物館HP

ところで、私の祖父は横須賀北部の漁師町・深浦で、地元民だけで組織される株主組織の網船に乗っており、父も高等小学校を出たのち、兵隊や戦時中軍需工場で働いていた時代を除き、1951年まで網船に乗っていました。戦前、戦中、横須賀での巻網はすべて軍港内での操業でした。時代が下がるにつれ禁止区域が広がり、太平洋戦争開戦の年には小柴―猿島見通しの内側が原則禁漁区域に指定されてしまいました。戦前は軍部の取り締まりの網をかいくぐり操業しましたが、捕まれば憲兵隊に連行され手荒い扱いと罰金刑を受けました。

しかし、漁師の度胸は大したもので、戦艦大和型の3号艦（のちの空母信濃）建造のためにつくった東洋最大の6号ドック（もちろん当時は極秘）に魚を追い込み、大漁をつかんだこともあったそうです。詳しくは拙著『誰も知らない東京湾』を参考にしてください。

刺網《さしあみ》 網目の大きさによって異なる捕る魚の種類

刺網漁は海底に網を張って行うもの。江戸期以前からあった漁法で、今も各地の主に岩礁地域で行われています。網目の大きさにより漁獲対象が異なります。目の細かい網ではタナゴ、メ

刺し網にかかったイスズミ

バル、カサゴ、カワハギなどを捕りますが、キス狙いの刺網もあります。大目網ではタイ、カレイ、アイナメ、ボラなどが対象になります。

なお、戦後にナイロン網が出るようになると、刺網に改良が加えられた三枚網が使われるようになりました。この網にかかったらまず逃げられないので、別名「地獄網」とも言われます。今でも、内湾域では横須賀市の沿岸岩礁域で盛んに使われています。

刺網漁の多くは、夕方海に入れ、数時間後または翌朝に引き上げる固定式ですが、後述の表層を泳ぐスズキ類を狙う「流し刺網」や、コノシロ、ボラ、イシモチなどを捕る移動式刺網もあります。

｜刺網｜

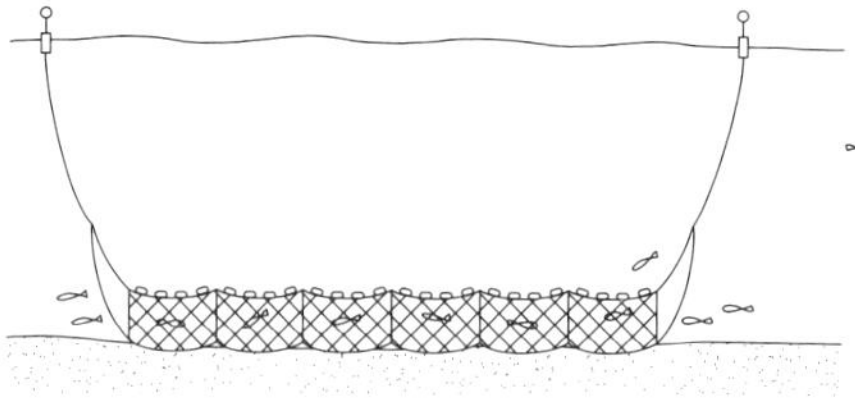

晒網《さらしあみ》

表層を泳ぐイワシを対象にした「流し刺網」のこと

この網を使った漁は、19世紀初頭に横須賀久里浜で始まりました。漁期は4～7月ですが、観音崎南側の湾口部でビッグキャッチしてしまうために内湾漁師からは目の敵にされ、多くの漁業紛争が起きたことが記録に残されています。

効率よくイワシが捕れたので湾内各地で行われ、横須賀の走水《はしりみず》海域では戦後まで行われました。また、湾奥では羽田や佃島でも行われましたが、１９４８年頃までに各地の晒網はほぼ絶えたと言われます。

｜晒網｜

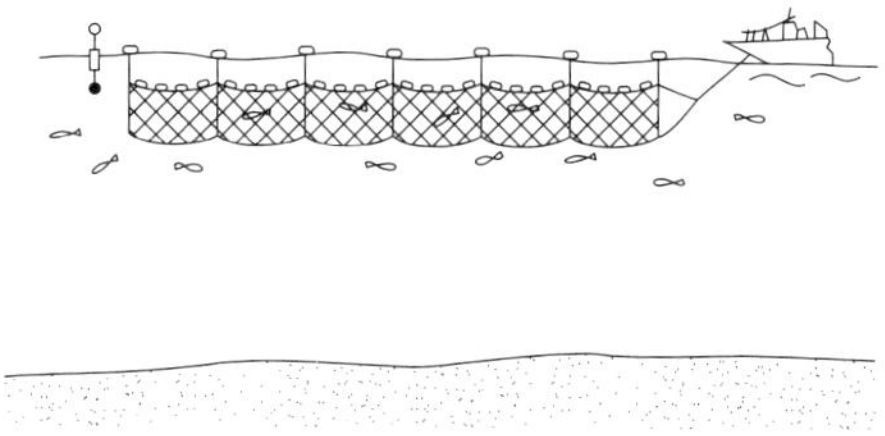

かつて、将軍家に献上するため隅田川でシラウオ用の晒網漁が行われていました。この漁は、佃島の漁師と京橋の漁師にのみ認められていました。明治からは独占権はなくなりましたが、川の汚れのため昭和初期に隅田川での漁獲はなくなり、次いで多摩川でも減少し、1954年にはついにシラウオ漁は東京湾から姿を消しました。現在の流し刺網はスズキ狙いで、横須賀東部漁協・横須賀支所で行われています。

定置網《ていちあみ》

魚の通り道に数日〜数カ月の間、敷設しておく網

東京湾の定置網漁は、昔からだいたいは外湾部で行われており、千葉のほうが盛んです。内湾では小型の定置網漁が観音崎などで行われていましたが、横須賀では数年前に廃業しました。

定置網の変形としては木更津界隈で行われる「簾立《すだ》て網」があります。歴史は意外に浅く昭和初期からで、漁期は昼間の潮が引く春から夏まで。1960年頃までに海が汚れ消滅しましたが、現在では観光用として復活し楽しまれています。

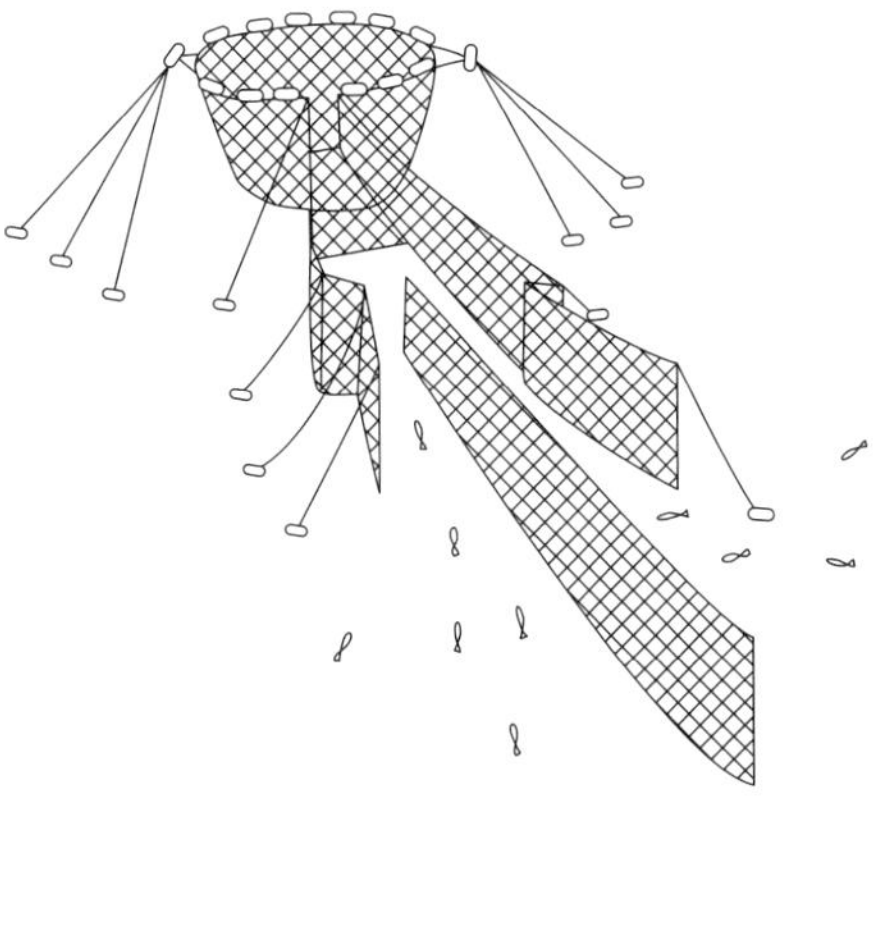

定置網

敷網《しきあみ》

海底に網を敷いて行う漁

敷網の一種である、鳥の羽根を付けた縄で魚を追い込んで捕る「鵜縄《うなわ》漁」は湾奥部の羽田、大森で行われ、ボ

ラ、セイゴ、コハダなどを捕りました。綱をひくので「ひき網」とも呼ばれたようですが、シバエビを捕る網もありました。

鵜縄漁

参照資料：千葉県浦安市郷土博物館HP

延縄《はえなわ》

長いロープにたくさんの釣り針を垂らして行う漁獲法

延縄は各浦で広く行われていましたが、導入時期はハッキリしません。一般には「浮き延縄」がおなじみかと思います。マグロなどの延縄漁も基本的に同じ方式です。東京湾内湾では表層・中層を泳ぐ魚（サヨリやサワラ）を捕るには浮き延縄を、底魚のカレイ、タイ類、アナゴ、ウナギ、トラギス、ハゼなどを捕るには底に沈める「底延縄」方式が採られました。

湾口部の鴨居や走水ではタイ、カサゴ、トラギスを捕る底延縄が行われ、アカエイ、イシダイ、アイナメ、ヒラメなども同時に捕られており、戦前には20隻程操業していたと言われます。今ではアカエイはほとんど捕らなくなってしまいましたが、潜ると多くのアカエイを見ます。これだけいるのに、それを捕る漁師がいないのは困ったものです。

また1967年、横須賀最大の海水浴場であった大津湾（現・馬堀海岸町）が西武不動産によって住宅用地として埋め立てられたため、広大な砂浜とアマモ場が消失し、フライ種として最高においしいクラカケトラギスは激減してしまいました。ここでもまた、横須賀のおいしいものが失われました（現在鴨居で少数漁獲）。

底延縄のエサはユムシ、イソギンチャク、イワシなどを使いました。ユムシは高級魚が好みますが、ユムシ掘りは大変でした（水深5m程の海底を採貝具の一種であるマンガで掘る重労働）。その代わり、エサのユムシが取れればヒラメ、タイなど高級魚の豊漁は約束された、と父は言っていました。

また、横浜の野島では「アサリ縄《な》」と呼ばれる延縄があったそうで、アサリを素早く剥いてはすぐさま針に付け（エサにして）投入するという、名人芸だと父は言っていました。

延縄

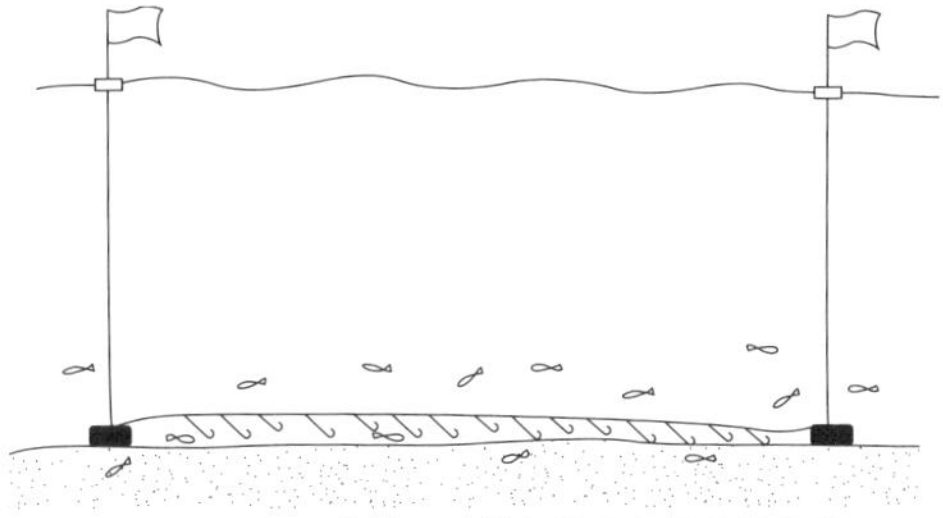

参照資料：千葉県浦安市郷土博物館HP

延縄のセット作業は漁師町の女仕事で、祖母もその仕事を請け負っており、私の中学生頃まで行っていましたが、アナゴ縄が専門でした。絡み合った道糸を整理しハリスを伸ばし、イワシやサンマの切り身をエサにして外周部のわらにセットします。1鉢セットする料金は、ラーメン1杯分の価格とほぼ同じだった記憶があります。

なお、残しておきたい漁法として126ページで取り上げる、トラギス延縄の写真を参考に掲載します。

トラギス延縄の鉢。1鉢150本ほどの針が付いており、重りを付け海底に沈める

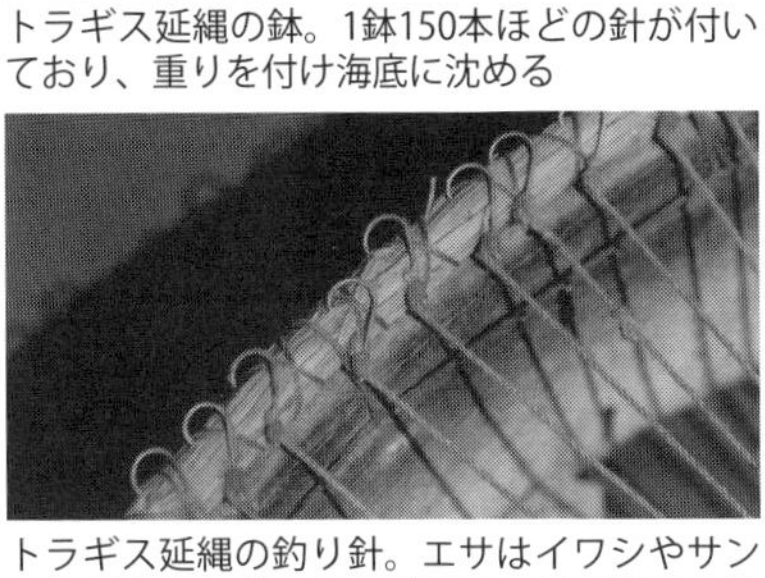

トラギス延縄の釣り針。エサはイワシやサンマなどを刻んだものを付ける。この種の小針の製造者がいなくなることもあり、この漁は消滅寸前である

筌《せん》

筒や蛸壺のように獲物が入ると蓋が締まる仕掛けもの

初めは江戸の川にいるウナギを捕るためのウナギ筒が開発されました。ウナギ捕りには、穴に入ったウナギを鍋づる金具で引っかける方法もありました。1965年頃までは都市河川もきれいで、三面張りもなく自然護岸や石垣護岸が多かったので、ウナギ捕りが東京を含め神奈川、千葉等でも行われていました。

江戸のウナギが捕れなくなったあとは、アナゴ筒が開発されます。横須賀市東部漁協と神奈川県水産試験場の共同開発で61年、塩化ビニール製のアナゴ筒がつくられます。それまでアナゴは延縄で捕っていましたが、筒のほうが漁獲効果が高いので、以降「あなご縄《な》」は自然淘汰されました。

掻剥《そうはく》

金属製の籠で砂底を掻《か》いてアサリを採る漁法

今でも三番瀬など残存干潟域で行われています。1880年代から行われたとの記録がありますが、1887（明治20）年から鉄製の器具が使用されました。それが「大捲き籠」と「腰捲き籠」で、大捲き籠は舟を移動しながら海底を掘る時に、腰捲き籠は1人で操業する時に使います。

腰捲き籠。資料提供：千葉県木更津市牛込漁業協同組合

見突き

覗き眼鏡で海底を見ながら器具を使って捕る方法

主に外洋および外湾部の磯場で行われた漁で「ボウチョウ」とも呼ばれ、サザエ、アワビなどを捕りました。1887年にガラスを使った箱眼鏡がつくられる前は、糠《ぬか》や油をまいて波を静め、海底を覗き見ながら長い竿などで獲物を捕っていました。これでは効率が非常に悪かったと思いますが、それでも漁として成立していた

のですから、当時の海の資源の豊かさと水の透明度の高さを推し量ることができます。

なお、海面に垂らす油はフグやサメの肝油を用いたそうですから、海洋環境に影響を与えないやり方だったわけです。

内湾部では天然ワカメやアラメの刈り取りは箱眼鏡を使って行っており、1965年に我が家を建て直す前には、箱眼鏡や刈り取り用の釜などが置いてありました。今は養殖ワカメが主流のため、天然ワカメを刈り取る漁師は少なくなっています。

見突き漁。箱メガネはゴムひもで頭に固定しており、微移動は櫂で、前・後進は櫓で行う。櫓漕ぎ係との微妙な連係プレイがポイントになる。アワビなどは一瞬にして剥がさないと取り損なうので高い技術が要求される。最近は船外機を足で操ることもある（1978）

潜水漁

潜水器を使って潜り直接採取する漁法

ヘルメット型潜水器が東京湾漁の世界に入ってきたのは、1887年前後で富津や柴（神奈川）で始まり、タイラガイ、ミルガイ、バカガイ、ナマコなどを採りました。潜水漁は今でも継続して富津、柴で行われています。横須賀での潜水漁は大正期からです。横須賀での潜水漁については「潜水漁に後継者現る」（129〜134ページ）の項で歴史を含めて紹介します。

捕鯨

紀州の「網捕り法」と勝山の「突き捕り法」

捕鯨は東京湾内湾の千葉県勝山港を基地にして、18世紀から明治に至る2世紀の間、沿岸捕鯨が行われていました。紀州の捕鯨は「網捕り法」ですが、勝山は船をクジラの背に乗り上げてモリを突き立てる勇壮な「突き捕り法」でした。肉の保存は薄切りにして塩水につけ天日に干す「タレ」が有名で、現在でもフェリー港のある浜金谷周辺の土産店で売られています。鯨油は行燈《あんどん》の燃料として江戸に回されたといいます。明治になると捕鯨砲が導入され、さらなるクジラを求めて外房に移りました。

水質が悪化する前の東京湾には海生ほ乳類も随分入ってきたようです。父は戦争期を除いて1951年まで網船に乗っていましたが、スナメリなど小型のほ乳類はよく見かけたと言っていました。また、敗戦から2、3年目には網に鯨がかかり、これを持ち帰れば食糧難も解消すると小躍りして網をたぐったところ、クジラは船より大きく、おまけに大暴れしたため転覆の危険を感じ逃がしたことがあると言っていました。

釣り

誰でもどこでもできる自由漁業

市民に最もなじみ深い釣りの歴史は古く、縄文期以前から行われていました。徳川幕府が開かれ戦乱の世が治まるにつれ、漁師の釣りだけでなく趣味、遊びの釣りが盛んになります。大名、旗本から庶民まで遊びの釣りがはやり、江戸前の湾奥部ではアオギス釣りやハゼ釣りなどが盛んになります。

1723（享保8）年、4000石の禄高を持つ旗本の津軽采女《つがるうねめ》が記した『何羨録《かせんろく》』は、現存する日本最古の釣りの専門書とされています。

その中に、当時の東京湾の生態を知る貴重な一文があります。2代将軍秀忠は利根川の河道変更を行い、銚子に本流を向けたため江戸川は支流となっていたのですが、アオギス釣りの解説の中でその江戸川河口の三枚洲などの紹介があり、「このあたりに大亀浮かびたり、亀の出る日は凪と伝えり」とあります。この時代には、ウミガメを今の葛西臨海公園前で見ることができたのです。300年前の東京湾はここまで豊かで、外洋の生き物が入ってきていたのですね。当時、東京湾で潜水観察できたらどんなに感動ものだったことでしょう。伊豆七島や小笠原まで行く必要はまったくないですね。

なお、女性も含め世間一般が釣りをするようになったのは文化・文政期（1804～30年）と言われます。

今から約200年前、江戸前料理の発展も含め、この時期はまさに江戸庶民文化円熟の時とも言えます。

釣り受難期

江戸の釣りブームを書きましたが、「悪政」による受難期もありました。

5代将軍綱吉（1680年就任）は「生類憐れみの令」の悪法を強制したことで知られますが、将軍家における「お菜《かず》」への鳥や魚介類の使用禁止令が1685年に出されました。その後、庶民の食事食材にもとやかく言い出すようになり全国的な混乱を招きますが、幕閣の計らいか、釣り禁止はそれに遅れること8年の93年になってからのことでした。

釣り受難時代は10数年続きますが、1709年、綱吉は、はしかで急死。綱吉は生類憐れみの令を厳守することを遺言したそうですが、6代将軍家宣は葬儀の2日前に綱吉の柩の前で「生類憐れみの令で罪に落ちた者は数知れない。私は天下万民のためにあえて遺令に背くこととする」と言い、即座に赦免が決定されました。その罪を許された者は8000人余りと記録にあります。

祖父のスズキ釣り

私の祖父の一柳直吉は、戦前スズキ釣り名人として名が通っており、夏は天然テグスで何匹ものスズキを長浦港や軍港エリアで釣っていました（ということは昼間の漁は海軍も許していたことになります）。

戦前、ナイロンテグスはまだ輸入されておらず、釣りは天然テグスを利用していました。ですから、釣れたからといって、大型のスズキを今のように釣り上げようとすればテグスは切れてしまいます。そこで、針にかかると板の付いた「はね竿」（短い釣竿）を海に投入し、スズキが疲れるまで泳がせてから取り込んだそうです。スズキが同時にかかれば数本のはね竿を海に投げ出し、疲れたものから順次舟に取り込みました。

こうして釣ったスズキはカメ（漁漕）に入れ生かして帰り、仲買に売りました。釣りが難しく漁獲量が少なかったせいか、今より断然高い値で取引され、良型を5、6匹釣れば1週間生活ができたそうです。

そのスズキは、海軍高官などが利用する横須賀の料理屋に卸されました。山本五十六や米内海軍大将をはじめ、歴史上に名を残す海軍高官も祖父の釣ったスズキを食べていたと思われます。

東京湾の釣りとその興亡

プロ的に言えば、東京湾の釣りでは外湾域での高級魚狙いが主で、横須賀では鴨居のマダイ釣りや久里浜のムツ釣りなどが有名です。また、湾口部の剣崎《つるぎさき》（間口港）では今でもサバやイサキ、キンメダイの釣りが有名です。

　湾奥部での釣りでその名を残すのは、なんと言ってもアオギスの「脚立釣り」でしょう。船影を嫌うアオギスの習性をつかみ、遠浅の海に脚立を立てて釣りました。アオギスは春になると水の澄んだ干潟周辺に集まり、梅雨頃に産卵します。江戸期の釣りブームは粋な脚立釣りも生んだわけです。アオギスの食味はシロギスに比べて若干落ちるそうですが、魚体が大きく引きが強烈なため趣味の釣りとして人気がありました。

　多摩川河口から富津にかけての湾奥沿岸は遠浅の干潟域が続いていたので、毎年八十八夜を過ぎると釣り客がアオギスを求めました。船宿は脚立を立て、客をそれぞれの脚立へと運び、客は腰掛けて行う風情のある釣りでした。船頭は離れたところから釣り客を見回し、釣果のよくない客がいると、さらによいポイントへ脚立を動かしてくれたといいます。

　この風情あるアオギス釣りも、東京オリンピック頃に終焉を迎えます。なぜなら、アオギスは水質のよい河口域（汽水域）に依拠する魚なので、川の水質が悪くなると生きられないからです。きれいな川と良好な干潟があればこそ生きられる魚なのです。江戸前の海には多摩川、隅田川、荒川、江戸川の４大河川が流れ込み干潟が広がっていたので、アオギスの棲息に最も適した海だったのです。

　なお、20世紀後半は全国的に内湾、干潟の埋め立てと水質悪化のため、アオギスはほぼ壊滅し、現在まとまって棲息しているのは九州の豊前海のみと言われます。

　東京湾にアオギスが戻ってきて初めて、東京湾は真にきれいになったと言うべきでしょう。今世紀のいつ頃それが実現するでしょうか。

資料提供：NPO法人海辺つくり研究会・木村尚氏。当時の脚立釣りを再現したもの。当時の竿やびくはかなり長かったようだ

テグス

魚に見える釣り糸から見えない透明なテグスへの革命

ところで、透明な釣り糸であるテグスはいつ頃から利用されたのでしょうか。

釣り道具は釣り竿、釣り糸、浮き、重り、釣り針で構成されます。釣り針は縄文後期以来、獣の骨などから感心するほど見事なものがつくられています。また、浮きや重りも加工は比較的容易だったと思います。竿は竹を用い、江戸中期からは名人芸の和竿もつくられますが、つくるのがいちばん難しかったのは釣り糸です。

釣り糸はテグスが現れる前は麻や絹糸などでつくられていたので、魚には釣り糸がよく見えてしまいました。釣果は当然悪いわけですが、それでも、それなりに釣れたのは海の中が断然豊かだったからでしょう。釣りに革命を及ぼすテグスの出現は、江戸開闢《かいびゃく》後80年程経った17世紀末頃で、何千年と続いた釣史の中で起きたエポックメイキングでした。このテグスの出現があったればこそ、江戸期の釣りブームが起こったと言えるのではないでしょうか。

さて、テグスのルートですが、当時鎖国を敷いていても中国から医薬品（漢方）の輸入は許されていたようで（対中貿易をする琉球→薩摩ルートか）、大阪を中心に商われていました。当時、中国から出荷される医薬品の梱包にはヤママユガ科のガ（蛾）がつくり出すテグス線が使用されていました。利用、転用は日本のお家芸と言われますが、この透明なテグス線の結び糸を見た人が釣り糸にすることを考えます。

最初に釣り糸に利用したのは、貞享年間（1680年代）の大阪の漁師であると言われています。そして、瀬戸内でテグスを用いて釣りをすると、マダイやブリ、スズキといった高級魚が驚くほどよく釣れたことから、テグスの評判はたちまちに広がり、大阪ではテグスの卸商（薬問屋が商う）まで現れました。

このヤママユガ科のテグス原料は、テグスサンというガの幼虫から取ります。テグスサンは広東地方に多く棲息したそうです。製法は、変態する前の幼虫の背を裂き一対の絹糸線を引き出し、酢に漬け素早く引き延ばし、陰干しします。こうしてでき上がった透明のテグスは、磨けば磨くほど透明度を増したそうです。

時を経ずして、このテグスは江戸に下り一大釣りブームを起こします。しかし、この魔法の釣り糸が何ででできているかは卸問屋の守秘義務が徹底していたためか、100年以上わからなかったそうです。その正体が解明されたのが文化年間（1804～18年）で、製法は薩摩支配下の琉球経由で渡りました。文化・文政期は江戸前料理の革命的発展期であり、釣りも大いに普及した時期であるところから、釣り糸の増産が求められる時代背景もあったのでしょう。

しかし、製品化するまでにさらに数十年の歳月を要したので、国産テグスが出回るのは幕末になってからです。日本にはテグスサンが棲息しないため、シラガタロウと言われるガの幼虫が代用されました。つまり、江戸全期の天然テグスは中国からの輸入品で占められていたのです。テグスはまさに貴重品で大事に扱いました。

当時のテグスは今のナイロンテグスと比べると相当弱く、根掛かりしたテグスを強く引っ張れば仕掛けごと失うので、根掛かりすれば曲がって外れるように釣り針は今ほど硬いものではなく、釣り人はその場で金槌で叩いて修理しながら釣ったそうです。

釣りの歴史を振り返ると、1680年代に初めてテグスが使われてから300年余りしか経っていません。天然テグスは、高分子化学の発展により生まれたナイロンテグスに代わります。アメリカのデュポン社が1935年にナイロンを発明し、当時、夢の繊維ともてはやされましたが、41年に日米開戦に伴い輸入は途絶えました。ナイロンテグスは東レの前身会社が取り組み、戦争中に開発に成功しますが、特許をデュポン社にとられていたため、戦後かなりの特許料を支払い大量生産されるようになり、現在に至っています。

戦後はナイロンテグスの普及や様々な釣り器具の発展と共に、大衆レジャーとして今日も多くの人が陸で、船で釣りを楽しんでいます。

ノリ養殖

戦後イギリスからもたらされた養殖技術で一気に拡大

東京湾内湾の養殖と言えばなんといってもノリになります。

江戸開府時（1603年）の浅草界隈は利根川（河道変更前）、荒川などから豊富な水が流れ込んで良好な汽水域を形成していたので、アサクサノリが自然によく湧いていていました。そのため、家康入城以前からアサクサノリが江戸土産として売られていたとあります。

江戸の人口が増えるにつれ単なる摘み取りでは需要に応じきれず、江戸の前に広がる遠浅の海に竹やナラ、ケヤキなどの樹木を「ソダヒビ」として建て、ノリ胞子を付着させ冬季に育てました。ちなみに、海の植物は陸と反対に、秋に芽吹き、冬に育ち、春に枯れます。また、ノリやワカメは一年藻でアラメやコンブは多年藻です。

なお、戦前までのノリ養殖は養殖といっても、経験則からノリが湧きそうな浅海域にソダヒビを建て、アサクサノリの胞子が自然に着くのを待つという原始的な方式でした。天和年間（1681～84年）には紙漉《かみす》き技術が海苔漉きに応用され、保存性のよい乾き海苔が商品化され大いに売れるようになり、今日に続きます。

なお、浅草で採れたので浅草海苔と呼ばれブランド化しますが、アサクサノリと称する種類も厳然として存在します。ただし、今ではほとんど採られず、養殖培養もされていません。

人口が増えるに伴い浅草界隈は埋め立てられ、ノリの本場は品川、糀谷《こうじや》、大森地域へと移ります。さらには千葉（上総海苔）や多摩川河口の川崎、鶴見川河口の横浜の干潟域にもソダヒビは建っていきました。

また、ノリの胞子を付着させて種付け料を取る浦（大森など）もありました。干潟が広がる江戸の海に江戸庶民が流す生活排水（屎尿は農地還元）が手頃に流れ、窒素・リンの栄養分を補給したこともノリがよく採れた大きな要因でした。なお、江戸前海苔は大森・品川が本場物とされ、海苔問屋も集中しました。

良質のノリを育成するため時代と共に様々な工夫が凝

らされ、大正期に入るとソダヒビ方式に代わり「網ヒビ」方式が開発されます。現在のノリはすべてこの網ヒビによってつくられています。

戦前までのノリ養殖は、自然の胞子を海中に浸してソダに付着させ育てるだけというものでしたが、戦後４年目（１９４９年）にノリ養殖に関する革命的な報告が外

明治末のノリ漁場

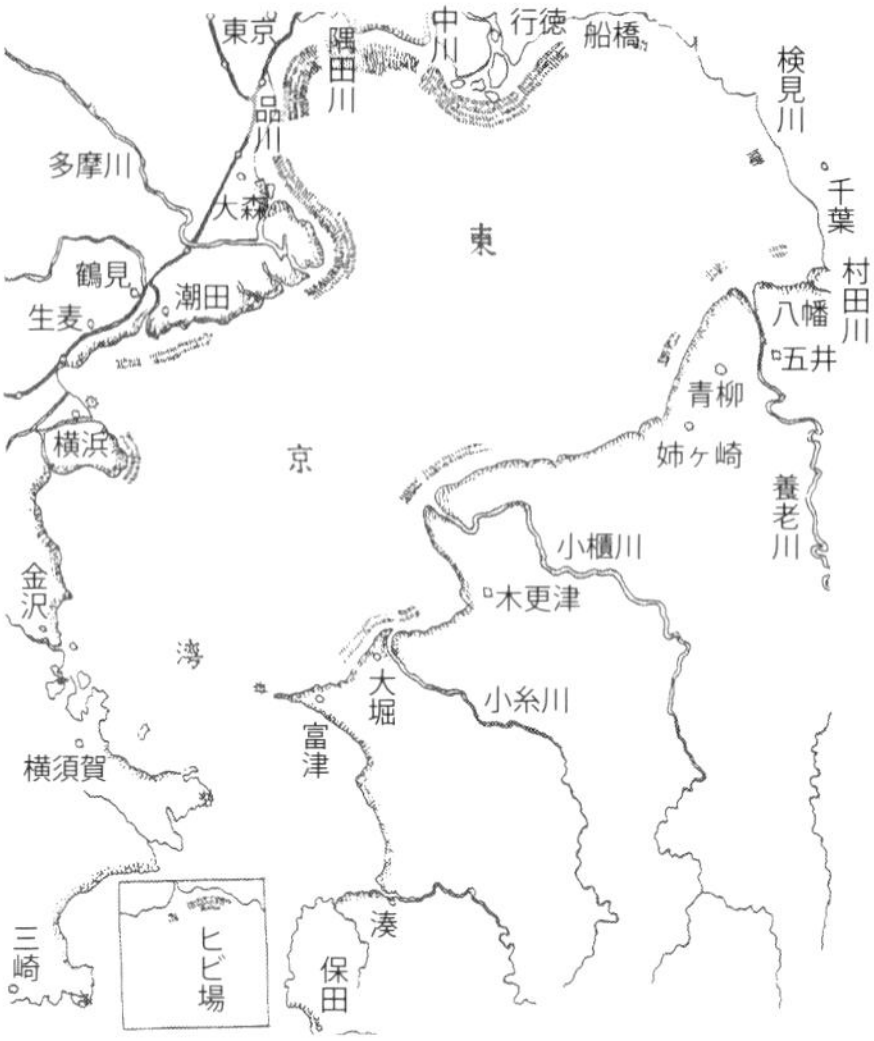

資料提供：（社）漁業情報サービスセンター『東京湾の漁業と資源その今と昔』

東京湾ノリ興亡史

江戸時代の記録はありませんが、明治からは海苔の生産量が記録されています。明治後半から乾き海苔の生産枚数は年間1億枚に達し、大正期後半になると4、5億枚を数えるようになります。当時の日本の人口は６０００万人くらいですから、1人あたり7、8枚食べていたことになります。東京湾沿岸住民はその5倍から10倍は食べていたでしょう。

太平洋戦争開戦前年の１９４０（昭和15）年には全国の海苔生産枚数は10億枚を超えますが、その4割は東京湾沿岸で生産されました。ところが、その後「上総海苔」が東京産を上回り、以降、千葉の生産が圧倒していきます。ノリの養殖は戦争中でも3億枚を超し、配給下での生産を続けていました。

戦後、生産は回復し、60年に全国で15億枚に達し、これがピークとなります。この後、東京湾沿岸のノリ養殖に適した浅海域は工業化に伴い大埋め立てが行われ、養殖場そのものが消失していきます。

62年、東京都の漁業権は全面放棄され、神奈川でも川崎、根岸、本牧が60年代に埋め立てでノリ漁業権を放棄。70年代初頭には金沢湾小柴から野島にかけてのノリ養殖も、飛鳥田市長による金沢埋め立てにより放棄されます。

国からもたらされます。それはイギリスの海洋学者キャサリン・ドリュウ女史によるものでした。

それは、チシマクロノリの裸胞子を貝殻に落とすと、それが発芽してコンコセリス（糸状の藻体）となり、そのコンコセリスは貝殻に小さな穴を開けそこで夏を越し、さらにコンコセリスに形成された殻胞子がノリの藻体になる、というものでした。

ノリやワカメは海の中で藻の形を成さず8カ月程過ごしますが、この間胞子はどこへ行っているのか長年の謎だったのですが、これでアマノリ類の生活史が解明されたわけです。

イギリス人は海苔を食べないでのドリュウ博士の研究は純科学的な研究でしたが、日本の研究者がノリの生活史の解明から人工採苗への道を開きます。

優良なノリの裸胞子をカキの貝殻に落としてコンコセリスをつくり、この貝殻を網の下に吊るし、網ヒビに胞子を付け育てます。こうして、安定的なノリ養殖ができるようになったのです。それまでの天然採苗時代は「ノ

同時期、千葉でも浦安、市原、千葉、君津などで漁業権放棄が続きました。

なお21世紀に入った今、ノリ養殖海域は千葉では市川、船橋（三番瀬）、木更津、富津の500軒、神奈川では走水と金沢エリアの17軒に減少してしまいました。

現在生産されているノリは千葉でおおよそ5億枚、神奈川の横浜金沢で600万枚、横須賀走水で2000万枚です。神奈川のノリは、今でも大森の海苔市にかけられ高値で取引されています。

現在、生産されているノリは養殖に適したナラワスサビノリやオオバアサクサノリという種類で、売られているノリの9割はナラワスサビノリです。

ちなみに、この海苔のルーツは千葉県袖ヶ浦の奈良輪地区です。本来の江戸前種のアサクサノリは絶えて久しく、海苔でも本当においしいものが失われました。

現在では木更津の金満さんなど篤志家の海ノリ漁師が、その復活に努力されています。

また、全国の海苔生産で東京湾が占める生産量は10％を切り、有明や瀬戸内産が国内では主流を占めていますが、有明では諫早干拓でダメージを受けているのはご承知のとおりです。また、中国・韓国からの輸入も急激に伸びています。

リはお天気草」とも言われ、年によりでき、不できが激しいことで知られていました。その後の研究では、貝殻を利用せずとも、カルシウム分を含んだ人工培養の基盤でもコンコセリスは育つことが確認され、さらに大量培養されノリ養殖はいっそう拡大普及しました。

なお、戦前の植民地時代の朝鮮半島でも朝鮮総督府の下にノリ養殖研究は行われており、これが今の韓国海苔の発展に寄与したようです。

ワカメ養殖

横須賀では筏《いかだ》による養殖が行われている

東京湾の海藻養殖ではノリのほかワカメ、コンブの養殖も行われています。

ワカメ養殖は1955（昭和30）年頃に東北地方や瀬戸内地方で始まりましたが、生態条件の解明と種苗の生産管理技術が確立した60年代後半から、日本各地に広がりました。横須賀では、それまではすべて天然自生のワカメを箱眼鏡を使い鎌で刈り取っていました。我が家にもお爺さんが使った箱眼鏡や刈り取り用の竿の付いた鎌がありましたが、65年に家を建て直した際、全部捨ててしまいました。今思えばもったいないことをしたものです。

61年、横須賀の安浦で三陸産の種を使った種苗採苗に成功し、60年代後半よりワカメ養殖が広がりました。今は経営体の高齢化等により漸減状態にありますが、横須賀市の東京湾では、追浜から下浦にかけて筏によるワカメ養殖が行われ、近年は400t程（濡れた状態）生産

養殖のワカメ。下に向かって生える

しています。

ワカメの保存方法については各浦で違いがあり、塩蔵にしたり、そのまま干すだけだったりします。火力の強い釜で湯がいてから干すところもありますが、こちらのほうが日持ちはするようです。

ワカメは葉の厚さが育ったところで違い、外洋のものは歯ごたえがありますが、これは好みによります。ワカメは本来「若芽」と書くくらいですから、あまり育ち過ぎないものを食べたほうが食感はよいようです。私の経験では1月中旬（それ以前では小さすぎ）から2月中旬までの若芽がおいしいと思います。最近は真冬時に水温が10度を切ることは少なく、ワカメの品質にも影響が出ているようです。

なお、今ではワカメのメカブが「とろろ」感覚で人気があります。これを冷凍保存して長く食べられるようにしたのが、横須賀安浦の相沢知治さんです。相沢さんは戦後漁師となった方ですが、研究熱心で独自に冷凍法を完成し商品化しました。

コンブ養殖

東京湾では肉厚のコンブは育たない

コンブは東北地方や北海道、クルリ諸島（北方領土）など、冷水の海に生える多年藻です。コンブも同じように養殖化が図られ、１９５０年代に養殖技術が確立され、70年代後半に企業化されました。

東京湾では71年、安浦の研究熱心な漁師・相沢さん（前出）が神奈川県水産試験場と協力して始めたのが最初です。

しかし、東京湾は夏に水温が25度を超えるためコンブは溶けて枯れてしまい、冷たい海水に育つような肉厚のコンブには育ちません。しかし、薄い分だけ味の

養殖コンブ。同様に下に向かって生える。撮影は12月なので、まだそれほど成長していない

しみ通りも速いところから、出汁《だし》コンブではなく食用の早煮コンブとして商品化されました。

ちなみに、最近の横須賀での生産量は100t程で、そのうち横須賀東部漁協浦賀久比里《くびり》支所が最大の生産量（20～30t）で宅配便出荷も行っています。

塩田

大都市・江戸の塩を賄った東京湾の塩づくり

今やすっかり忘れられてしまいましたが、東京湾でも塩づくりが行われていました。最も大がかりな塩田としては行徳が有名です。1590年に江戸に入府した徳川家康の命により、行徳が塩田に指定され生産されるようになりました。

私の住まいの近くの横浜金沢区六浦に汐場《しおば》というところがあり、昭和初期まで塩田があったそうです。1983年に92歳で亡くなった祖母のお友だちが汐場で働いていた、と聞いた覚えがあります。現在私が住む追浜でも、同時期まで小規模の塩田があったそうです。

なお、行徳の塩田は明治中期まで江戸、東京の塩を賄いましたが、その後は安価な台湾製の塩が輸入され衰退。さらに1917年に、猛烈な台風に襲われ大きなダメージを受けました。そして昭和に入った29（昭和4）年、政府の塩業地整理令により東京湾の塩田は終焉を迎えます。とどめは政策的なものでした。

ところで、政府管理を無視した塩づくりは敗戦後すぐ始まります。敗戦になり無政府状態化し配給も途絶えがちになります。なにせ戦争中は、アメリカ海軍の潜水艦により徹底的に通商破壊されたため外国からの物資は入らなくなり、また敗戦直前は、内湾や海峡にB29からパラシュートで沈底機雷を敷設されたため内貿貨物も途絶えてしまいました。45年夏には「食卓用の塩にも困窮」とアメリカ戦略爆撃調査団の記録にあります。

それでも、敗戦時まではなんとか配給はあったそうですが、戦後は欠配が相次ぎ塩さえもなくなったのです。そこで、沿岸の漁師は促成塩づくりに着手します。父母の話によると、トタン板を四角にして周囲を折り曲げそこへ海水を汲み入れ、下から燃し木で火をガンガン焚《た》き、水分を飛ばして塩をつくったそうです。入り浜式塩田でも、最後の段階には火を焚き釜で水分を飛ばしましたが、始めからガンガン火を焚くかなりラフな方式でした。

敗戦後、アメリカの進駐で海軍施設の解体があったのか、たくさんの木が海に流れていたそうです。漁師はこの流木を「潮《しょ》ッ木《き》」と呼んでいました。お金のかからないただの海水（当時の海水はすこぶるきれい）と、ただの潮ッ木で塩をつくりました。要るのは労力だけです。

つくった塩はどうするかというと、百姓家に行き、物々交換をしました。都会から反物などを持って買い出しに来ている人のあとから「塩を持ってきた」と言うと、お百姓さんは都会の人を押しのけ「塩の人、さ、こっちへ、さー、芋が欲しいか、米が欲しいか」と何でも分けてくれたそうで、「都会の人がなんとも気の毒だった」と母は言っていました。

戦後の闇経済は50年代まで続きますが、世の中が少し落ち着いたところで「横須賀式製塩業」は終わりを迎えます。

多様さを失った現在の漁業

以上、江戸期から今日までの東京湾の漁法を見てきました。豊かな東京湾で生まれ育つ魚介類の生態に合わせ、いかに多様な漁法があったかがおわかりいただけたかと思います。政策的な側面もあるものの、他方では漁民がまめに漁法を考案して、暮らしぶりをよくしようとした賜物でもあります。

これは、当時の生活が政府の扶助政策に頼れず、不安定な漁獲がもろに生活に影響したからです。父は不漁のことを「水も飲めねえ、湯も飲めねえ」と表現していました。「湯も飲めねえ」とは燃料代もないことを言っています。それと比較すると、現代の漁師は戦後の政策により恵まれ、こまめな漁法をしなくなりました。

１９５５年頃までは本当に「漁師は七色の商売をしねえと食えねえ」と言っていましたが、今は漁法の許可制度もありますが、せいぜいワカメ養殖を副業とするくらいで、昔のように夏は打瀬網をやり、冬は巻網に乗り、その他のシーズンは釣りや延縄、刺網、ワカメ刈りで生活を支える、というような重労働の生活はありません。

戦後の高度成長期は、東京湾では「補償漁師」と言われるように、埋め立ての漁業権補償で多くの収入を得ましたが、アパート経営をしたり、堅実な投資をしたりした人以外は使い切ってしまった人が多く、今の不漁を乗り越えられない人も出ています。

これからが東京湾漁業クライシスの本番。開発の20世紀を終え、21世紀に入った東京湾漁業がいかに危機的であるかを報告しますが、現在の漁業が伝統を失い多様さを失っていることも見直したほうがいいように感じます。

資料から見る東京湾漁業衰退史

データが揃うのは55年前から

これまで、豊かな東京湾が生んだ漁法とその歴史を見てきましたが、江戸時代の東京湾の漁獲データがまったく存在しないため統計的な評価はできません。ごく一部の、ある「浦」の単発的な資料は存在するのですが、内湾部を含め東京湾全体の系統的な資料がないのです。

時代が下った明治、大正においてもなお、今のような農林水産行政が行われておらず、比較できる漁業統計資料はありません。まったく残念なことです。きちんとした統計資料が出てくるのは、敗戦から8年経った1953年からです。

最も豊かだった戦前の資料がないのが残念ですが、高度経済成長が始まる60年からの、東京湾漁業の衰退の経過をデータによって見てみましょう。

戦後の混乱も収まりだし、公害もまだ東京湾全域に広がっていない60年に、東京湾は歴代最高の漁獲量18万7000tを記録します。これは相模湾の5倍程の数字に相当します。この年に岸内閣が倒れ池田内閣が誕生し、安保騒動後の国民融和を図るため民生重視の高度経済成長政策が始まります。「所得倍増」に向かっていくわけです。これ以降、団地もつくられ東京の焼け跡生活は改善し、各家庭の生活もよくなりだします。

60年代では、各家庭のトイレの水洗化はまだ初期段階でほとんどの家は汲み取り式ですから、屎尿は近郊農地へ還元され、余った屎尿は湾外へ海洋投棄されました。環境破壊をしない理にかなった循環社会でした。それゆえ、東京湾は富栄養化せず海もきれいで、夏には気持ちよく海水浴が楽しめました。しかしこの時期以降、急激に進んだ湾岸開発と人口集中によって内湾汚濁の進行、および浄化と生産の場の大喪失の道を歩んだのは、先の章で触れたとおりです。

そして、60年からわずか数年後の60年代後半から東京湾の漁獲量は10万tを切り始め、72年からは4万t台にまで落ちます。86年になると初めて4万tを切り、2001年以降は2万tを下回るという有り様です。

全東京湾漁獲量の推移

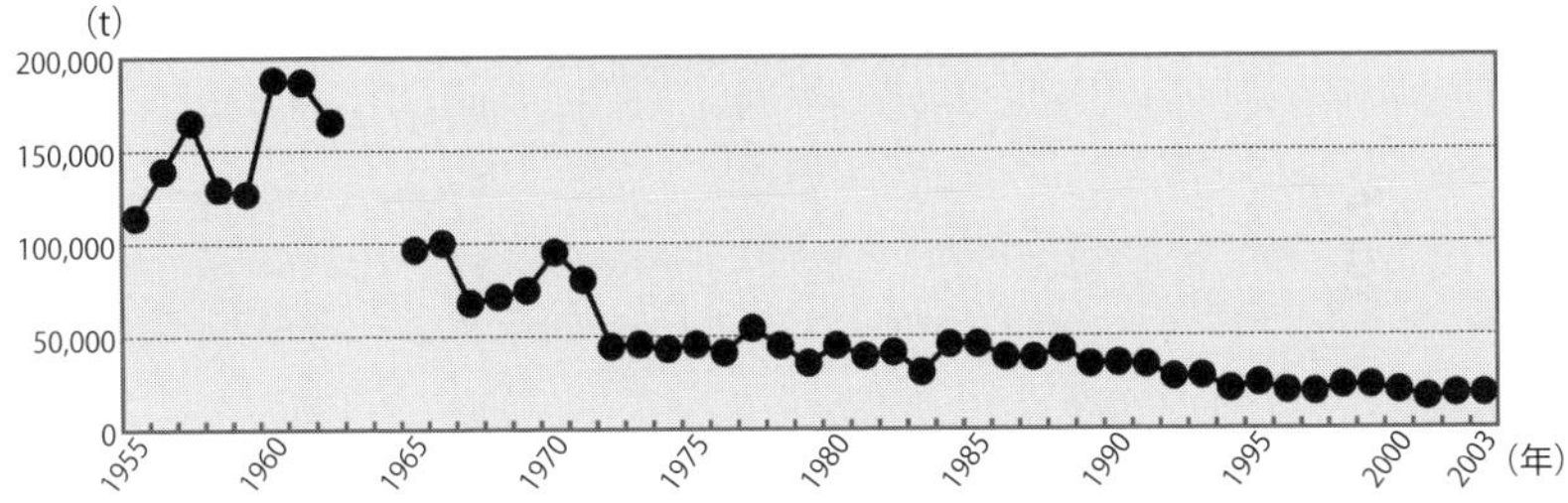

※1963、64年はデータなし
参照資料：東京湾環境情報センター（国土交通省関東地方整備局管理・運営）HP

ダメージを与えた公害と埋め立て

戦前の東京湾沿岸の工業化や都市化では漁業との共存が可能でしたが、戦後の巨大埋め立てと公害は都部から漁民を棄民化させていきます。1950年頃から都部では赤潮発生が顕著になり、羽田沖のハマグリやアサリに被害が出てきます。ノリの不作も頻繁に発生し、内湾の釣りで有名なアオギス釣りもできなくなりました。

東京湾の有名な公害紛争では、本州製紙江戸川工場が起こした公害事件があります。同工場の悪水放流により大きな被害を受けた浦安の漁民は、工場側が再三の操業差し止めに応じないため、58年、同工場に抗議突入して大乱闘事件が発生し、逮捕者も出るという大事件になりました。

しかし、この騒動の発生もあって政府もようやく公害対策に乗り出し、公害規制が始まることとなります。しかし、規制は甘く、工業化による巨大埋め立ては以前にもまして広がり、神奈川、千葉へと延びていきました。

京浜工業地帯は戦前から造成されていましたが、60年代にさらに拡大していきます。京葉でもコンビナートが操業を始め湾内汚染は急速に拡大します。公害（本当は私企業が起こした環境破壊）も一段とひどくなり湾全体へ広がっていきます。今ではとても考えられませんが、東京ガスによる重油流失によるノリ養殖被害などが出ています。企業の垂れ流しがいかに日常化していたかがわかります。

なお、公害の本格規制が始まったのは4大公害裁判が

公害無法時代の洗剤原料工場の垂れ流し。小学生時代までは深浦湾で泳げたが、この垂れ流しが始まり1、2年で泳げなくなった（1970.3）

起こされたのちの70年、公害国会で水質・大気についての本格規制法が成立してからです。自民党は企業献金を受けているので規制に腰が重く、また、会社と一体化した労働団体の同盟やそれを支持母体にする民社党（当時）は公害規制に消極的でした。

これに対し反公害の市民運動は激化し、都市住民は自民・民社勢力に愛想を尽かし、首都圏（東京都、神奈川県など）で社会党や共産党による革新自治体を誕生させ

ました。革新自治体が関連法に対し規制基準を上乗せ（厳格に）したり、規制対象の範囲を横出し（拡大）したりして公害対策を進めることで、ようやく効果が現れるようになってきました。

東京湾では74年頃から公害規制が効果を現し、シャコなどの漁業資源も回復します。この年には水銀ＰＣＢの魚汚染が問題化し、以降、魚介類汚染のチェックも行われるようになりました。

また70年代からは、汲み取り式便所が急速に水洗化されたため、生活排水による富栄養化問題が顕著となり今日に至っています。現在、日本人口の2割近くが東京湾沿岸都市に住んでおり、埼玉県の分も含め２８００万人の下水が湾に流入しています。

80年代以降はバブル期を経て、埋め立て地の先がさらに埋め立てられ、ハマグリ、シバエビなどは絶滅。また、生活排水汚染を起因とする赤潮や青潮被害で、湾奥の二枚貝や底魚（カレイ、ハゼ、メバルなど非回遊性の魚で砂地やテトラポッドのある人工岩礁地に棲息する）は大打撃を受け、激減していきます。それは21世紀に入りさらに深刻になっています。

また、不漁の外的原因としてはイワシの減少期に入ったこともあります。イワシは回遊性の多獲成魚なので、これが減りだすと連動して漁獲量も大きく下がります。

東京湾漁業20年の変遷と存亡の危機

１９８９年に上梓した『誰も知らない東京湾』では、「東京湾はこれだけ痛めつけられてもなお約7万ｔ（内湾部3万７５２４ｔ）の水揚げがある」と報告しました。

20年前のまさにバブル真っ盛りの時代、内湾の沿岸、とりわけ湾奥域では三番瀬や木更津干潟などを除いて干潟・浅海域のほとんどが埋め尽くされ、かつ、下水の大量流入（過栄養化）による青潮（酸欠水塊の発生、居座り）のため毎年生き物が大量死していたにもかかわらず、どうしてこんなに魚介類が獲れるのだろうかと不思議に思い、首をかしげながら東京湾の偉大さに敬服していました。

マスコミは内湾での豊漁やきれいな生き物を紹介するごとに、「よみがえった東京湾」や「どっこい生きている東京湾」など希望的な見出しをたびたび付け、東京湾を何十回となく「生き返らせる」報道を行ってきました。しかし、報道の内容は残念ながら、海洋環境や身近な環境問題に精通しないジャーナリストがいかに多いかということを露呈するだけで、本質は報道されていません。また、東京湾や海洋環境問題を扱う議員は、国にも地方にも圧倒的に少ないというのが現状です。

ところで、バブル期はロウソクが消える瞬間に光を増すごとく、魚種交代がうまくいっていました。60年代からの急激な沿岸部の埋め立てで砂地をなくすと、本来の江戸前のカレイ、イシガレイが激減しました。すると、その穴埋めをするがごとくに泥地を好むマコガレイが大発生して魚種交代がうまく進み、内湾漁業を支えました。

また、中層底びきではタチウオなどが多く捕れました。スズキも55年ぐらいまでは釣りに頼っていたのが、大型巻網船により数百tが東京湾で水揚げされるようになりました（スズキは減っていませんが魚価は低迷）。

寿司ネタのシャコですが、横浜沖では公害全盛時代に水揚げがゼロになったものが、74年から急速に回復、以降20年程は毎年コンスタントに1000t前後水揚げされていました。

また、バブル崩壊後の93年にはマダコが空前の豊漁となり、タコ壺代わりにヤカンを入れておいてもタコが入ってきたとも聞きました。アナゴ漁も順調で、江戸前の天ぷら種や寿司ネタは途切れることなく供給され、首都の海の漁業は永遠に安泰なのかと思ってしまいましたが、やはり環境破壊のツケはどっと回ってきました。

21世紀に入って8年余り、「こんなに獲れる東京湾」は遠い昔話になりつつあります。

20年間で半分以下に

ここで、直近の2005年の漁獲データと、『誰も知らない東京湾』で報告した約20年前（1986年）の漁獲データを比べてみます。20年後の東京湾クライシスの状況が明確におわかりいただけるはずです。

東京湾内湾（観音崎―富津ラインより北）の水揚げは、1986年から2005年の約20年の間に実に45％まで減りました。

東京湾内湾の漁業では、千葉の船橋や横須賀の鴨居を基地にする巻網漁があります。巻網ではイワシをはじめとする回遊性の多獲成魚を捕りますが、船橋漁協の巻網を見ると東京湾で一生を過ごすスズキが1138t、同じくコノシロ（寿司ネタ向きのコハダが多いと思われる）が199tというように、内湾性の多獲成魚が多くを占めています。巻網以外の底びき刺網、延縄、採貝漁はすべて内湾性生態系の魚介類を捕る漁です。

このことは、内湾の埋め立てにより産卵育成の場を奪われ激減した魚がいかに多いかということを示しています。またシャコやカレイのように、底びき漁では単一魚種に依存した「乱獲」がそれに拍車をかけたともいえます。

一方、内湾漁業、特に千葉の漁獲の特徴であるアサリ、

東京湾漁獲の20年前との比較

1986年

海域	漁獲（t）	主な構成
千葉内湾（富津〜浦安）	32,726	二枚貝が75%
東京都（江戸川〜大田）	1,642	アサリが62%
神奈川県（横浜〜横須賀走水）	3,442	シャコが27%、カレイが28%
内湾計	37,810	

2005年

海域	漁獲（t）	主な構成	対86年比
千葉内湾（富津〜浦安）	14,552	二枚貝が65%	44.5%
東京都（江戸川〜大田）	962	アサリが38%	58.6%
神奈川県（横浜〜横須賀走水）	1,490	シャコが4% カレイが10 %	43.3%
内湾計	17,004		45.0%

アオヤギなどの多獲性二枚貝が大きな影響を受けています。内湾の二枚貝は都部や、千葉の習志野から浦安にかけた湾奥部の漁獲が7割を占めており、ここが主な漁場と言えます。

この20年間、羽田以外の大きな埋め立てはないので、湾奥部の二枚貝の減少は、青潮により繰り返された生き物皆殺しの結果であろうと思われます。青潮の原因は、下水道の大量流入による富栄養化が原因で起きる構造汚濁現象で、酸欠水により湾奥の生き物を皆殺しにします。

アサリなど二枚貝の卵は産み出されてから海中を浮遊して（東京湾を横断したりして）過ごし、湾岸各地の砂地にうまく降りることができたものがそこで育ちます。ところが、埋め立て拡大により舞い降りるための砂地が激減してしまいました。二枚貝の漁獲減は、それが大きな原因と考えられています。アサリの減産は青潮と埋め立てという、環境破壊の複合被害の結果なのです。できる限りの下水道対策と砂浜再生が求められます。

いずれにしても、漁獲の激減は20世紀の環境破壊の結果です。アサリはもともと生産性が高くて、常に多く採れるので「値がつかず利が浅い」、それで「浅利」と名が付いたと言われるくらいですから、今は明らかに減りすぎです。

私はいつも、環境が破壊されると高級なおいしいものからいなくなると指摘していますが、顕著な例が寿司ネタや天ぷら種としておいしい内湾のエビの王様、クルマエビです。干潟が残っていた1965年頃までの内湾域で100ｔ前後の水揚げがありましたが、2005年の統計を見ると横須賀では近年水揚げゼロが続き、千葉でも漁獲は1ｔに満たなくなってしまいました。これは全東京湾の話です。

また、カニは高い人気を誇り、民放のグルメ番組でも日本海や北海道のカニがよく取り上げられていますが、こんなカニをありがたがるのは江戸前のワタリガニを食べたことがないからです。東京湾産のガザミを一度口にしたなら、脚の長いカニ（それも氏素性もいかがわしい）など食べる気はしなくなります。そのガザミ類も05年には、千葉富津でわずか2ｔ程獲れているに過ぎません。

東京湾の中でも、内湾に位置する神奈川県漁協の漁獲の激減ぶりは次の表のとおりです。

また、章末には東京湾各浦の漁獲量比較（１９８６年と２００５年）を掲載しています（138～140ページ）。


神奈川県（東京湾内湾）の漁獲の20年間の比較（単位t）

金沢支所（柴、金沢）

種類	シャコ	カレイ	アナゴ
1986年	982	597	67
2005年	57	69	121

東京湾全体のアナゴ資源は増加傾向にはないが、それでも漁獲が伸びているのは、アナゴ漁獲努力の反映と見られる。小型底びき網の漁獲量が著しく落ち、漁業資源回復のために様々な操業規制が行われているのに対し、アナゴ筒漁は底びきに比べると自由に行え、また操業海域が拡大していることが水揚げ量の増加に起因していると推測される。この状況が続くかどうかを観察する必要がある

横須賀、大津走水支所分

種類	カレイ	シャコ	スズキ	タコ	アサリ	ナマコ
1986年	296	28	48	82	−	3
2005年	26	0	40	5	81	111

0は1tに満たないもので、−は漁獲ゼロを示す。

アサリの漁獲は、ほかに捕れるものがなくアサリ掘りに傾斜したために飛躍的に伸びた。また、ナマコは中国輸出用の需要が伸びたことが漁獲増の理由である

神奈川県の漁業クライシス

さて、ここでは私の地元横須賀とお隣の横浜の状況を述べ、神奈川県の内湾漁業の崩壊ぶりを見ることにします。

今や日本一の人口を誇る政令市になった横浜は「ミナト横浜」で全国に知られます。横浜の由来は、東京湾沿岸に浜が横に広がるからその名が付きました。とはいえ、開国前の横浜は神奈川の宿場以外は寒村に過ぎませんでしたから、宿場町から浜を見ての命名だったようです。

開国後の19世紀後半から飛行機の時代となる昭和の後半まで、横浜は国際商港として世界に向けた東の玄関口だったため、開港と同時に埋め立てが始まりました。明治から国際商港としての発展過程と共に埋め立ては続き、21世紀に入った今も南本牧《みなみほんもく》の埋め立てが継続中です。流入増加する人口の腹を賄う横浜の漁業は、常に埋め立ての影響を受けてきたと言えます。

大正末からは、海軍航空隊の進出により飛行場や航空技術廠などのために、市境でもある追浜から金沢エリア

の浅瀬の埋め立てが進みました。しかも、海軍相手の漁業補償ではとても損失分を補うには至らず、また反対運動でもしようものなら非国民扱いされ憲兵隊にしょっ引かれる時代でした。追浜、金沢の海は、太平洋戦争が終わるまで海軍により様々な漁業規制を受けました。

操業禁止区域

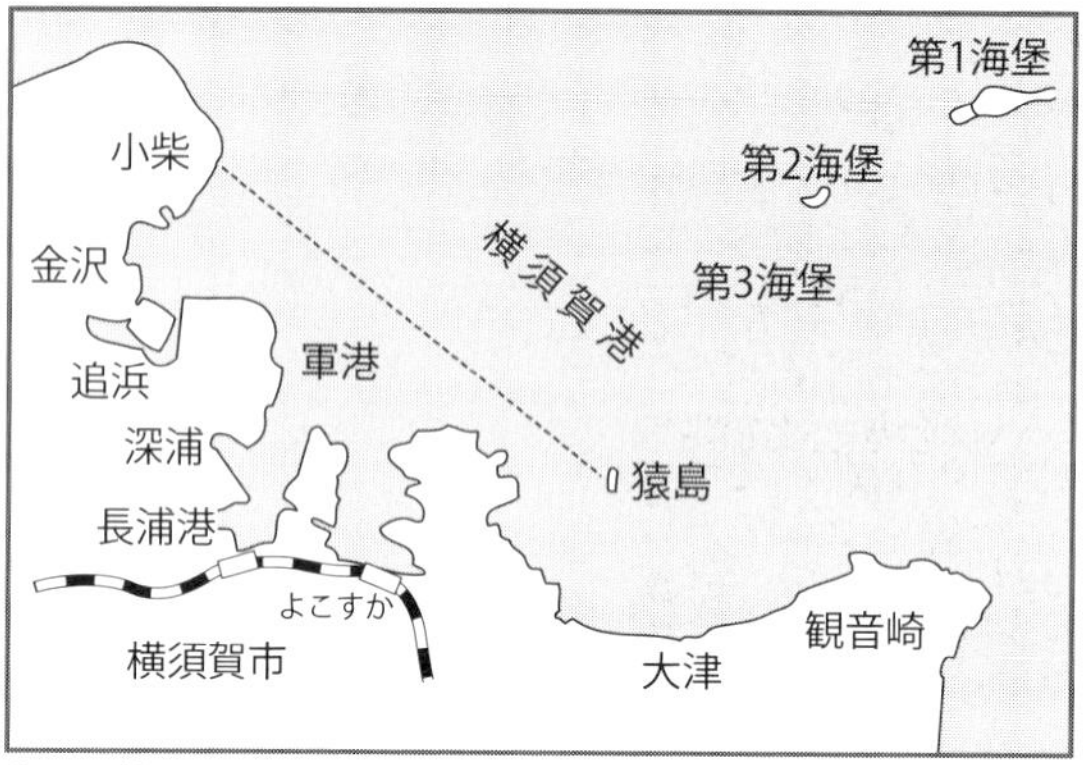

海軍の拡張とともに横須賀の漁業は制限を受けたが、太平洋戦争に入ると横浜の小柴から猿島までの内側が操業禁止区域に指定された。戦中は事実上の漁業全面禁止であった

しかし、戦後1960年代に行われた根岸湾の埋め立てと、70年代初頭に行われた金沢湾の大埋め立てにより横浜から浜は事実上消滅し（野島の500mの自然海岸のみ現存）、漁民も大幅に減少させられ、その後の横浜の漁業は決定的打撃を受けました。

金沢湾は遠浅の海で多くの魚介類を育て、明治以降はタンパク源としての役割を果たしました。横浜が商都として発展するに伴い生鮮魚介類の需要は高まり、地びき網や手繰網漁が行われ、ほかには延縄漁や少数ですが潜水漁（現在も残る）も行われていました。

また、遠浅の砂地はノリ養殖に適したので、大正以降ノリ

金沢湾の野島海岸で行われていたノリ養殖。まだノリソダを使っていた（1956）

ヒビによる養殖が盛んに行われました。なお、横浜沿岸域はそう広くないので、横須賀など近隣地域も絡んで多くの漁業紛争が起きてきました。

戦後横浜金沢漁業の興亡

私が生まれたのは1950（昭和25）年の2月で、生地は横須賀最北部の漁師町深浦（浦郷町3丁目）です。隣追浜、浦郷は金沢区とは市政エリアは違ってもまさに隣町でした。小学校時代は小柴から、ブリキ缶を肩から提げた海苔の行商が来ていたことをよく覚えています。60年頃までは板海苔、納豆、塩辛や豆腐などは行商から買うものでした（豆腐だけは近年まで行商が残りました）。

当時は今のようなパック詰めの焼き海苔はなかったので、朝食時、鰹節を削るとか、七輪の炭火で海苔を焼くのは子どもたちの仕事でした。どの家も質素な食生活で、わずかな惣菜と味噌汁で2杯、3杯の飯（それも配給米）をかっ込んで腹を満たしていました。とりわけ、冬の食卓に載る海苔は今の海苔より断然おいしかった記憶があります。焼きたての海苔は香ばしく、口に入れると甘くとろけた覚えがあります。天然のアサクサノリだったからでしょうか。貧しくとも豊かな浅い海があれば、本物のおいしい味は普通に口にすることができたのです。

また、晩夏の金沢の海岸ではカーバイトランプの明かりを頼りに、クルマエビやガザミをすくう人を多く見ました。私は経験がありませんが、55年頃までは川でウナギ捕りもできたそうです。

昔話はさておき、金沢湾埋め立てにより漁民の多くは当然転業を迫られ、81年には本牧、富岡、小柴、金沢の漁業組合が解散しました。しかし、漁を捨てることはできないと、漁師たちは自ら補償金の中から資金を出し横浜市漁業共同組合（金沢、柴、富岡3支所317名）を設立しました。

ノリ中心の漁から底びき網に転業しましたが、成功するかどうかは賭けでした。70年代初頭、公害規制が敷かれ始めると東京湾漁業はよみがえっていきました。80年代はバブル時代になり、シャコやアナゴ、カレイなどの漁獲は順調に維持され、また高級魚介類として需要が伸びました。

また、今までの「捕ったか見たか」と言われる旧態依然の方式を転換し、捕ったシャコを素早く自宅で茹でてサイズを揃えて出荷する、という新たな流通方式を編み出しました。また2勤1休、2日操業したら1日休むという乱獲防止のための自主規制を行うなどして、資源管理に努めてきました。

時代に合わせた対応と都市住民の口に合わせた漁業を行い、80年代から90年代にかけては、小柴の漁師に年収1000万円以下はいないと言われ、リッチな「アーバンフィッシャーマン」として評価されてきました。


ミナト横浜、小柴のシャコ壊滅と底びき漁崩壊

大都市横浜の漁業は湾岸開発後も存続するかと思ったのですが、湾岸開発で浅瀬が埋め立てられ工業化された沿岸の沖合でシャコとカレイに依存した底びき漁業は、21世紀に入り深刻な不漁に見舞われています。生産の場である沿岸浅海域を大規模に埋め立てた影響は、やはり大きかったと言わざるを得ません。

小柴ブランドのシャコは1970年代後半から漁獲を順調に伸ばし、最盛期の89（平成元）年には最高水揚げの1080tを記録しました（80年代の水準は600〜1000t）。この時期、クルクル回る寿司屋さんではどうか知りませんが、東京湾沿岸の寿司屋さんでは、シャコの煮詰めのほとんどは小柴産を利用していたはずです。

しかし、その栄華は20年持ちませんでした。グラフを見るとわかりますが、95年から底びき漁は不漁に転じ、今や往時の半分以下の漁獲量となっています。

シャコの漁獲激減はとりわけ深刻で、2005年は遂に57tに減少。ピーク時の20分の1にまで減ってしまったのです。また、マコガレイの不漁も深刻で、同時に進行する底びき漁低迷に光明は見えない状況です。

漁獲が20分の1に減るということは、収入も大きく落

神奈川の小型底びき網漁獲量推移

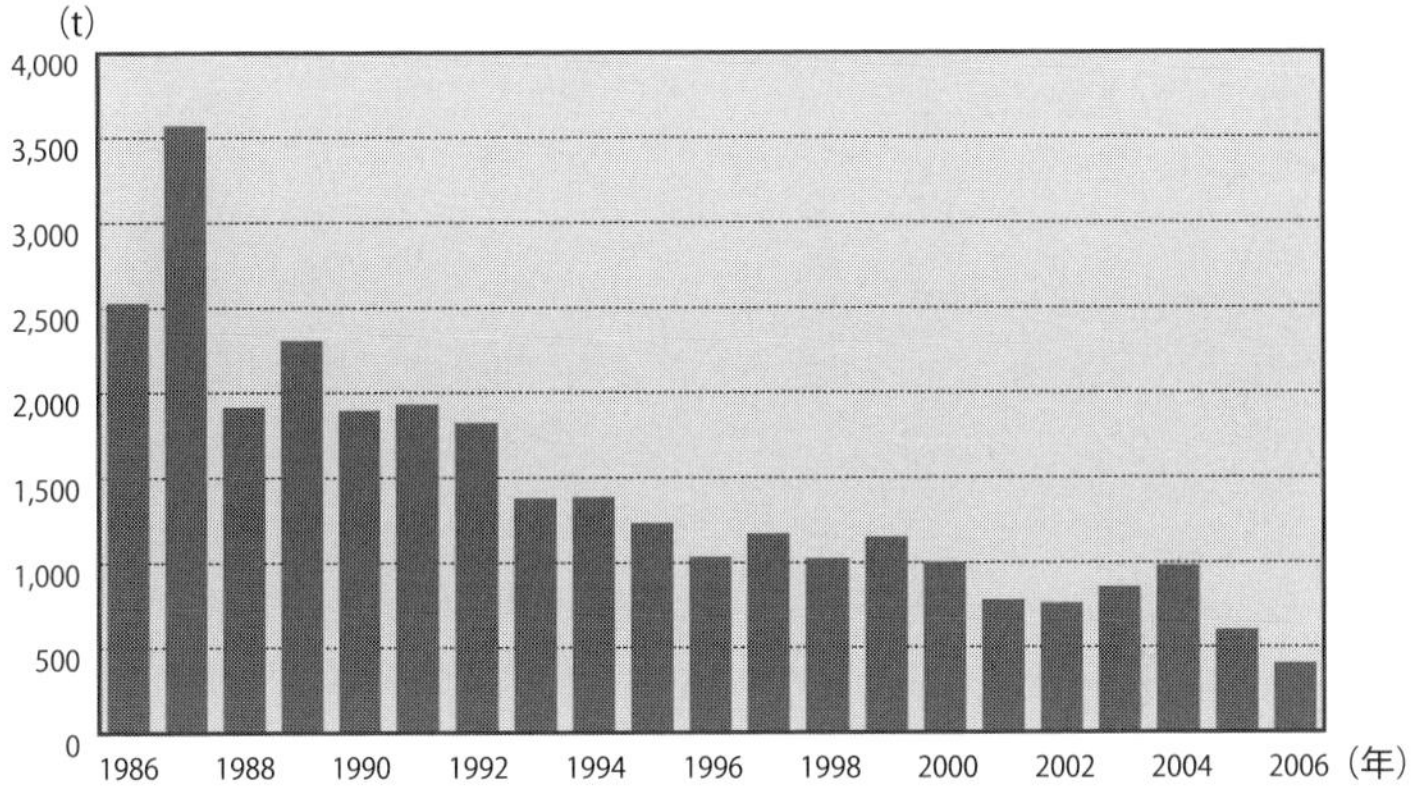

資料提供：関東農政局神奈川農政事務所統計部

ち込むということです。魚価は、おいしいものは漁獲が減ればその分は高くなりますが、20分の1ではそれもカバーできません。また、回復の見通しも立たないので状況はなおさら深刻です。

そこで、金沢漁協はついに苦渋の決断として２００７年、シャコ漁の２年間休業を決めました。資源回復を図るためですが、どこまで回復するかわかりません。ただ、小柴の漁師は健全経営者が多く副業をしている家も多いので、廃業はまだ出ていないようです。今は、窮余の策として釣りでサバを狙ったり、海藻養殖に転業を図ったりするなどして、単一種に頼らぬ漁業を模索しています。

一方、今日の横浜市漁業で中心を担っているのはアナゴです。寿司ネタや天ぷら種の東京湾ブランド品として高い人気を保っていますが、05年には横浜の神奈川・鶴見で１７９ｔ、金沢（柴と金沢漁協）で１２１ｔ水揚げされています。そのほか、ノリは今でも金沢で２１９ｔ生産しており、江戸前ネタを供給し続けています。

07年暮れ、飲食店の評価本としてミシュランの東京版が出て、客の注文は聞かずに20分標準で３万円などという、およそ庶民とかけ離れた馬鹿高いお店に３つ星が付いたりしました。お馬鹿の民放などを中心に大騒ぎしていましたが、肝心の江戸前ネタの供給がこのような危機に至っていることを報じる番組をあまり見たことがありません。また、本当に江戸前料理にこだわる調理人や経営者なら、青い目やテレビに気に入られることより、身近な漁業崩壊を憂いて発言してほしいものです。

横須賀でも同様な漁業危機

さて、我が地元横須賀の漁は今どうなっているでしょうか。

横須賀はご存じのように、島国日本にあっても東京湾内湾と外湾、それに相模湾と３つの性格の違う海に囲まれる稀有な都市です。なのに、国から送り込まれてきた歴代の市長（１９７３年より3代連続官僚出身）はいずれも海に関心を持たないため、海を活かした観光政策はなく、地産地消も魚については掛け声だけです。

横須賀の東京湾側には横須賀東部漁業協同組合があり、西の相模湾には長井と大楠の漁協があります。各漁協にはそれぞれ支所がありますが、東部漁協には６支所があり、北から見ると次のとおりになります（160ページの図参照）。

深浦（田浦と呼び横須賀支所の分支部）、横須賀支所（平成町）大津、走水支所（大津、伊勢町、走水の３港）、鴨居支所（鴨居）、浦賀久比里支所（浦賀と久里浜平作側沿い）、久里浜支所（久里浜港）、北下浦支所となります。６支所に計11の港があります。

59年に横須賀東部漁協として合併する前は、６支所がそれぞれの漁協を構成していました。なお、現在も漁場の境界線は昔どおりで、合同しても越境しての漁業は、巻網と釣りを除いて許されていません。

横須賀市の東京湾の漁獲量ですが、やはり激減しており、漁船用軽油は免税対象ですが最近は燃料代の高騰も大きく（２００７年に１００円／ℓを超えた）、深刻な状態に陥っている経営体も多く、また不漁分を借金で補う傾向もあり、それが不良債権化しつつあります。

　そこで、横須賀での主要漁獲対象である11品目を選んでその原因を考えます。

　まず、この30年間の漁獲変化をグラフで示しながら評価をしてみます。

底びきで捕る魚

　横須賀内湾部で最も多い漁業形態である底びき漁の漁獲から見ていきます。そのうち、マコガレイの漁獲が圧倒的に多かったのでその推移から見ていきます。

　このグラフはほとんど平成町の横須賀支所（田浦を含む）の漁獲です。大津の「エイビイスーパー」前（大津走水支所との境界）から「住友重機械工業」脇の横浜市との境界線の間で、これだけの漁獲があったのです。

　１９７７年から10年間は１００ｔ以上を水揚げ、80年代には２００ｔ前後を、ピーク時には３００ｔ超を水揚げました。この時期はバブル真っ盛りで、漁港地先の安浦埋め立ても盛んに行われていた時期ですが、開発の影響から不漁に至るには時間差があるため、まだ漁獲は順調でした。

　横須賀支所前で行われた60 haの安浦埋め立て（現平成町）事業は84年10月から始まり、粗造成完了は92年ですが、その時期から浅海域をなくしたツケが一気に現れ、漁獲は１００

東部漁協漁獲高推移（カレイ類）

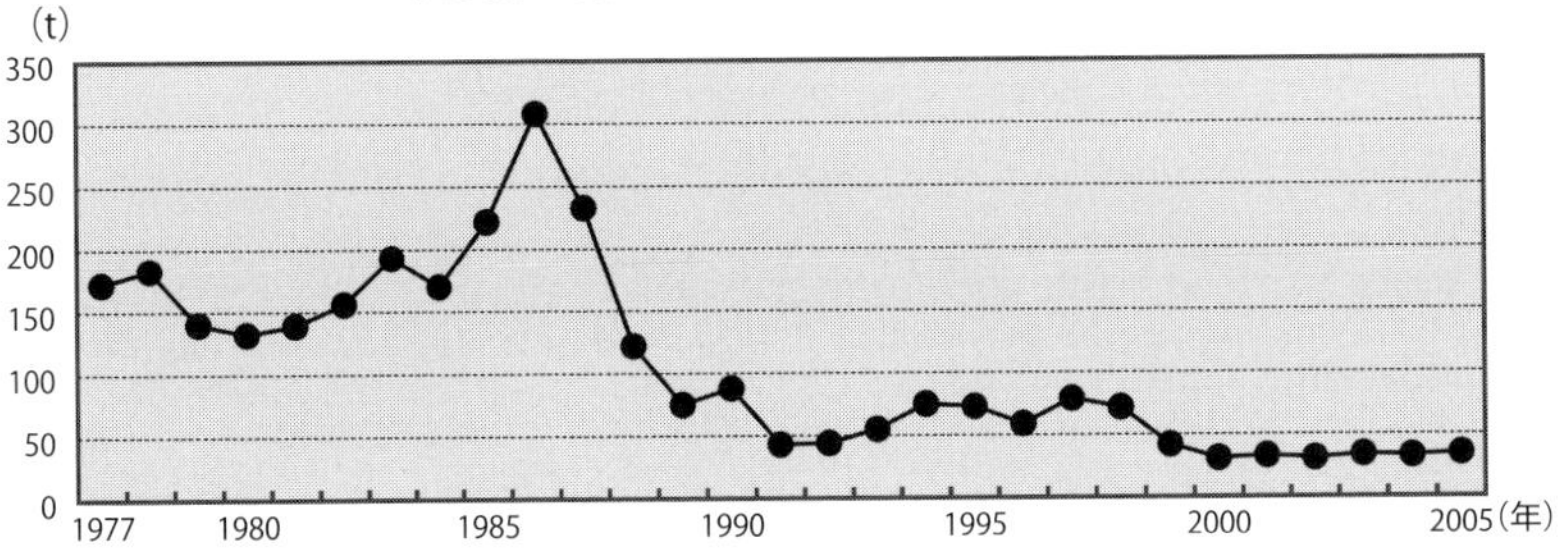

神奈川県農林水産統計より

tを切りだします。21世紀に入ると少ない資源にさらに依存したため50tを割り込み、今では30数tの横ばいで、ピーク時の10分の1水準の漁獲になっています。

　埋め立ての第1段階では、まず砂地に依拠するスナガレイが砂地減少で激減し、代わりに埋め立てにより泥化した内湾の沿岸に対応してマコガレイが増えました。しかし、マコガレイに依存しすぎたことと、何より沿岸埋め立てが激しすぎたことにより漁獲の激減を招きました。それでも、この時期の横須賀の埋め立て面積はまだ少ないほうで、横浜以北の内湾沿岸域一帯の埋め立ては半端ではなくすさまじいものでした。

　次は寿司ネタと天ぷら種で大人気のアナゴを見てみます。これも内湾部の横須賀支所が中心の漁で、アナゴ筒または底びきで漁獲されますが、筒漁のほうがアナゴ専門だけに漁獲量は多くなっています。

　これもバブル末期から急に漁獲量が増えます。90年代は20tを超えてからピーク時の98年には80tまで伸びましたが、21世紀に入ると20tを割り込む年もあり、今も資源回復のめどは立っていません。金沢では漁獲は維持されていますが、横須賀は大きな打撃を受けています。

　アナゴの産卵域は元来、南西諸島深海とか東シナ海とか言われていますが、未だに特定されていません。アナゴの仔魚（レプトセファルス）はノレソレとして知られます。80年代中頃までは高知や関西圏に行かないと食べられませんでし

東部漁協漁獲高推移（アナゴ類）

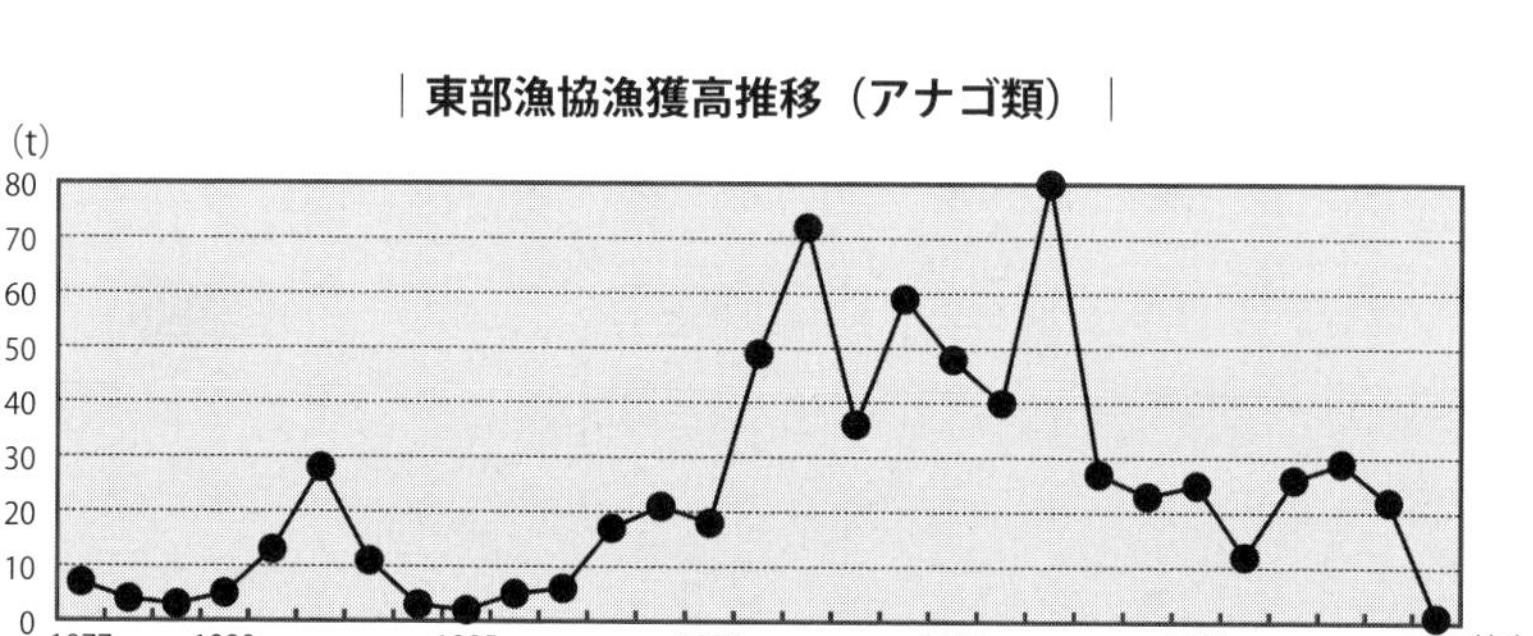

神奈川県農林水産統計より

たが、バブル期以降は東京圏でも食されるようになったので、ご覧になった方も多いと思います。

透明で柳の葉に似た形状で、黒潮など海流に乗って旅をしながら成長し太平洋岸の内湾に入り、さらに成長し漁獲されています。しかし、水産試験場など研究機関が東京湾のアナゴをいくら調べても産卵期の特徴である生殖腺の成熟が見られず、日本内湾での再生産（産卵）の可能性は否定されています。

したがって、産卵場所も産卵期も未だにわからない（ウナギも同様）ので、「産みの親」である外海の環境変化が不漁の原因か、はてまた「育ての親」としての東京湾の環境劣化が原因なのか特定されていません。ただし、横浜海域では多く捕れているので、なぜ横須賀エリアのみが不漁なのか、これまたよくわかりません。

海では、少し離れた海域での好不漁の差はよくあることです。2007年は久しぶりにマダコが豊漁でしたが、観音崎にたくさんいたマダコも横須賀支所では捕れないという状況でした。

底びき網ではまたタチウオも捕られていましたが、グラフが示すとおり、年による漁獲変動の激しい魚です。

また、横須賀でも一時期シャコは底びき網で多獲されていましたが、横浜小柴のシャコ同様、激減してしまい、まったく捕れない状況です。このように底びき漁の対象が捕れなくなっており、今日では底びき漁はナマコに特化しつつあります。

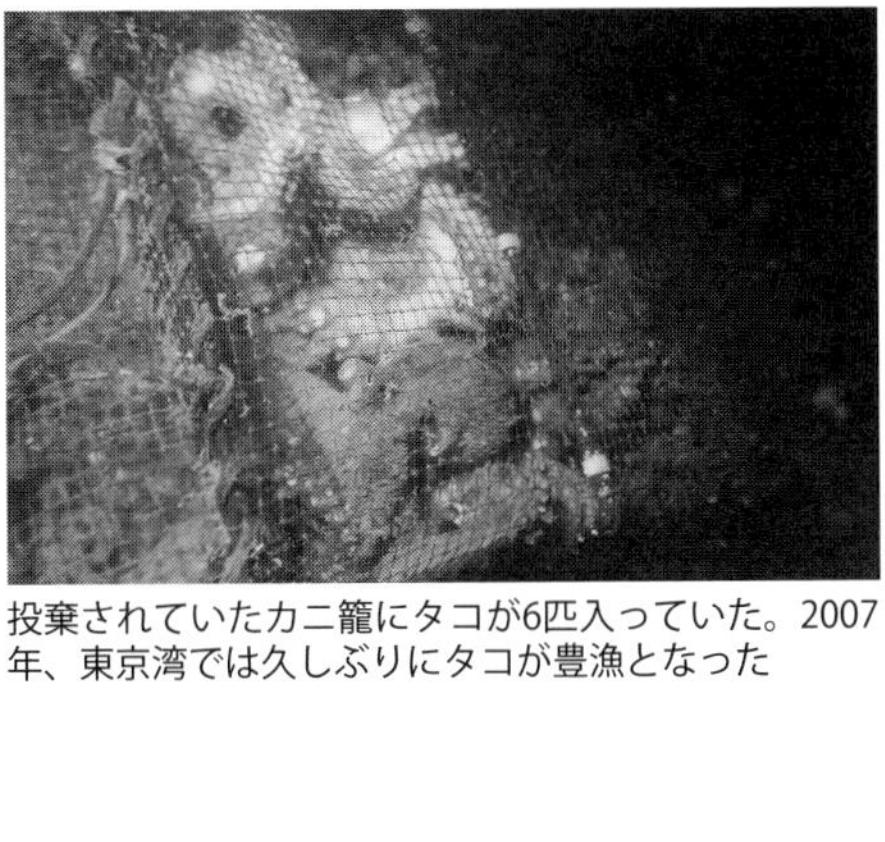
投棄されていたカニ籠にタコが6匹入っていた。2007年、東京湾では久しぶりにタコが豊漁となった

これは中国経済発展による需要がもたらした結果でもありますが、ほかに捕れるものがないことがいちばんの原因です。06、07年共にナマコ漁に集中し、産卵期になっても漁獲をやめなかったので、08年には漁獲減も懸念さ

東部漁協漁獲高推移（タチウオ）

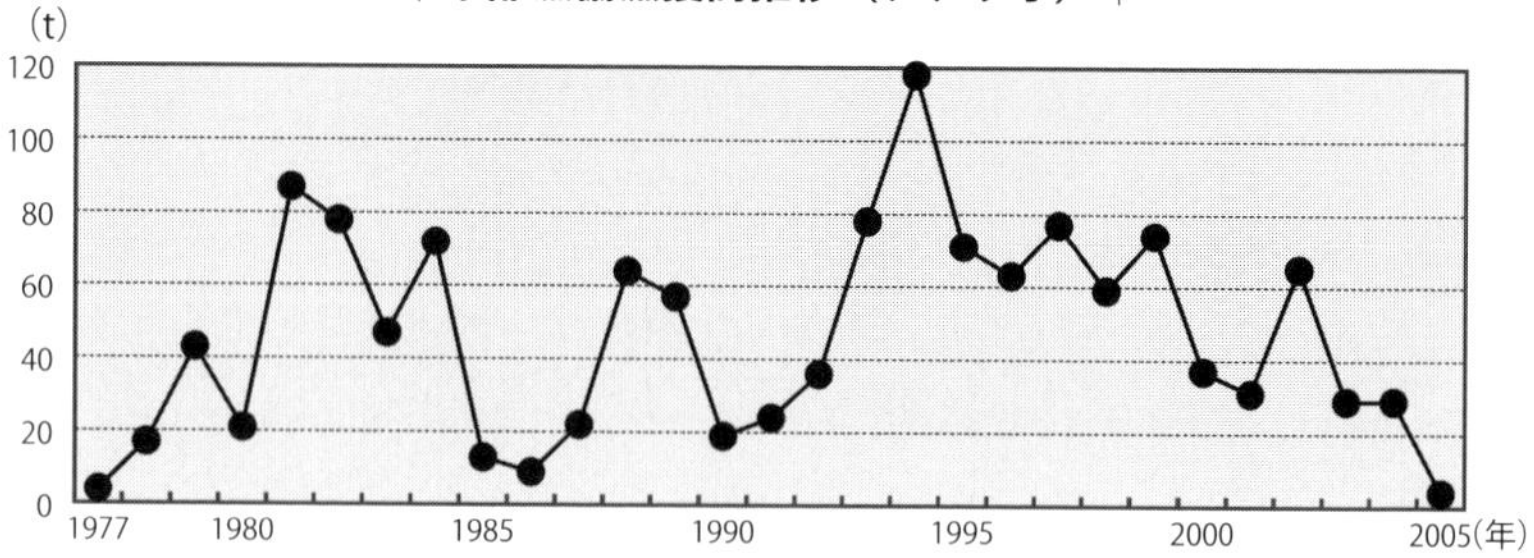

東部漁協獲漁高推移（ナマコ類）

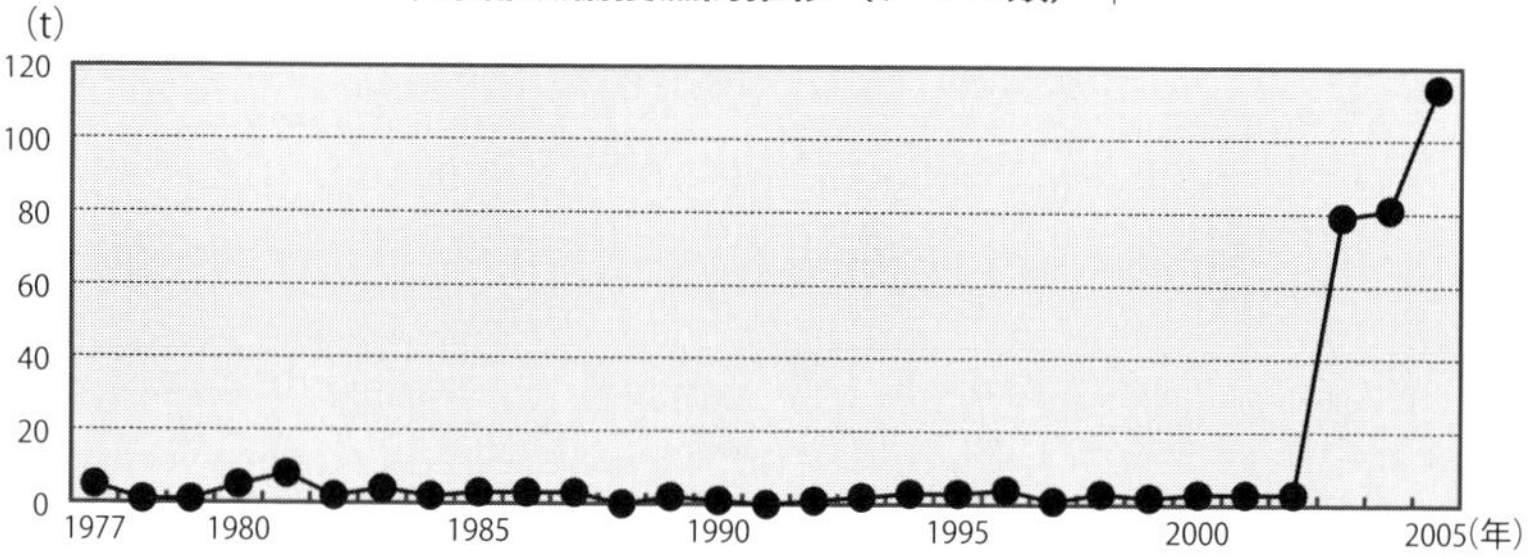

神奈川県農林水産統計より

れます。単一漁種に依存した漁業は相変わらずの綱渡りに変わりはなく、しかも綱渡りの「綱」はドンドン細くなっているのです。ナマコにしても、資源管理型の漁業に導かないとさらに大変なことになると思います。

ついでに言えば、アサリの漁獲が急に増えていますが、これも、捕るものがなくなり利の浅いアサリでも採らねば食うに食えない、という状況が生み出した結果です。また、横須賀のアサリ漁は千葉などの腰捲き漁と違い、コンプレッサーの高圧のエアーで荒っぽく砂を吹き飛ばして掘っていく素潜漁法ですから、環境に及ぼすダメージも心配されていました。しかし、08年に県の指導もあり、この漁法も見直されるようになりました。

刺網で捕る魚

底びき漁に次いで多いのが刺網漁ですが、砂地

東部漁協漁獲高推移（アイナメ）

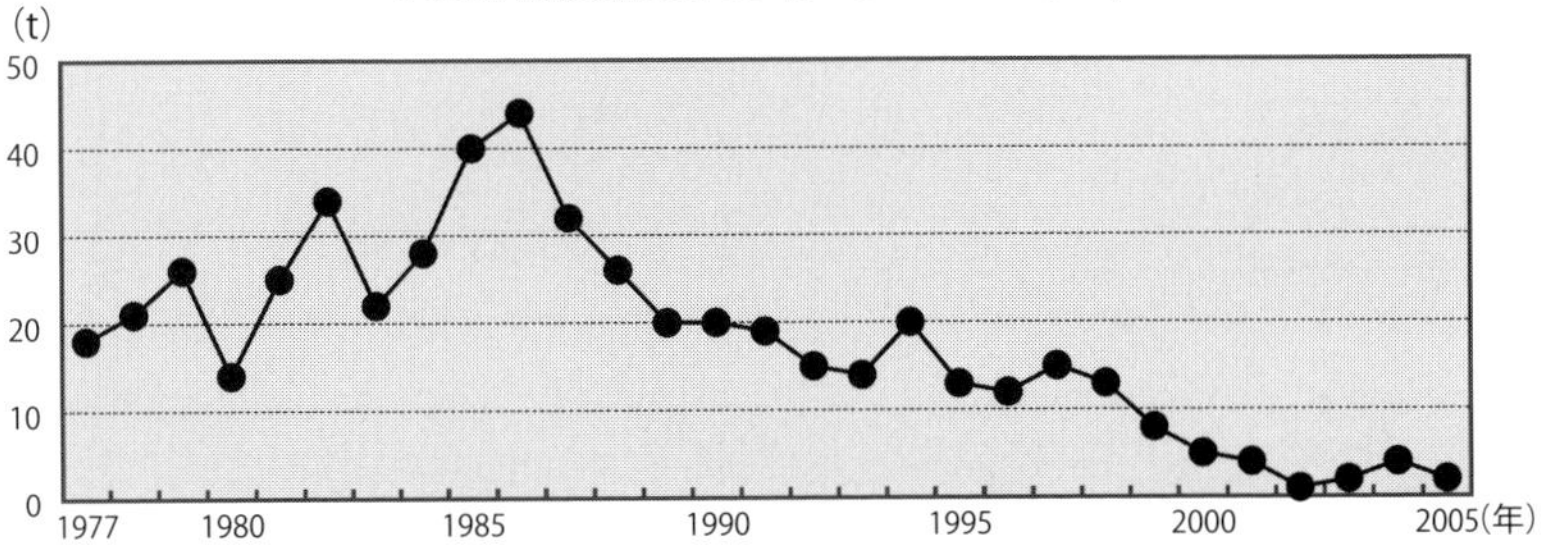

神奈川県農林水産統計より

ならカレイ、ヒラメ、マゴチ、シタビラメなどの底魚、岩礁部ならアイナメ、カサゴ、メバル、カワハギ、ウマヅラ、イシダイなどがかかります。

刺網で捕るものは地付きのものが多く、巻網や底びきのように「ビッグキャッチ」できるものではなく、昔から何百tも獲れるものではありません。また、漁獲対象漁は農林水産統計に載らないものが多く、漁獲は明らかに減っているものの数字では表せません。

そこで、統計のハッキリしているアイナメのケースを調べましたが、近年の落ち込みにはひどいものがあり、2005年ではわずか2tしか漁獲がなく、ピーク時の5％程にまで下がっていました。

アイナメはカサゴ、メバルと共に岩礁の魚ですが、横須賀の岩礁部に潜ってみるとよく見かけるので、不漁原因を資源の枯渇のみで語ることはできないと思います。潜水域では午後3時を過ぎると刺網が仕掛けられますが、その時に根魚の動きを観察してみた様子を報告します。

横須賀内湾部の岩礁に多く棲みついているメバルの成魚は、刺網の上を行ったり来たりして泳いでいます。また、子メバルは網目を抜けられるので遊び感覚のように網目を抜けています。とすると、学習効果によりかからなくなった、ということが考えられなくもないわけです。また、半・根魚的で遊泳範囲が広いイシダイやウマヅラ、フグ類などがかかるところも目にします。

今の刺網は地獄網とも呼ばれ、一度かかるとテグスのように細いナイロン網がからみつき、どんなに体をくねらせてもまず逃げることはできません。それでも、このように漁獲が激減するのは、地元に依拠する魚だけに、磯、砂浜という沿岸に広がっていた浅海域を失わせたことが、やはり最大の原因と思えてなりません。

エビとカニ

次に、クルマエビ、ガザミという内湾で最高においしいエビとカニの漁獲量の変化から、環境破壊と漁獲減少の相関関係を見ていきます。

農林水産統計にこの2種が入っているのは、昔から人気のブランドもので、かつ内湾での漁獲が多かったからと思われます。しかし、よく獲れていた時期でも年数tの水準でしかありません。おいしく高価なものは何百tと多く獲れるものではないことを、ご理解いただきたいと思います。

クルマエビは、70年代はそれでも8t近く水揚げされていましたが、80年代後半以降はゼロに等しい状況です。あとで紹介する行きつけの「竹寿司」のご主人・加瀬さん（63歳）に聞くと、修業時代の60年台前半、横須賀の魚市場に行けばクルマエビはもちろん、シンチュウエビ（フトミゾエビ）やクマエビなどがごろごろ並んでいて、北海道のボタンエビなんて使うことはほとんどなかったと言っています。

東部漁協漁獲高推移（クルマエビ）

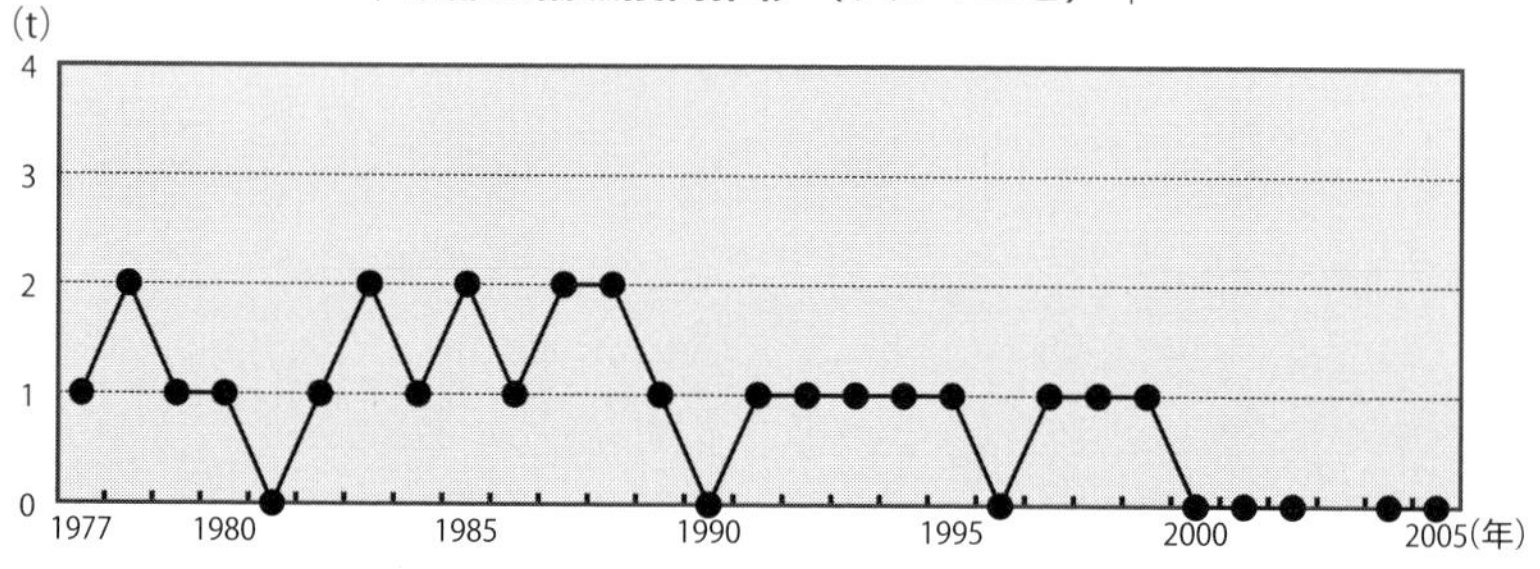

神奈川県農林水産統計より

東部漁協漁獲高推移（ガザミ類）

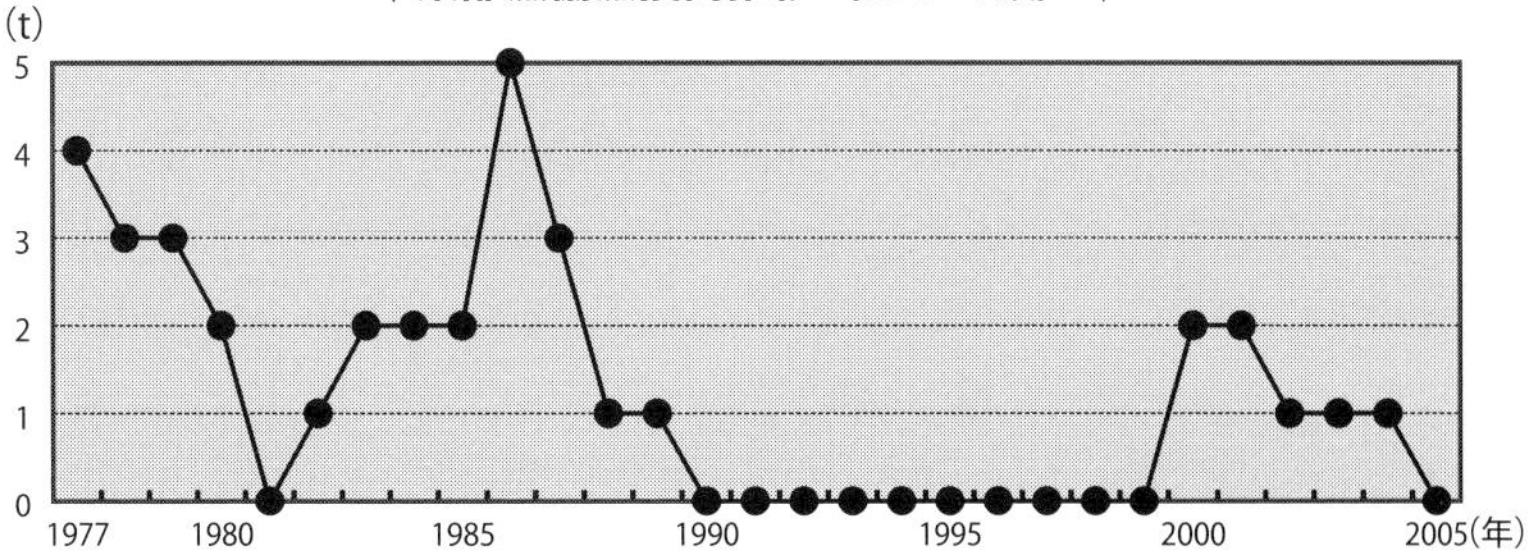

神奈川県農林水産統計より

また、私自身の観察でも21世紀に入ってクルマエビは1回も見ていません。海に潜り続ける私は、その激減ぶりは身をもって感じています。東京湾産のクルマエビはもう10年以上食していません。

次にガザミですが、水揚げは88年以降は、あっても1、2tです。

何度も言いますが、東京湾産ガザミ（通称ワタリガニ）を一度食べたなら、北海道まで行ってカニを食べるバカバカしさを痛感されるはずです。

なお、スーパーで鍋物用として二束三文で売っているものは、東京湾および国内産ではありません。国内産があの値段で売られるわけは絶対にありません。今は表示義務がありますから原産地を点検してみてください。国内産としていて数百円で売っていたら偽装の疑い濃厚です。私も一度買って味噌汁にしてみましたが、ヤドカリよりダシが出ませんでした。カニも本物の東京湾の味を是非知っていただきたいと思います。そうでないと、内湾破壊の愚かさを肌で感じていただくことは難しいと思います。

クルマエビとガザミは内湾のエビとカニの王様ですが、目にしたり口にしたりできなくなるほど絶滅に近い激減の原因は、干潟、砂浜入り江、アマモ場という内湾の浅海域を埋め立てたことによります。20世紀後半の開発により私たちの生活は格段に「よく」なりましたが、その代わりに失ったものもこれほど多いのです。

漁民についてはのちほど触れますが、漁師の数は減り、うまいモノの復活もそうたやすくないため、本物の江戸前の味を知っていただく機会に出会うのは非常に厳しいと思います。

おいしいものを取り戻すことは内湾再生と直接結び付きます。環境再生は食文化の再生であることも是非ご理解いただいて、政治がそれを実行していけるよう、声を出していただきたいと思います。

小泉「改革」による漁獲データ破壊

統計を基に東京湾漁業クライシスを報告してきましたが、突然ここで、統計に関係する「破壊行為」についての緊急報告をします。

小泉元首相の生家（住まい）は横須賀市三春町にあり、埋め立てが進む40年程前まではご自宅のすぐ裏が海でした。また、馬堀中学への通学路は横須賀最大の海水浴場の海岸を通っていたわけですが、ご本人は海や魚介類には、食べることを含めあまり興味がないようです。総理になる前にお会いして話したことがありますが、魚が好きかどうかは聞き逃しました。

さて、小泉首相の在職5年半の功罪は今問われ、郵政改革などは当初ご自分が言っていたことと異なり、アメリカの戦費調達に民営化させたとか言われています。また、規制緩和は上場企業や市場原理主義者のためで、弱者と地方を切り捨て格差社会を定着させ、さらに医療崩壊も招いたとの評価が定まってきたようです。マスコミは小泉手法に手を貸してきた関係もあり、小泉氏が行ってきた負の問題に触れたがりませんが、水産行政に対してもヒドイ切り捨てを行っています。

これまで私は水産統計を基に東京湾漁業の崩壊について述べてきましたが、これは農林水産省の統計事務所員が１９５０年代から全国の各漁業組合を、それこそ津々浦々を丹念に回って集めたデータなのです（都道府県別に58年以降毎年発行される農林水産統計）。ですが、その統計事務所の調査員を２０１０年には半減することを決めたのです。半減されては細かいデータ収集は不可能です。

千葉農林水産統計年報
（平成17年～ 18年版）

あらゆる統計は、分析作業や戦略立案の時に必要なことは言うまでもありません。各都道府県の水産研究者は存続を求めていますが、このままでは水産日本の漁業統計は崩壊します。統計は継続するからこそ価値があるのであって、途絶えさせては現状分析ができなくなり意味がありません。漁獲統計は単に漁獲変動を知るだけでなく、私が繰り返し引用してきたように、環境破壊の評価や生態系の変化の把握を可能にしてくれる非常に大事な資料なのです。

ジャーナリストにも、また国会議員、地方議員にも漁業ウオッチャーが少なく、この種の出来事がマスメディアに取り上げられることも少ないので、問題が顕在化していません。繰り返します。このままでは水産日本の漁業基礎資料は崩壊します。民主党をはじめ野党とマスコミに、是非この問題を取り上げてほしいと思います。

地球温暖化についても、太陽系宇宙の関係や地球規模の関係を明らかにしないで人為的問題だけ取り上げ大騒ぎしていますが、先に述べたように、政権による身近なデータ破壊を止めることのほうが、よほど日常生活に役立つということを知っていただきたいのです。

神奈川県下いちばんの水揚げは横須賀

最後に、意外と思われるデータを報告します。

それは、沿岸漁業では横須賀市が神奈川県下でいちばん水揚げがあるということです。これは浅い海の生産性がいかに高いかを示しますが、陸の「常識」で海を見てほしくない、という私からのメッセージでもあります。

地場産魚介類の水揚げ比較

1997年

(t)

横須賀市		4,233
三浦市		4,031
横浜市		1,668
真鶴町		1,192
茅ヶ崎市		1,006
小田原市		968
その他		2,395
	平塚市	649
	藤沢市	524
	鎌倉市	304
	大磯町	302
	湯河原町	202
	二宮町	176
	逗子市	168
	葉山町	70
計		15,493

2005年

(t)

横須賀市		8,876
三浦市		5,255
小田原市		2,048
真鶴町		1,782
横浜市		899
茅ヶ崎市		92
その他		2,576
	藤沢市	741
	平塚市	665
	大磯町	304
	湯河原町	260
	鎌倉市	229
	二宮町	194
	逗子市	124
	葉山町	59
計		21,528

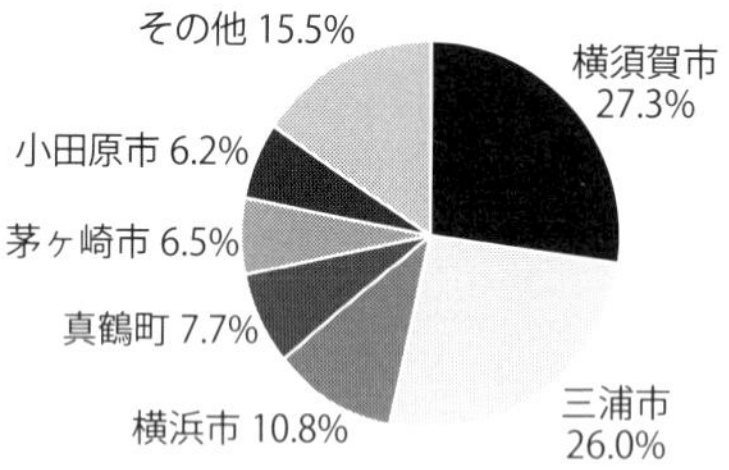

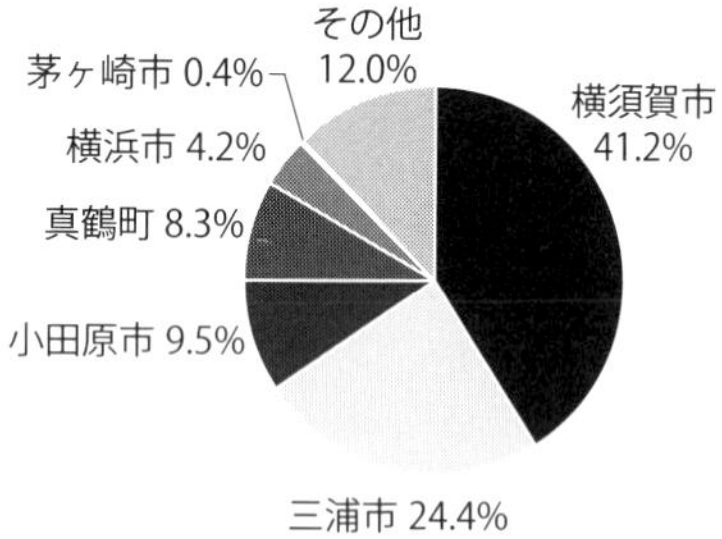

神奈川県農林水産統計を基に作成

東京湾 vs 相模湾（2005年）

(t)

東京湾		28,796
	外湾	16,992
	内湾	11,804

相模湾	21,038
内湾、外湾の区別なし	

神奈川県農林水産統計より抽出

神奈川県では東京湾の横浜から相模湾の真鶴岬まで、14の市・町で海面漁業が営まれています（湖、川の内水面漁業は除きます）。神奈川で魚の取引がいちばん多い漁港は三崎港ですが、遠洋・沖合を除いた沿岸漁業だけの漁獲を見ると、東京湾の内湾・外湾と相模湾の3つの海を持つ横須賀市の水揚げがいちばんなのです。

また、14市町の漁獲順位では、1997年に横浜が3位になっています。横浜でシャコ、カレイが順調に捕れていた頃には、なんと漁獲量は小田原、真鶴を抜いて3位になることが多かったのです。

多くの人が自然豊かと勘違いする湘南の海（特に相模川以西から伊豆半島）は、相模トラフ（フィリピンプレート）が入り込んでいるためにいきなり水深1000mにまで落ち込む急深な海です。したがって、生物が最も棲みやすい磯、入り江といった浅海域がなく、実にささやかな水揚げしかないのです。ただし、相模湾に棲息する魚の種類数は東京湾より断然多く1000種類を軽く越えますが、回遊魚以外にまとまって捕れる魚はありません。

くれぐれも海を見た目だけで判断しないでください。相模湾でも横須賀と三浦の沿岸に漁獲が多いのは、三浦半島域にはいわゆるミニ大陸棚があるからです。浅い海があるかないかで、漁獲高はこれほど変わってしまうということを知ってください。

東京湾ではカレイ、タチウオ、シャコ、タコ、およびアサリなど特に二枚貝が減少したので、内湾部より外湾部のほうが漁獲が多くなりました。以前の東京湾漁獲は常に内湾のほうが多かったのですが、近年、逆転現象が起きています。なお、表内データにおいて、鴨居の水揚げのうち東京湾内湾での漁獲と思われるものは内湾分に計上してあります。

急深で波の荒い海の生産性は低く、いかに東京湾内湾の水揚げの占める割合が大きいかがわかります。これは今に始まったことではなく、40年前の東京湾の漁獲量は常に相模湾の4、5倍も多かったのです。

近年は東京湾の環境劣化のため、東京湾：相模湾の比は4：3にまで接近しています。なお、神奈川県内の水揚げ比較でも、近年は東京湾内湾の漁獲減少が著しいため、横浜の地位が転落しています。

減っていく漁民と鮮魚商

最後に、減りゆく漁民と鮮魚商に触れて、魚食文化の崩壊にもつながるこれからを考えたいと思います。

東京湾とは、千葉県洲崎から神奈川県剣崎を結んだ線から北側の範囲を言います（141、145ページ地図参照）。1960年にはこの全東京湾に1万4000の経営体がありましたが、それから約30年後の88年には3300となり、なんと4分の1以下にまで減っています。

そこで、横須賀の6支所の漁民数の変化を比較して、漁民の数が急激に減っていった様子を見てみます。

平成が始まった89年には、横須賀東部漁協6支所では正組合員が335名、準組合員（兼業者等）が73名の計408名いましたが、07年3月末現在は93名減員の計315名となっています。なお、98年までは支所別の組合員数の資料がないため、東部漁協全体での減り方しかわかりません。

近年は支所別の組合員数のデータが出ています。

憂うべきは正組合員のうち60歳以上が5割を占め、準組合員では6割を超えることです。

10数年経てば横須賀東部の漁民は半減することになります。半減したほうが経営は安定するかもしれませんが、供給量は比例して大幅に落ちるはずです。

行政が軽く言う「江戸前ものの地産地消」など、ますます実現不可能になり、何より東京湾産のおいしいものを食べることは格段に難しくなるでしょう。また、おいしいものの供給量が減るのですから、魚価も高くなることが予想されます。

さらに10数年後には、遠洋沖合漁獲や輸入魚介類も、中国など経済力を付けた国々と取り合いとなり、世界的に人気のあるエビ、カニ、マグロなどの魚価は跳ね上がると思われます。東京湾産のおいしいものは、今のうちに食べておいたほうがよいと思います。

東部漁協支所別組合員年齢表

2007年3月31日現在　　　　（人）

支所名		法人	19歳以下	20～29歳	30～39歳	40～49歳	50～59歳	60～69歳	70歳以上	合計
横須賀	正組合員	0	0	3	12	9	14	28	14	80
	准組合員	0	0	0	0	1	2	1	5	9
	計	0	0	3	12	10	16	29	19	89
走水大津	正組合員	0	0	5	8	10	17	13	14	67
	准組合員	0	1	0	0	0	0	0	0	1
	計	0	1	5	8	10	17	13	14	68
鴨居	正組合員	1	0	4	7	9	8	7	19	55
	准組合員	0	0	1	0	1	0	2	7	11
	計	1	0	5	7	10	8	9	26	66
浦賀久比里	正組合員	0	0	3	7	3	4	10	13	40
	准組合員	0	0	0	0	1	0	0	0	1
	計	0	0	3	7	4	4	10	13	41
久里浜	正組合員	0	0	1	6	2	3	14	4	30
	准組合員	0	0	1	0	0	0	1	1	3
	計	0	0	2	6	2	3	15	5	33
北下浦	正組合員	0	0	0	1	1	5	0	7	14
	准組合員	0	0	0	0	1	2	0	1	4
	計	0	0	0	1	2	7	0	8	18
計	正組合員	1	0	16	41	34	51	72	71	286
	准組合員	0	0	3	0	4	4	4	14	29
	計	1	0	19	41	38	55	76	85	315

資料提供：横須賀市経済部農林水産課

横須賀市の鮮魚商組合員数の変遷

年度	組合員数
1997	127
1998	121
1999	116
2000	108
2001	106
2002	96
2003	91
2004	89
2005	83
2006	78
2007	80

96年以前の数字は不明確だが、昭和30年代には260軒程の鮮魚商が存在しており3分の1に減った。
資料提供：横須賀市経済部農林水産課

また、家庭用に魚介類を提供する鮮魚商（魚屋さん）もどんどん減っています。魚屋さんは、水は冷たく魚は臭いで、若い人の人気が出る商売とは言い難いのです。

バブル期は小料理屋などがにぎわい、高級魚介類も売れたのでわりと羽振りがよかったのですが、それ以降、町の魚屋さんの経営はよくありません。今では老人施設や学校、弁当屋などへの食材卸、また地場産魚介類の宅配など、時代に即したこまめな対応をしないと商売は続きません。厳しい経営事情と後継者不足のため廃業が続いています。「文化は自然淘汰である」との格言もあり、食文化の変化による魚屋さんの減少は避けられないと思いますが、その分、今を生き抜いている魚屋さんや、地場産魚介類を扱うスーパーなどに活躍してもらう余地があると思います。

東京湾と相模湾を持つ「海の町横須賀」で、調理人の手によるプロの料理を味わうのも大いにけっこうですが、うまい地魚は家庭で料理して食べてほしいと思います。東京湾沿岸の魚食文化を残すことは、町の差別化を図るうえでこれから重要なことだと政治が気づく必要があります。それはともかく、家庭での地元魚料理を楽しむには、信頼できる魚屋さんや漁師さんと懇意にしておくしかなさそうです。

風前の灯のクラカゲトラギス漁

平成に入り崩壊してきた東京湾漁業を報告してきましたが、ここで、間もなく消えてしまう漁法と、後継者が現れて残ることになった漁法の2態を、象徴例として取り上げます。

まず、滅びてしまう漁法から紹介します。

東京湾のネタが捕れなければ、これからの江戸前料理はすべて東京湾以外の「旅もの」、または外国モノになってしまいます。「どこそこの店がうまい」とか「あの大将の味付けは最高」なんて通ぶりをのたまう前に、江戸前料理を本当に大切にするなら、このあたりも是非考えていただきいと思います。

また、漁師さんもこれからの流通において何を供給すべきかを考え、生き残りを図ってほしいと思います。漁民が減る中で、消費者のニーズを的確に捉えてほしいという願いです。

ところで、クラカゲトラギスを食べたことはあるでしょうか。

釣りを趣味にしている人は、キス釣りなどの外道で釣った方はいるかもしれません。知らないという方は

177

ページの写真をご覧ください。クラカケトラギスは揚げ物としては最高で、シロギスやネズッポより味が濃いので一度食べたらやみつきになります。私は天ぷらよりフライにしたほうが好きです。
また、行きつけの「竹寿司」に持ち込み、寿司ネタとして使えるか試してみました。結果は見事にＯＫ。酢に漬けたりしたのですが、十分いけたので横須賀ならではの寿司ネタにもなると思います。しかし、このおいしいクラカケトラギスを捕る人は、今や横須賀で１人しかいないのです。その貴重な漁師、青木恵一さん（東部漁協鴨居支所）にお話を伺うため、２００７年の暮れに鴨居漁港を訪れました。

――青木さんは今年でおいくつになられます。

青木　昭和６（１９３１）年生まれだからもう76歳ですよ。

――家は代々漁師をなさっていたのですか？

青木　私で４代目。タイの一本釣りをやっていました。私が漁師になったのは昭和20年です。タイ延縄をしたり、遊漁船もしてきました。

――どういう延縄をやっていたんですか。また、鴨居では何軒くらい延縄をなさっていたんですかね。

青木　ユムシ（高級魚や大物釣り用のエサ）を使ったタイ縄は昭和30年頃から50（１９７５）年頃までやりましたね。シロギス縄も５月から８月にかけてやりましたよ。あとはトラギス縄。鴨居では３、４軒やったけれど皆、亡くなってしまった。水深数ｍに棲息しているユムシをマンガで掘るのが大変だったと言ってました。なお、韓

鴨居港にてトラギスを漁協に卸す青木恵一さん（2007）

国ではこのユムシを食用とするそうです。

——トラギス縄のエサは何ですか。また、漁場はどのあたりですか。

青木　エサはサンマとかコノシロの塩漬け。アサリも使ったことがあるね。漁場は鴨居沖の水深40～50ｍのところ。灯台（観音崎）より北には行かないね。今は年だからそう遠くへは行かない。

——漁は月何回くらい出るんですか。

青木　若い頃は月20回程出たけど、今は年なので月７回くらいかね。日の出頃に出て、お昼には帰ってくる。昔は3時頃までやって、何回も入れ直して漁をしたけどね。昔は冬にホウボウがかかったり、アマダイも捕れたけど今はかからないね。

——延縄のほかに漁は何をなさっていますか。

青木　遊漁船をけっこうやってたんですけど、お客さんが年をとってしまってね。冬はワカメの養殖をやっていますよ。

——トラギス縄は続けてほしいですね。

青木　年だからね。それと釣り針をつくるところがなくなってしまってね。来年（２００８年）あたりで、しまいにしようかと思ってんだけどもね。続けなきゃいけないかねえ。


ということで、へたをすると、今年（08年）中にトラギスは捕られなくなってしまうかもしれないのです。それと、稀少価値があるのに魚価が低いことが気になりました。この日は寿司ネタに試すために組合を通して1kg購入しましたが、わずか８００円なのです。この日の水揚げは10kgもありませんでしたから、キロ８００円では小遣い稼ぎにしかなりません。おまけに、07年暮れには原油価格高騰で漁船用軽油も1ℓ１００円（漁船用軽油は税の減免がある）を超えたそうです。これでは、年齢も考えて操業意欲が湧かなくなることも理解できます。

しかし、横須賀ならではの、おいしい魚が消えるのはなんとも残念なこと。体の続く限り伝統漁をして、トラギスを捕り続けてほしいものです。

潜水漁に後継者現る

一方、東京湾に伝わる伝統漁業に後継者が現れた朗報もあります。

東京湾内湾では明治以来、千葉や横浜金沢でヘルメット潜水漁が行われ、タイラガイやミルガイ、ナマコなどを捕っていました。

千葉では多獲性の二枚貝のアオヤギやトリガイなども捕っています（ただし138ページからの表が示すように千葉の二枚貝も近年激減）。また、横須賀で大正期から潜水漁が行われてきましたが、1970年代後半、環境汚染と乱獲により横須賀の潜水漁は一時休止になりました。

のちのインタビューの中で触れますが、90年代後半にミルガイが復活したことにより潜水漁が再開されました。しかし、この伝統的ヘルメット潜水漁を行うのは横須賀東部漁協同組合で1軒しかありません。

その漁師、小松原哲也さんに初めてお目にかかったのは99年の夏です。そして、意気投合してその年の秋に彼の潜水漁の写真を撮りましたが、ちょうどその時期、息子の和弘さんが潜水漁を継ぐようになっていました。

——横須賀の潜水漁と小松原家の関係はどうなっているんでしょうか。

小松原（哲也）　うちの父親が明治39（1906）年生まれで、大正の時期に海軍で潜水を習って、海軍をやめたあと昭和の初めから潜水漁を始めたんですよ。当時はうちの親父をはじめ、安浦で数軒ヘルメット潜水漁師がいたそうです。

——小松原さんご本人は何年生まれでいつから始めたんですか。

小松原　うちの親父が昭和26（1951）年頃に潜水病にかかって潜れなくなってしまって、大変困窮しました。私は昭和17年生まれだけど家を助けなければいけないので、小学6年から潜水を習い始めて、まずやさしいナマコ捕りから始めたんですよ。

中学卒業をした頃は不漁もあり、潜水漁では一家を養

横須賀で唯一の潜水漁。掘って採ったミルガイを撮影のために投げてもらったところ。横須賀基地沖の水深10mほど。この日は透明度がよく、日もよく差し込んでいたのでライトをつける必要がなかった。このような日は月に何日もない。写真は小松原哲也さんで、現在は息子の和弘さんが潜水漁を継いでいる（1999）

えないんで、お金をすぐ稼げる工事潜りとなって久里浜火力（東電の発電所）の仕事を始めたんです。水中での発破作業もやりましたよ。当時、最年少の潜水士でした。それから本牧湾の埋め立て（根岸の日石コンビナート）の仕事をしたりで、漁師より潜水土木で一家を養ったわけです（1960年代の重厚長大路線の高度経済成長期）。

――では、横須賀で小松原さんが潜水漁を始めたのはいつ頃に。

小松原　27歳（1969年）に安浦に帰ってきてからで、ミルガイ漁を始めたんです。タイラガイも採ってましたけど、ちょうどその頃から機械底びきが多くなってタイラガイはいっぺんに採れなくなってしまったですね。

潜り始めの頃は、第三海堡（明治時代に首都防衛のために東京湾上に築造された3つの人工要塞島の1つ。関東大震災で崩壊、水没したのち暗礁化し航路の障害となっていたが、他方では格好の漁礁となっていた）の水深30～40ｍに潜ってもライト要らずでよく見えたのですが、当時は公害もひどくなりだんだん濁りが強くなってきましたね。今では10ｍでもライトが要ります。第三海堡では俵（約60kg）で30本も採って、1年で採り尽くしちゃったね。

ミルも1斗（18ℓ）缶で60缶も採っていたから採り過ぎだね。70年頃には1隻15缶、150kgに制限してね。当時は、千葉からの4軒とうちの5軒で横須賀で潜水漁をやってましたよ。それから10年ぐらいですっかり採り尽くして一斉にやめたんですよ。潜水漁が駄目になったので、小型底びきに転業したのが確か80年頃ですね。この頃はマコガレイやタチウオがよく捕れたから、底びきで食いつなぎましたよ。

――息子さんが潜水漁を継ぎましたよね。

小松原　平成4（1992）年に息子が県の水産高校を卒業して就職したんですが、潜水漁を継ぎたいと言いだしましてね。港の中で潜水練習をさせて、潜水士の資格を取らせて潜らせてみたら、ミルがいるって言うんですよ。それで、私が潜ってミルを採ってたんですけど、7年前（2001年）から完全に息子に譲って、私は船頭ですよ。3人1組で潜水漁をしていて、ミルは高級寿司ネタだから経営も安定して助かってますよ。

――バブル期の埋め立て補償金も、老後に備えて賃貸投資をしたそうですね。

小松原　ええ、漁師は「獲ったか見たか」でやってたんでは駄目だと思ってましたしね。それに、漁師には退職金もないしボーナスもない。年金も国民年金だけじゃ食えないからね。補償金でアパートを建てたりして、不漁や老後の備えにしました。息子にたかるわけにもいかないし。

――東京湾の埋め立ての影響が出てきて不漁続きですけど、これからの漁に何か言いたいことは。

小松原　昔の漁師はもっとマメだったよね。今は底びきも刺網も漁がないからね。漁師に定年はないなんて言ってたけど、これだけの漁獲でこれだけの漁師（漁民数）は食えないから、若い人のことを考えたら定年制も考えたほうがいいかもね。昔はエイなんて捕ってけっこう人気があったんだけど、今はいても誰も捕らないからね。

それと、若い者がもっとまとまってどうするのか話し合わなければね。県や市の役所にもどう支援を頼むとか、私が若い時も漁がなくて困ったけどよく話し合いましたよ。今は個人主義というか、音頭を取るまとめ役がいない。このままじゃ落ち込むばかりと思いますよ。朝市だって組合全体の取り組みではなく、1、2軒がてんでんにやってんですから。

――「獲ったか見たか」の改革については

小松原　獲ったものをそのまま市場に卸すことは考え直したほうがいいと思うんです。

——獲れたものに付加価値を付けるということですか。

小松原　そう。値のいいものは生け簀に活かして市場価格や小売りのニーズに合わせて売るとか、インターネット販売も一部がやっているけど、これからはもっと考えたほうがいいと思いませんか。ナマコだって今の売り方でなく、こっちで加工してコノワタを取ってから中国向けにすれば、コノワタの分の収入が増えるしね。

——次は息子（和弘）さんに聞きますね。何年生まれで、いくつの時から漁を継いだの。

和弘　昭和48（1973）年10月の生まれで、92年に水産高校の機関科を卒業して就職したんですけど、漁師をやりたくなって会社をやめ、親父に付いて潜水漁を始めたんです。

——最初からミルガイ漁をやったの。

和弘　私が継いだ頃はミルガイが復活しているとは思っていなかったので、春から秋まで底びきをやって、冬だけ潜水でナマコを捕っていたんです。ナマコは見つけるのは楽ですからね。たまたまミルガイを採ったけれど、自分はこれがミルとは知らないからナマコと一緒にスカリに入れておいたら、親父が「ミルじゃねえか」と言うんです。それで、父が潜ってみたら十分漁になる分いることがわかって、ミル漁を復活させたんです。

——それはいつ頃。

和弘　98年だと思います。それでミルの眼（砂地からわずかに出る水管）を見るコツなどを教わって、2年後くらいから私に替わったんです。

——その替わり目に私が第1回の撮影に行ったわけね。で、これからの漁についての考えは。

和弘　潜水漁がうち1軒だけというのはよくないと思っています。今、組合は千葉から1隻を呼んで（千葉の二枚貝漁も不漁）入漁料を取って潜水漁をやらしてますけどね、限られた漁場でそんなに数がいるわけじゃないから、地元の若手を育てたほうがいいと思うんですけどね。やはり、なかなかやり手が出ないんですよ。

——組合員の数を見ると、東部漁協は285名の正組合員のうち60歳以上が143名と、ちょうど5割。あと10

年経てば漁師は半減するだろうね。横須賀支所では、その比率が80名中42人と5割を超えている。20代は3人、30代は12人しかいない。

和弘　うちは親父と、70代の準組合員に手伝いで乗ってもらってますけど、その人はそろそろ降ろさせてくれって言いだしていましてね。親父があと何年働けるかですけど、死んだりすれば私1人じゃあ潜水漁はできませんからね。後継者が出たと言われますけど、あと10年程で私で終わりになることもありますよ。

――いやあ、それは困ったもんだ。（議員を）引退したら私が手伝うかな。最後になるけれど、東京湾漁業を継ぐ意義と、陸の人に知ってもらいたいことを一言。

和弘　潜水漁は横須賀（東京湾側）でうちだけですからね。おいしいものを提供する意義は感じています。たまにでもいいですから、地物の寿司ネタに接してほしいと思います。横須賀のお店でも使ってほしいと思います。ただ、今の採り方だと親父の時のように採り尽くしてしまうんではないかと心配しています。水揚げ制限をしたり、休漁期間を設けたりしたほうがいいと思いますけど、管理体制がうまくいっていません。

親父からは、漁師は海の番人と聞かされていますが、今は海の案内役も漁師がする必要があると思います。おいしいものが育つ海を大事したいと思いますし、多くの

潜水漁を終えた哲也さんのヘルメットを外す和弘さん。現在では父子の役回りが逆になっている。潜水漁ではほかに操船係が1人付く（1999）

皆さんに東京湾のおいしい味を知ってもらいたいと思います。

以上、横須賀の消えゆく漁法と、残る漁法のインタビューを終えました。

青木さんにはインタビューのお礼を兼ね、2007年の大晦日にクラカケトラギスの水中写真を記念に贈呈した際、漁がなくなるのは忍びない旨を伝え、「新聞記者にも話しておきましたから取材があるかもしれません」と言うと、「それじゃあもう少し頑張らないといけないかねー」と笑いながら言っておられました。また、小松原さん親子への取材でおわかりのように、息子が継いだといってもあと10年持つかという綱渡りでもあります。

横須賀の漁民は今後10年でほぼ半減し、その後は加速度的に減少するでしょう。これは横須賀だけの問題ではなく、程度の差はあれ東京湾全体、そして日本全国レベルでも同じことが言えるのです。一気の漁業崩壊はないでしょうが、東京湾漁業のかつてない衰退は間違いありません。それは、江戸前のネタを楽しむことができなくなることでもあります。

●●●どうするこれからの東京湾漁業

開発から自然再生の時代へ

これまで東京湾漁業の歴史的変遷を見てきましたが、17世紀初頭から首都の海であり続けてきただけあって、時の政権の政策をダイレクトに受けてきたのが東京湾だったと言えます。

東京湾漁業の振興・発展はまさに徳川家康入府からであり、明治に鎖国が解かれ列強に伍するために日露戦争以降に採った富国強兵・殖産興業策により、沿岸部が埋め立てられ、漁業衰退が始まります。

一方、近代化は沿岸都市の形成と人口膨張を生み、東京湾西側の人口は急速に増加しました。商工業、軍事の発展により富裕層が形成され、また軍御用達の料亭もできるなどして、東京湾の魚介類の需要は高まりました。工業化と軍事のための埋め立てはありましたが、庶民へのタンパク源供給のための多獲性魚と、料亭用の高級食材の双方の需要が東京湾で高まり、漁民も増えました。

ちなみに、私の祖父もこの時代の流れの中で、明治の末に逗子の漁師町小坪から出てきて横須賀で漁師になりました。

大正、昭和になると東京湾の木更津、横浜、横須賀、館山などでは海軍航空隊関係の埋め立てが行われました。軍部の台頭と精神主義に基づく夜郎自大の危険な膨張主義は米英との戦争へと突き進ませ、愚劣な戦争指導の下、悲惨な敗戦を招き、国民の多くが犠牲となりました。

戦後は平和憲法の下、貿易立国として生きる道を選びました。朝鮮戦争が休戦し特需景気を元手に高度経済成長政策が始まると、東京湾内湾沿岸部は完膚なきまでに埋め立てられ、沿岸都市が造成され人口が集中し現在に至ります。埋め立てられれば漁場がなくなるので、内湾漁業者は棄民化され転業を迫られました。

文明の淘汰と衰退は歴史の常で致し方のないところもありますが、東京湾の漁業生産がここまで落ち込んだ原因は、紛れもなく20世紀後半の内湾の環境を完全に無視した開発政策でした。

20世紀終わりのバブル経済を経たあと、日本の経済も人口も膨張期を過ぎました。21世紀に入ると人口も減少に転じる「停滞の時代」に突入し、沿岸開発も終焉を迎え国策も変わり、大きな埋め立ては羽田空港拡張だけで、東京湾では浅海域の回復に転じるようになりました。東京湾は自然再生のスクラップ&ビルドの時代になったのです。沿岸自治体も埋め立てを競う時代ではなくなり、横須賀市は港湾計画の改定により埋め立て計画をすべて廃棄しました。

政治の課題

その21世紀にあって江戸前の水産物を残し、またどう再生させるのかは、一に政治にかかわります。政府や自治体、そして国会や地方議会、要するに政治がこの問題をどう捉えるかです。「先進国」の中で日本の食料自給率が極端に低いことがようやく国民全体に浸透しだし、国際社会での生き残り戦略において、食料自給率を保つことの重要性が強く認識されるようになってきました。

戦後「緑の革命」により農業生産は飛躍的に伸び、金さえ持てば食材は世界中から買い集めることができるようになりました。高度経済成長政策とは、技術立国を成し輸出を振興させ、その金で農水産物を世界から買い集めるという国策でしたから、農水産物の国内生産は制限ないしは切り捨ての方向で来たわけです。

約40年前、高度経済成長策のひずみとして公害と環境破壊の問題が噴出した時、「いざ帰りなん、田園まさに荒れなんとす」というフレーズがはやりました。私もこの言葉に惹かれ環境保護運動に入りました。しかし、その後も軌道修正はされず、第1次産業は衰退の一途をたどっています（ただし漁港などハード施設は供給過剰）。

２００７年の参議院選挙でようやくこの課題は顕在化し、農業保護を訴えた民主党が農村地帯で支持を大きく伸ばしました。マスコミもようやく食料自給率問題を積極的に取り上げるようになりました。しかし、東京湾の漁業問題はまったく話題になっていません。

内湾漁場破壊は１９６０年代初頭から顕著に進み、東京湾のほか瀬戸内海、大阪湾、伊勢湾の太平洋側の内湾漁業は崩壊衰退の一途をたどってきたのです。かつて内湾を切り捨てることから漁業は沿岸から沖合へ、さらに沖合から遠洋へが掛け声となり、世界の海を日本漁船が席巻しましたが、ご存じのとおり厳しい国際的批判を浴び、77年、２００海里排他的経済水域が制定されることとなりました。

そして、今日では先進各国中産階級のヘルシーブームと相まって、経済力を付けた国々も海産物を欲しがるようになり、輸入魚介類の価格高騰が現実のものとなりました。

このような状況下で、内湾漁業を取り戻すことを環境問題とセットにして政策課題とすべきと考えます。21世紀の水産・漁業は農林水産省が考えるだけの問題ではなく、環境回復、生態系再生の問題として政府全体が真剣に考える課題だと思います。

環境省は東京湾の環境対策の実際（下水道改善や浅海域回復）を国交省に取られているため、地球温暖化ばかりを取り上げ、大した効果もないクールビズだウオームビズだのとはしゃいでいますが、下水道改善を実現し浅海域の回復を図ることが環境と漁業のためになり、沿岸住民へ「楽しくおいしい海」を提供することを可能にするのです。農業だけでなく、沿岸漁業をどうするかを政党や国会議員にも問わなければなりません。

東京湾湾岸自治体の責任

沿岸自治体の都県知事、そして都・県議員にも同じことが言えます。湾岸の各自治体の首長や各議会議員に対しても、東京湾漁業をどう育て再生し、また後継者を育てるかの課題をぶつけてほしいものです。

現状の議会を見ると、海の環境と漁業問題に取り組む議員があまりにも少なすぎます。漁民数から考えれば漁民票は微々たるものですから、選挙の集票として考えるのではなく、町づくりの枠組みの中での漁業と水産業の位置づけを問うべきです。特に三方に海を持つ横須賀をはじめ、海を持つ各自治体はこの問題をしっかり考えないと、町起こしそのものがおかしくなります。

戦後の人口大膨張期（60年で5000万人増）が終焉し人口減少時代に入り、環境負荷は減少していきます。政治を動かすのは主権者である有権者です。古くから言われるように、政治は選挙民のレベル以上にはいきません。

沿岸自治体の有権者の方には東京湾漁業を存続させ、かつ磯浜再生のような生産の場の復活に関心を示してほしいと思います。いつの時代でも、時代にうまく対応するのは優れて人の知恵です。国策は変わってきています。楽しくおいしい海を東京湾に再生させるために声を上げていきましょう。

東京湾各浦魚種別の漁獲量比較（1986－2005）

凡例：

魚　種	ヒジキ
1986年	333
2005年	24

(t)

地域	浦										
千葉県湾口部	西岬	魚種	マイワシ	マアジ	サバ	ブリ	カツオ類	サワラ	アワビ・トコブシ	サザエ	ヒジキ
		1986年	1460	419	277	65	55	13	11	32	333
		2005年	34	300	1616	100	123	2	4	7	24
	波佐間	魚種	マイワシ	マアジ	カツオ類	サバ	ブリ	トビウオ	ヒジキ		
		1986年	1847	236	67	56	31	14	17		
		2005年	4	33	56	395	13	7			
	館山船形	魚種	カタクチイワシ	コノシロ	サバ	キンメダイ	タチウオ	バカガイ	スルメイカ	ワカメ	
		1986年	1910	161	68	59	48	71	51	5	
		2005年	841		13	36			4	3	
	富浦	魚種	サバ	キンメダイ	マアジ	スルメイカ	タコ	アワビ	サザエ	ヒジキ	
		1986年	1143	45	20	59	19	4	23	83	
		2005年	1160	133	146	1	1	2	13		
	富山	魚種	マイワシ	マアジ	サバ	ブリ	カツオ類	コノシロ	ボラ	ヤリイカ	ヒジキ
		1986年	967	299	86	70	45	23	13	30	16
		2005年	22	73	475	19	52			9	
	勝山	魚種	サバ	カタクチイワシ	マイワシ	キンメダイ	ブリ	スルメイカ	サザエ	ワカメ	ヒジキ
		1986年	1561	626	286	152	11	84	6	25	16
		2005年	226	789	35	220	9	17	7	1	7
	保田	魚種	マイワシ	カタクチイワシ	タチウオ	スズキ	サバ	マアジ	スルメイカ	サザエ	ワカメ
		1986年	1147	566	311	188	96	96	13	6	25
		2005年	13	1058	2	74	282	86	9	23	1
	金谷	魚種	マイワシ	マアジ	タチウオ	サバ	スズキ	カレイ	ヤリイカ		
		1986年	514	55	47	27	18	14	17		
		2005年									
	萩生	魚種	スズキ	ボラ	カレイ	タチウオ	ニベ・グチ	クロダイ	マダイ	タコ	クルマエビ
		1986年	114	90	76	17	13	13	9	6	4
		2005年									
	竹岡	魚種	コノシロ	スズキ	カレイ	マイワシ	ボラ	マダイ	ガザミ	バカガイ	
		1986年	59	50	49	41	28	6	6	1605	
		2005年									
	湊	魚種	バカガイ	トリガイ							
		1986年	523	6							
		2005年									
	大佐和	魚種	カレイ	サメ	クルマエビ	その他のエビ	タコ	バカガイ			
		1986年	55	3	7	11	7	649			
		2005年	5			6	2	2			
	下洲	魚種	マイワシ	バカガイ							
		1986年	497	1054							
		2005年									
	富津	魚種	カレイ	マイワシ	ボラ	スズキ	エイ	バカガイ	トリガイ	アサリ	ガザミ
		1986年	688	665	119	51	20	7015	2361	534	13
		2005年	167	16	24	338	6		217	191	2

千葉県内湾部	木更津	カレイ	スズキ	ガザミ	タコ	アサリ	トリガイ			
		17	5	3	1	1012	43			
		13	13			322				
	中里	アサリ								
		433								
		186								
	江川	アサリ								
		255								
		192								
	久津間	アサリ	バカガイ							
		662	200							
		236								
	金田	カレイ	スズキ	ガザミ	アサリ	バカガイ	トリガイ			
		119	4	8	4132	2362	78			
		33	31		547	63				
	牛込	カレイ	アサリ	バカガイ	トリガイ					
		13	3099	239	17					
		13	824	72	25					
	船橋	マイワシ	コノシロ	カレイ	スズキ	ボラ	ニベ・グチ	ブリ	ガザミ	アサリ
		2472	751	418	115	94	70	66	10	893
		192	199	73	1138	58	23			1516
	行徳	カレイ	スズキ	ガザミ	アサリ					
		68	4	2	444					
		9	18		627					
	南行徳	カレイ	ボラ	スズキ	アサリ					
		38	6	5	356					
		6		78	115					
	浦安	カレイ	タチウオ	ボラ	スズキ	アサリ				
		143	1	2	22	470				
		3			99	172				
東京	東京都六ヶ浦	カレイ	スズキ	ハゼ	ボラ	アナゴ	ウナギ	アサリ		
		175	59	40	36	24	2	989		
		45	152	9	22	37	－	183		
神奈川県内湾部	横浜市東漁協	統計なし								
	横浜市漁協中支所	コノシロ	カレイ	スズキ	ボラ	マイワシ	タチウオ	アイナメ	シャコ	
		201	103	67	55	27	18	2	2	
		8	6	120	2		14			
	横浜金沢	カレイ	アイナメ	スズキ	アナゴ	キス	エイ	シャコ	トリガイ	ノリ
		597	29	28	68	14	11	982	170	360
		71	2	75	121	7	－	57	－	219

神奈川県内湾部	横須賀市東部漁港	カレイ	アイナメ	スズキ	エイ	クロダイ	ガザミ	ナマコ	タコ	ワカメ養殖
		270	33	31	11	4	5	2	56	211
		21	2	36	7	2	0	80	4	155
	同大津・走水支所	カレイ	スズキ	アイナメ	マダイ	ウマヅラ	タコ	ノリ	ワカメ養殖	コンブ養殖
		26	17	8	2	2	26	2139	28	34
		5	4	0	1	0	1	612	37	14
神奈川県湾口部	同鴨居支所	コノシロ	カタクチイワシ	スズキ	ウルメイワシ	ボラ	マダイ	カマス	ワカメ養殖	コンブ養殖
		939	241	35	25	13	2	1	82	55
		250	99	278		1	2	1	54	18
	同浦賀・久比里支所	ウマヅラ	カレイ	ガザミ	クルマエビ	タコ	サザエ	ワカメ養殖	アラメ	テングサ
		14	4	1	1	28	1	112	6	2
		0	2	0	ー	9	ー	111	25	0
	同久里浜支所	ムツ	サバ	タチウオ	タコ	ワカメ養殖	コンブ養殖			
		15	1	8	8	21	17			
		1	1		3	11	4			
	同北下浦支所	カタクチイワシ	マイワシ	マアジ	サバ	カマス	ソウダガツオ	マダイ	ワカメ養殖	コンブ養殖
		252	64	38	21	9	5	2	24	2
		ー	ー	0	2		0	0	8	2
三浦市湾口部	上宮田	カタクチイワシ	マイワシ	アジ	サバ	カマス	ボラ	バカガイ	ワカメ養殖	コンブ養殖
		195	86	71	31	13	10	60	43	10
		49	1	5	18		11	ー	33	4
	金田湾	マイワシ	カタクチイワシ	アジ	カマス	サバ	ソウダガツオ	ブリ	トリガイ	ヒジキ
		780	520	353	60	45	13	4	161	20
		71	604	196	10	165	2	3		14
	松輪	サバ	キンメダイ	ウマヅラハギ	サワラ	マダイ	イサキ	メジマグロ	イカ	サザエ
		245	204	163	21	8	5	5	28	10
		555	141	1	3	1		3	15	15

空欄は統計に記載なし、ー は水揚げなし、0 は1tに満たないもの。
統計の取り方が変わり、2005年では計上されない魚種もあり空白が多くなった。
1986年：『誰も知らない東京湾』より　2005年：農林水産統計より抽出

東京湾の漁業協同組合

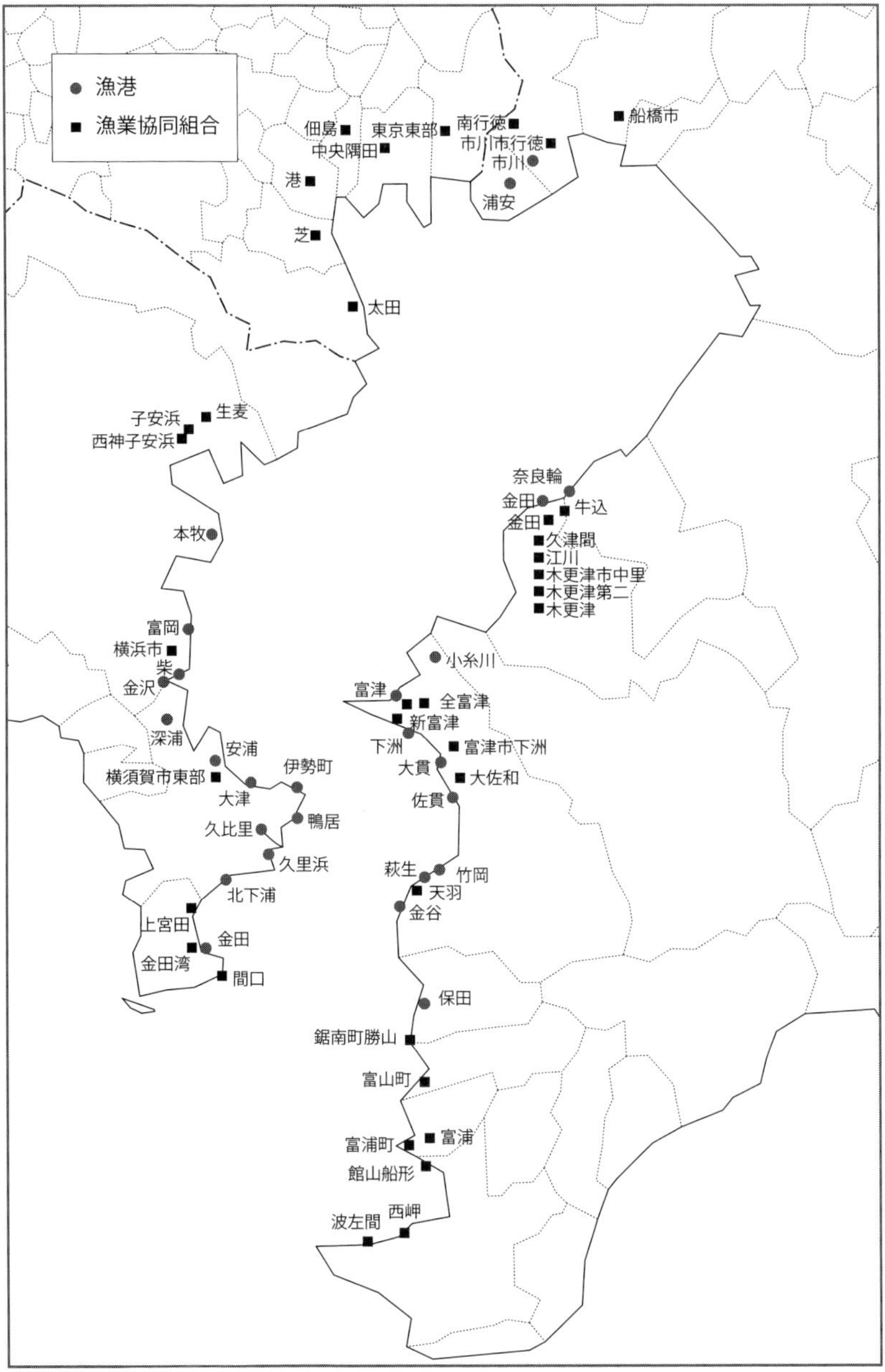

漁港
漁業協同組合
佃島
東京東部
南行徳
船橋市
中央隅田
市川市行徳
市川
港
浦安
芝
太田
子安浜
生麦
西神子安浜
奈良輪
金田
牛込
金田
久津間
江川
木更津市中里
木更津第二
木更津
本牧
富岡
横浜市
柴
金沢
小糸川
富津
全富津
新富津
深浦
下洲
富津市下洲
安浦
伊勢町
大貫
横須賀市東部
大佐和
大津
佐貫
鴨居
久比里
久里浜
萩生
竹岡
北下浦
天羽
金谷
上宮田
金田
金田湾
間口
保田
鋸南町勝山
富山町
富浦
富浦町
館山船形
西岬
波左間

Ⅲ章　東京湾の海を「見る食べる」

―いろいろな海の楽しみ方

●●●横須賀の海を見るなら

ディスカバー横須賀

横須賀市は都市像を「国際海の手文化都市」としていますが、歴代官僚OB市長は横須賀の最大の売りである海そのものには、まったくといっていいほど興味を示さず、海はハコモノの背景としてあればいい程度の扱いです。ですから、マリンスポーツに親しもうとの呼び掛けもなければ、人を海に誘うために最も大事なアクセスの保証や海と人をつなげるための具体政策など、何もないと言っていいほどです。市内外の人が横須賀の海と実際に触れ合い、身も心も海に浸ってもらおうというような、「見る食べる楽しむ」の企画・プランは何もない状況なのです。

そこで、この章では我田引水ではありますが、徹底的に「横須賀の海に来てほしい」特集とさせていただきます。ディスカバー横須賀、横須賀の海の魅力(見る食べる)を、これから盛りだくさんに紹介します。まず、「見る」ほうから入りましょう。

世界中の船が間近に見られる観音崎

観音崎灯台は、日本で初めての洋式灯台として知られています。名作映画「喜びも悲しみも幾年月」(1957年松竹―木下恵介監督、佐田啓二、高峰秀子主演)は観音崎灯台から始まります。この観音崎灯台と対岸の千葉富津岬に挟まれたところが東京湾で最もくびれた場所で、そこを結ぶラインが東京湾の内湾と外湾を分ける境界線となっています。

このくびれたところに浦賀水道航路があるので、観音崎からは大型船が手に取るように見ることができます。

目の前の浦賀水道航路を抜けると、横浜以北に進む船(巨大タンカー以外)は北行航路としての中ノ瀬航路に入ります。中ノ瀬航路に入る船は、第二海堡を過ぎると右に転舵していくのでわかります。ガイドがいれば、舵を切る船は国際信号旗を掲げるのでどちらに行くか教えてくれます。巨大タンカーは吃水《きっすい》が深いため中ノ瀬航路を航行できないので、航路の左、横浜側をタグボート（エスコート船）に先導されて北上します。

灯台は日本各地にありますが、ほとんどは彼方の洋上を1隻か2隻が航行するといったさびしさです。それも風情で、旅情を掻き立てるかもしれませんが、この観音崎灯台から浦賀水道航路を見ると、ひっきりなしに船が目の前を通ります。それもそのはず、ここは日本一の船舶交通量を誇るところです。

漁船ボートなどの小型船舶を除いて1日平均800隻の通行があるので、船の観察には日本一もってこいの場所なのです。富士丸などの客船、コンテナ船、オイルタンカー、

浦賀水道航路図

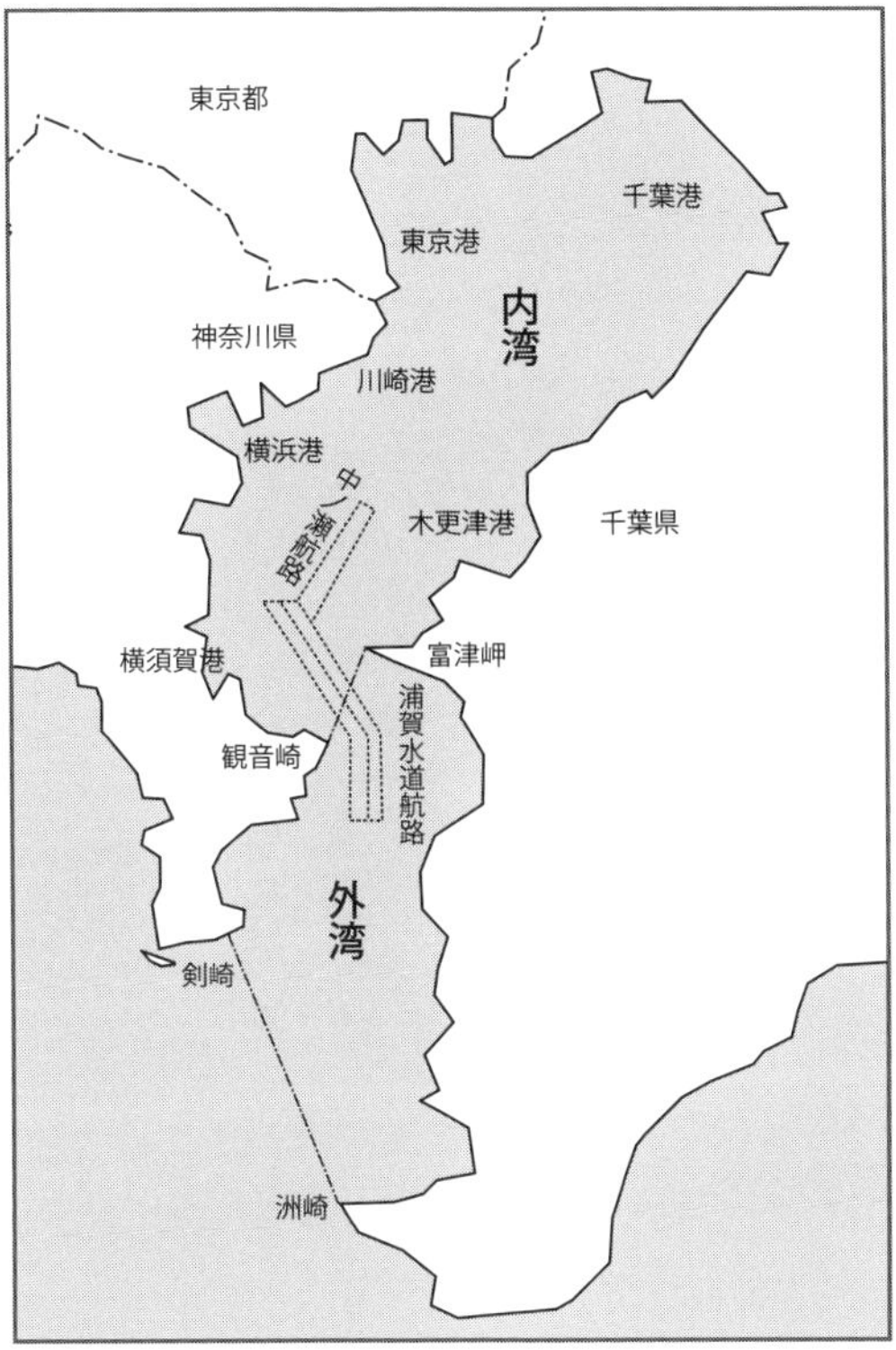

満載状態の大型タンカー。浦賀水道に入る手前なので、このあとパイロット（水先案内人）が乗り移る

ＬＮＧ船やローロー船（旅客と貨物を輸送するフェリーと違い貨物車のみを輸送する）など、国内外の各種商船をまさに手に取るように見ることができます。

その船がどこに向かい何を運んでいるかを知れば、東京湾こそ日本の物流の大動脈であることを思い知ります。行き交う船が私たちの生活を支えていることが実感できます。

そして、観音崎ならではですが、米海軍の軍艦から海上自衛隊の艦艇、海上保安庁の巡視船艇まで見ることができます。さらに、なんとなんと、２００８年８月からは米海軍の原子力空母まで見ることができるのです。同じ軍港でも、佐世保だって呉だって及びもつかないところなのです。

このように多種多様な艦船をこれほどまで近くに見られるところは、日本中探してもどこにもなく、たぶん世界レベルでも有数な艦船見学場所だと思います。観音崎まで来て、どこにでもある美術館を見るよりも、観音崎に来たらまずシップスウォッチングをしてください。

灯台のある山腹まで登らなくても海岸線からでもよく見えるので、それほど健脚でない方でも十分お楽しみいただけます。午前10時過ぎから夕方までは太陽を背に受けるので、海の彼方まで順光状態でクッキリ、ハッキリ見ることができます。観音崎は心地よい光の中で、行き交う艦船と房総半島を見ることができる絶景のビューポ

浦賀水道は海上交通のメインストリート。商船だけでなく日米の艦艇や米空母も目の前を通り過ぎる。前方の艦船は横須賀を母港とする米空母キティホーク。2008年8月には原子力空母ジョージ・ワシントンと交代する（観音崎内湾部より2005秋）

イントでなのです。

なお、本書で船についてのガイドもしようかと思いましたが、何分「水の中」だけでも書きたいことがいっぱいあり紙数が足りません。次の機会に譲ります。船乗りOBの方たちがNPOをつくって、船のガイドを観音崎でしていただければいいのにと思っています。艦船ガイドについて、いくら活性策を提言しても役所は動きません。これだけの観光資源を前にもったいないこと、ああもったいない!

軍港観光は「トライアングル」へ

横須賀軍港観光を「トライアングル」が行っています。
電　話：046−825−7144
FAX：046−825−7143
URL：http://www.sarusima.com
メールアドレス：tryangle@sarushima.com
「猿島航路」で検索してください。海自OBもおられ、日米の軍艦についても詳しいガイドがしてもらえます。

海辺での遊びは花火とバーベキューだけなのか

海辺に自然が残る猿島や観音崎に行って思うのですが、海に来る人は昼のバーベキューと夜の花火しか「海での遊び」を知らないのでしょうか。

海辺で仲間と飲み食いするのは楽しいことですが、いつもそれだけでは海に来た甲斐がないですよ。浜での花火については、他人の迷惑を考えずに花火をやるような人が本書を読むとは思えませんから、特にコメントしませんが……。

海辺で飲む食べるにしても、バーベキューだけでなく地物食材を使ってのダッチオーブン料理とか、アウトドアで楽しめる料理はほかにもあるんじゃないかと思ってしまいます。

海を覗いてみましょう

これから、実際に海の生き物を楽しく見ることについて紹介します。

潮が引いた時の磯観察は昔から行われていました。今でも横須賀では（財）観音崎自然博物館や横須賀市立自然博物館主催で磯の観察会が行われています。

磯の観察は、晩春から夏にかけて潮が引いた時のいわゆる潮間帯の生き物観察です。地球の公転の関係で、日本では春から夏は昼間に大きく潮が引きます。春の潮干狩りはこれに関係しています。

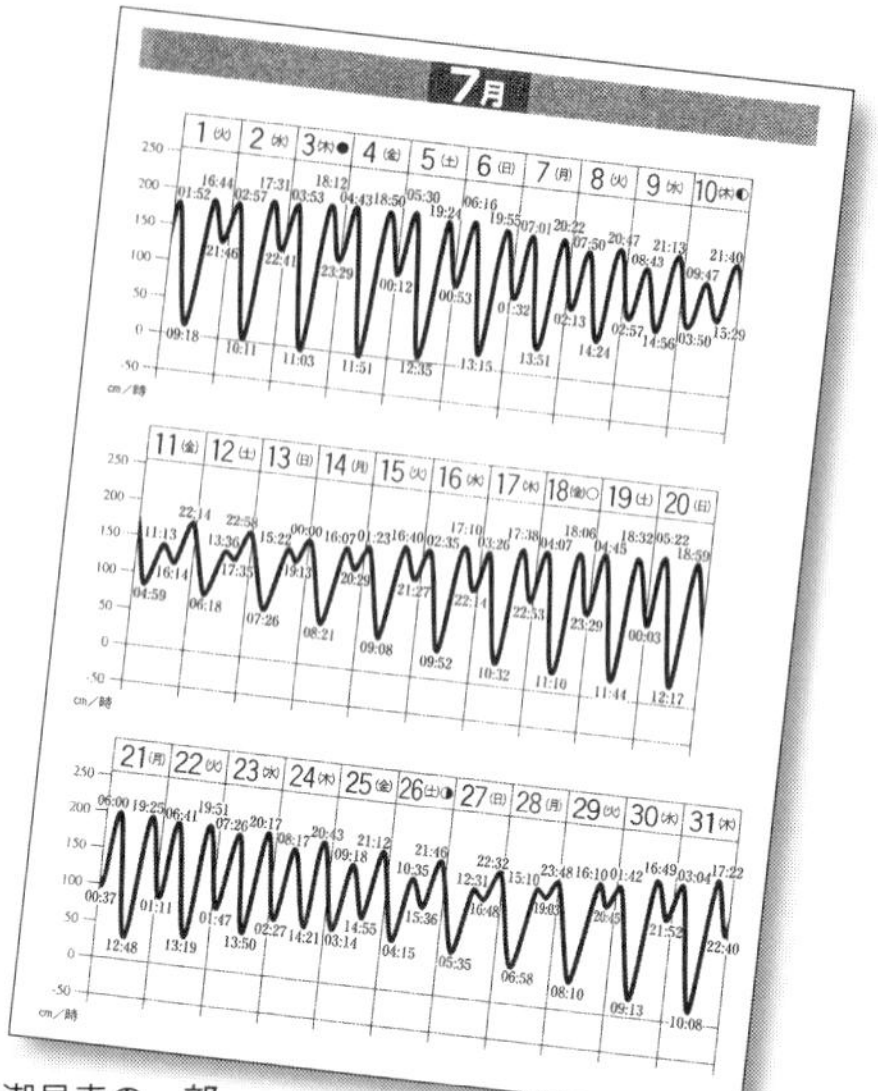

潮見表の一部
資料提供：つり人社

晩夏から冬は夜潮と言われるように、最大干満が夜に移ります。ですから、この時期は昼の潮間帯観察はやりにくくなります。また、寒くもなるので観察向きではなくなります。プロの場合は、これに合わせて夜潮が引く冬の夜中に採貝に行くことがあります。なお、東京湾の最大干満差は約２ｍです（５ページ写真参照）。

磯はイラストのように飛沫帯、潮間帯、潮下帯と３つに分けられます。

潮が引いて干潮になった時点の水面位置を低潮線（干潮線）と言い、潮が満ちて満潮になった時点の水面位置を高潮線（満潮線）といいます。この２つの線に挟まれた範囲が潮間帯です。

潮間帯は上げ潮になれば海水に浸かるので、観察は大潮（新月と満月を挟む数日）の引き潮時を選びます。したがって、月に数日しか観察に適する日はありません。

磯の生き物は飛沫帯のカメノテやフジツボから始まって、イソギンチャクや草食性の巻貝、イボニシなど肉食

潮間帯

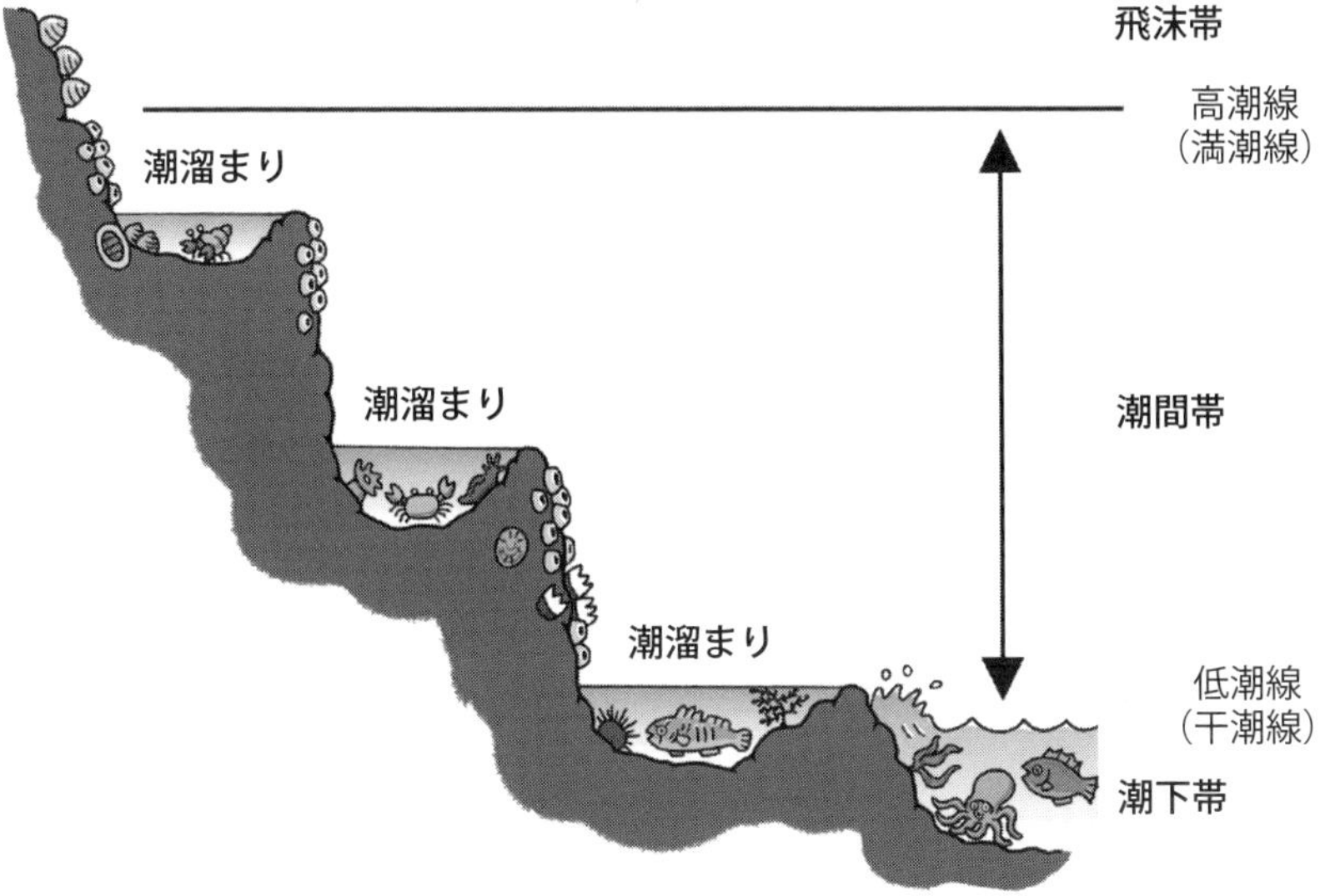

潮溜まり観察の様子

系の巻貝、そして地味なコケムシの仲間や種々の海藻などが見られます（4、5ページ写真参照）。

ガイドがいちばん重要

磯の観察の時もガイドが必要です。というより、ガイドがいちばん大切です。ガイドのレベルが低いと、生態系や環境との関係についても理解が深まりませんし、第一、話に飽きます。よいガイドを選んで同行することがいちばんです。そうすれば海で遊ぶ楽しみは倍加します。

今、猿島や観音崎では、自然ガイドができる人の養成をしていく段階に入りました。ご希望の方は私に是非お問い合わせください。優秀なインストラクターを紹介するか、もしくは都合がつけば私自身が同行いたします（費用は相談）。ただし、何十人もの人数での磯観察はお薦めしません。ガイド1人につき、観察者は1人からせいぜい5人程度までがいいでしょう。

春から夏の磯観察は泳いだり潜ったりする必要がないので、磯に降りられる体力のある方ならどなたでも観察可能です。ただし、これから紹介するシュノーケリングでの観察に比べるとダイナミックさには欠けます。

潮間帯の観察グッズ

できればマリンブーツ、なければ運動靴持参。素足やサンダルは怪我をするので絶対に不可。そして、脚の保護には濡れてもいいトーレーナーがお薦め。上着はその日の気温によります。夏は日射病対策に、帽子と十分な水分持参に気を配ることです。軍手もあったほうが怪我をしないで済みます。磯は滑りやすく、岩にはフジツボなどがびっしり付いているため、不用意に手を着くと水でふやけた皮膚は簡単に切れます。ガイドが付けば基本的な注意事項の説明をしてもらえます。

「親水」から「遊水」へ

東京湾沿岸部もここ20年程で都市化し海と触れ合えなくなったことから、「親水」とか「親水性」ということが言われだし、沿岸の自治体にも親水施設ができています。

しかし、親水の多くは岸から海を見るだけで、あとはせいぜい釣りを許す程度で、手や体を海に浸けたり、あるいは水に触れたりすることを想定していません。親水施設は東京都や横浜など、湾奥部の大都会向けのものと言ったほうがよいかもしれません。

「遊水」とは、私たちが横須賀から発信しているキーワードです。東京湾の玄関口に位置している横須賀としては、まず釣りは当たり前で、シュノーケリングをしたりカヤックで海に漕ぎ出すなど、海と遊び、海の中に体を入れることを提唱しています。

シーカヤックで生物観察地へと向かう。背景は米海軍の浦郷弾薬庫で、その奥は海上自衛隊の基地がある長浦港。横須賀ならではの沿岸風景

横須賀は２００５年に、それまでの開発型の港湾計画を大改正して環境共生型の港湾計画を策定し、戦前からの埋め立てが進んだ追浜や長浦地域を「再生のエリア」と位置づけました。現行港湾計画は理念的には市民が積極的に海と触れ合うとしていますが、なにせ実態は「海の手前・文化都市」ですから、具体的アクセス策がまだ講じられていません。そこで、民間先行で、体ごと海に出て本当に触れ合う機会を持ち、また海に乗り出してズバリ遊ぶことを提言しています。それが遊水の思想です。磯、浜、アマモ場がある横須賀ならではの、海での遊びです。首都圏でこれができるのは、横須賀を含む三浦半島と房総南部しかありません。

海に体を浸けてさあどうするか。これからシュノーケリングについてご紹介します。

シュノーケリングで海を覗く

水中メガネ（マスク）とシュノーケル、フィン（足ヒレ）を着けて海面を移動し、自分の目で海の生き物を見ることがシュノーケリングです。シュノーケリングはスキンダイビングと違い、潜るところまではいきません。素潜りについては次項でご紹介します。

シュノーケリングをすれば、今注目のアマモ場を下に見

ながら水面を移動することができます。泳いでいるボラやクロダイも目にすることができます。磯や潮溜まりに行けば、多くのベラやウミタナゴ、メバルなどの小魚を見ることができ、また、足が着くような浅い岩礁地帯でもたくさんの魚を見ることができます。

しかも、6月から11月までの期間はお金をかけて遠くの海に出かけなくても、横須賀沖の猿島や自然度が豊かで外洋と内湾両方の海域を持つ観音崎では、トロピカルフィッシュや温帯性のカラフルな魚も見ることができるのです（230ページ以降参照）。

なお、シュノーケリングは昔なら、腕白小僧やお転婆娘がガキ大将について見よう見まねで10分かそこらでマスターしたものです。でも、最近は幼少期から海に親しんでいる人が少ないため、初めての人はガイドから基本的な器材の扱いや動作の仕方を習ったほうがいいでしょう。

私が紹介するガイドはシュノーケリングを丁寧に教えることができます。実は、技術やスキルを教えることのほうがむしろ簡単で、生き物ガイドこそ、そこの海に精通する専門性はもとより話術と博識ぶりまでもが求められます。

横須賀の海を覗きたい方は、どうぞお問い合わせください。

潮溜まりは海の覗き窓

猿島には、南東側の「おいもの鼻」に観察に適した大きな潮溜まりがあります。

潮溜まりとは満潮から干潮になった時に現れるくぼみのことで、潮が引いたあとそこに海水が残るところです。潮溜まりとはいいネーミングで、英語でもタイドプールと言います。そこには逃げ遅れた魚や、一生この潮溜まりで過ごすアゴハゼなどもいます。潮溜まりを見るとその海の様子がわかることから「海の覗き窓」とも言われます。以下、4〜6ページの写真も参考にしながらお読みください。

潮溜まりの海藻を見ると、光合成によりたくさんの酸素の気泡を付けている様子がわかります。手で海藻を揺らすと泡が立ち上がり、海の生き物が地球へ酸素を供給していることを実感できます。また、岩には多くの微細藻類が付着しているので、手でこするとスパークリングワインのように気泡が海中に湧き立ちます。海藻一つとっても実に様々な種類があり、それらがいかに、私たちが必要とする酸素をつくっているかがわかります。

潮の満ち引きは基本的に6時間ごとに繰り返されるので、やがて潮が満ちて潮溜まりにも海水が流れ込んできます。すると、フジツボやカメノテなどが待ってましたとばかりに蔓脚《まんきゃく》をせわしなく動かし、海中のプランクトンやデトリタス（海洋生物の破片・死骸などの分解物）を取り込み始めます。これは海の浄化作用の一種で、その様子がよくわかります。

いろいろな生き物が酸素をつくり出したり浄化の役を果たしたりしながら、それぞれが連携してこの地球環境を守ってくれているのです。種の多様性の重要さが指摘されるのはそのためです。しかし、この安定した生態系のバランスは非常に微妙なので、種の多様性を保てる環境を維持することが大事なのです。

夏は水着1枚でもシュノーケリングや潮溜まりの観察ができます。しかし、東京湾という首都の海は第1章で指摘したように、生活排水がたくさん流れ込んでいるの

猿島

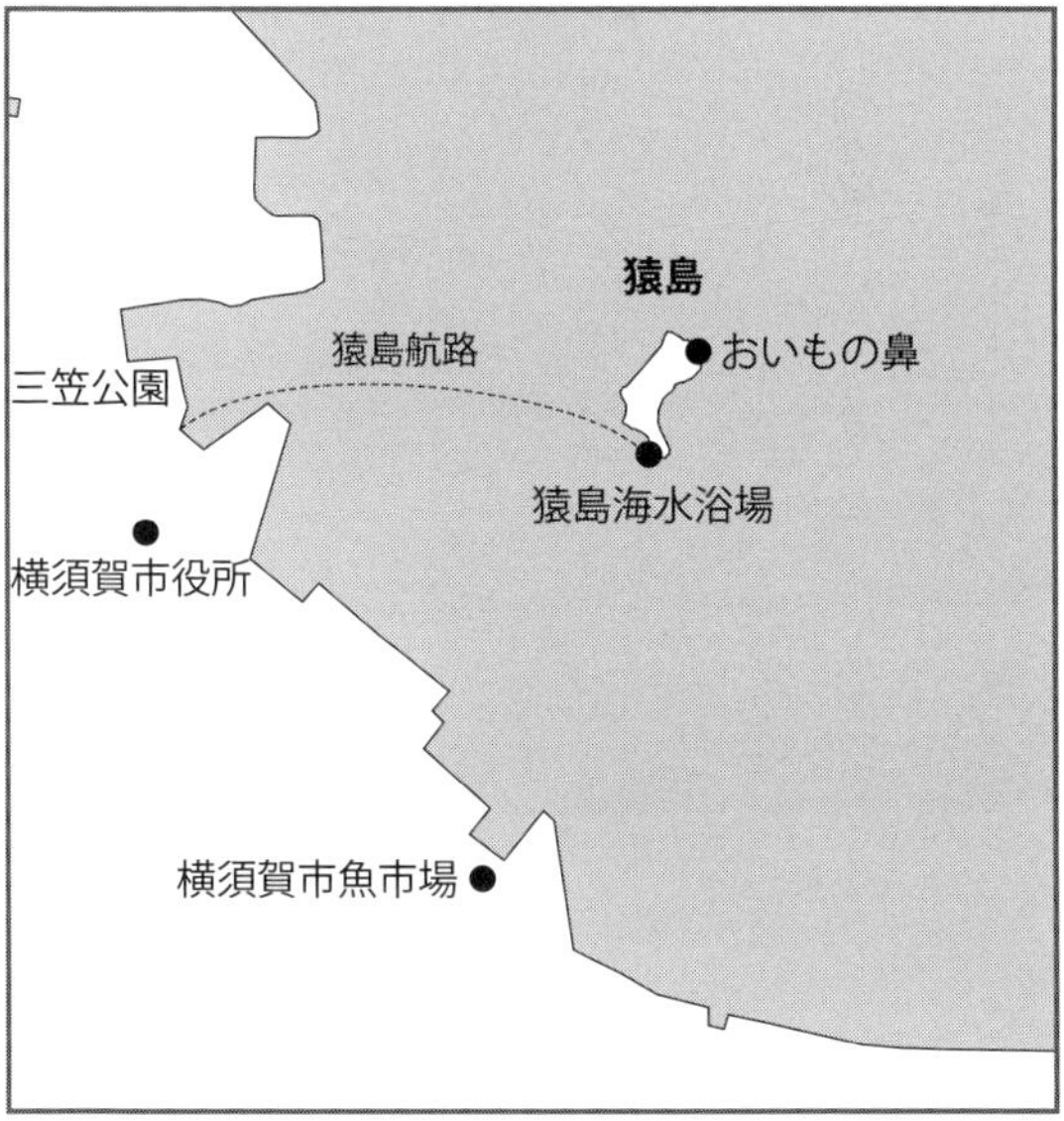

で、その栄養分を基にプランクトンが大増殖します。また、人が海に行きたくなる夏は水温が高くなるので、赤潮というプランクトンの大増殖現象がいっそう発生しやすくなります。年によっては夏休み中ほとんど濁っていることもあります。ただ、夏の暑い時などは太平洋高気圧が張り出し、南風が強く吹いてその濁りを湾奥に吹き送るので、横須賀側の海はきれいになります（代わりに湾奥では青潮の温床となる）。

赤潮プランクトンにもいろいろな種類があるので海の色も変化します。赤潮プランクトンを顕微鏡で見るのも新たな知識を得るよい機会です。このプランクトンが魚のうまさの根源でもあるのです。しかし、赤潮の中では気持ちよく生き物を観察することができません。これが夏の東京湾観察における「しゃくの種」なのです。

秋の海こそ最高

実は、観察に最も適しているのは秋の海です。

9月中旬から10月いっぱいは水温が徐々に下がりだし、24℃から最低20℃ぐらいになります。赤潮も湧きにくくなり水が澄み、夏にやってきた温帯性の魚やトロピカルな魚と出会える確率も高くなります。

日本人の行動様式の中にカレンダーが刷り込まれているのか、9月に入るとピタリと海に入る人が少なくなりますが、夏に暖まった海水温は、9月いっぱいは夏の海の水準を十分保っています。「誰もいない海」でトロピカルフィッシュを見るのは実にいい気分です。なにも高いお金を出して遠くの海に行く必要はなく、横須賀で十

シュノーケリングを覚え水中観察をする小学生（深浦湾入口）

分生き物の観察を楽しむことができます。

ガイド付きで是非、横須賀の海を覗いてみてください。

そして、もし海に〝ハマッたら〟ウエットスーツを是非買ってください。沖縄に1回行くのを我慢すれば買えます。水は陸の25倍熱を奪うといいますから、ヒートロスは体に響きます。唇が紫色になった状態では、いくらきれいな魚を見ても感激できないでしょうし、どんなにためになる話を聞いても上の空でしょう。第一、体調を壊す原因となります。

シーカヤックで移動しながら海を見る

猿島や観音崎では単に1カ所でシュノーケリングをするのではなく、これにシーカヤックを組み合わせた方式が21世紀型・首都の自然海に親しむ方式だと思います。

アマモ場を見てから岩礁に行く時や、人が降りていけない浜や磯に回る時はシーカヤックによる移動が理想的です。なにせ20㎝の水深があれば移動できます。猿島や観音崎は徒歩では降りていけない場所もかなりあり、人のいない浜に着けば、あたかもプライベートビーチのような感覚で独占的に周囲の環境を楽しむことができます。

シーカヤックはシットオン型と、スピードが出て長距離をこなせるタイプの2種類があります(カヌーとカヤックの分類には諸説ありますが、ボートのようにオープンになっているのがカヌー、コクピットのように席が分かれているのをカヤックと一般に称するようです)。

シットオン型カヤック

一般的な2人乗りシーカヤック

夏などはシットオンタイプの方が楽しみやすいですが、風が吹くと逆らって漕ぐのには腕力がすごくいるので、私はある程度の距離を漕げるタイプを薦めます。

なお、シーカヤックは川のカヤックとは違うので、よほどバランス感覚の悪い人でない限りそう簡単にはひっくり返りません。また、東京湾は外洋と違い大きなうねりや高い波がないので、初心者でも安心して移動することができます。

そして、当然ここでもよいガイドが必要になります。特にカヤック、シュノーケリングの場合は博学と話しぶりだけでなく、安全面の管理やレスキュー技術も求められます。海の達人級からガイドを受ければ本当に楽しいものとなるでしょう。

スキンダイビングについて

シュノーケリングは救命胴衣を着けて移動するので、基本的には海を水面から下に見ることができ、足が着くほどの浅瀬の岩場では魚を平行に見ることができます。しかし、ある程度海に慣れたら潜ってみたくなるのが人情です。

いわゆる素潜りをスキンダイビングといいます。この頃はシュノーケリングと明確に分けるようになってきました。

スキンダイビングでは、浮上した時のシュノーケルを使った呼吸法と、水平の泳ぎから垂直に潜る泳ぎ方をマスターする必要がありますが、海が好きなら20～30分で苦もなく覚えられます。数m潜るだけでも出現魚種は格段と豊富になるので、スキンダイビングができれば海の生き物をもっと知ることができ、いっそう楽しくなります。なお、海中を数m以上潜るには、鼓膜に対する水圧の調整のために「耳抜き」が必要になります。しかし、とにかく海の中を覗いてみてください。

ウエットスーツを着用すれば、5月から11月末までの半年間楽しむことができます。

スキンダイビングを覚えれば、リピーターになったり仲間で海に来たりするようになり、そしてさらにハマレば、スキューバダイビングも視野に入るようになるでしょう。私はスキューバダイビングがいちばん海の観察に適していると思いますが、スキューバはまるで違う教育を受ける必要があるのと、器材その他でお金が桁違いにかかるので、本書では触れません。

海での危険な生物

ここでは、海に出た時に気を付けなければならない生き物を紹介します。

危険な生き物とは、こちらが何もしなくても、うっかり触ったりした時に、毒を持った刺胞や針で刺す生き物のことを言います。

最もおじみなのはクラゲですが、東京湾内湾ではアンドンクラゲとアカクラゲが危険なクラゲです。これらのクラゲにやられると結構しびれます。ウエットスーツを着ていれば安心ですが、シュノーケリング時に露出する部分は唇周辺ですから、ここを刺されると翌日会社に行った時、質問が集中すること間違いなしでしょう。ミズクラゲの毒は弱く、よほど皮膚の弱い人でない限りは触れても害はありません。

なお、カツオノエボシのような超《ちょう》弩《ど》級《きゅう》の外洋性毒クラゲは東京湾内湾部にはまず来ません。ご安心ください。

アンドンクラゲ

毒針を持つ魚や強力なハサミを持つカニ類

魚の中には、向こうから寄ってきて刺す悪党はいません。こちらがむやみに手を出した時、毒針を持った魚は、触れるなら触ってみろという泳ぎをします。だから、刺されたなら刺されるほうが悪いのです。

沿岸域での毒針を持った魚はゴンズイ、ハオコゼ、少し深場では本格的な毒を持つオニオコゼなどがいますが、これらに出会うのは素潜りのうまい人やスキューバダイバーだけでしょう。むしろ、釣り上げた時や、釣り人が無責任に捨てたものを踏んだり触ったりした時に痛い目に遭うことのほうが多いです。

毒針を持つ魚で珍しいものにはハチ、ミノカサゴなどがいますが、美しく優雅に泳いでいます。東京湾内湾では出現する機会は少ないので出会えればラッキーです。

意外に気が付かないのですが、触ると被害が出るものに植物に似たヒドロ虫のシロガヤがいます。シロガヤは潮下帯の

シロガヤ

浅いところにもいるので、シロっぽいトゲトゲした海藻のようなものを見つけたら要注意です。クロガヤは少し深いところにいるので、スキンダイビングをしない人は大丈夫です。これらに触れると激痛はないものの、傷は数日間残り、痛がゆいようですが、その程度は皮膚の丈夫さに左右されるようです。

ヒョウモンダコなども東京湾内湾にはまずやってきませんが、けばけばしい色で警告しているので触らないことです。陸でも海中でも、あまりにケバイ(けばけばしい)のに手を出すと痛い目に遭うのは共通のようです、ハイ。

毒は持たないが、挟まれるととてつもなく痛いのがカニの類です。

岩礁部にはイシガニがいます。この頃、姿を見ることがめっきり少なくなりました。食べるととてもおいしいのですが、戦闘力ではカニの中で最強です。写真のような威嚇ポーズをとりますから、これを素手で捕る人はまずいません。中学時代2、3度挟まれましたが、かなりききます。なお、このワタリガニ系のハサミにはほと

んど死角がなく、相手は真剣ですから、ほぼどこをつかんでも攻撃されます。いちばん後ろにあるオールのようになった脚を持ち上げた時だけが、唯一挟まれない態勢です。ワタリガニ系はそれなりの戦闘力を持っていますが、捕まえようとしない限り攻撃はされません。あくまで専守防衛です。

攻撃的なワタリガニ類。交尾中であるが雄が威嚇している

ウエットスーツは必需品

海の中がいちばんにぎやかで、かつ透明度が回復し気持ちよく泳げるのは秋の海と書きました。海水は冷めにくいのですが、水温は8月に最高温度（25〜26度）に達したのちだんだん降下し、10月になると22〜23度まで下がります。ここまで来ると、皮下脂肪がよほど厚くないと水着1枚では泳げなくなります。水は空気の25倍、熱を奪うと言われており、水による寒けは体力を急激に奪います。また、日差しも弱くなるので、陸に上がった時、気化熱で体温を奪われ余計寒さを感じてしまいます。

ですから、この時期海に入るにはウエットスーツは必需品です。クラゲとの接触防止や、海水でふやけて傷つきやすくなっている皮膚の擦り傷防止のためにも、ウエットスーツはお薦めです。また、浮力も同時に確保されます。３つの点からウエットスーツは海観察の必需品です。

ウエットスーツは生地厚が３㎜と５㎜のタイプがありますが、秋の海に入るための最初の1着なら５㎜のワンピースがいいでしょう。既製のものもありますが、本来オーダーメイドでないと体にフィットしません。ダイビング量販店に行ってうまくサイズが合うのがあれば「吊るし」でもけっこうですが、少しでも合わないと隙間が多くでき保温性が落ちたり、反対に窮屈でストレスを高めたりするので、オーダーが安心です。オーダーでも安いものなら3万円程で購入できます。

崩れゆく地産地消を楽しむには

横須賀を「食べる」

さて次は、横須賀で横須賀の味を楽しんでもらう方法と、地物を扱うお店を少し紹介してこの章を締めくくりたいと思います。

横須賀は既に述べたように東京湾内湾と外湾、そして相模湾に囲まれています。東京湾側の東部漁協のことは既に何度か触れましたが、相模湾側には長井漁協と大楠漁協があります。西の海にあるこの2つの漁協も、表が示すように高齢化に著しいものがあります。ですから、入手困難になる前に早めに横須賀の味に接してほしいと思います。

横須賀の漁協

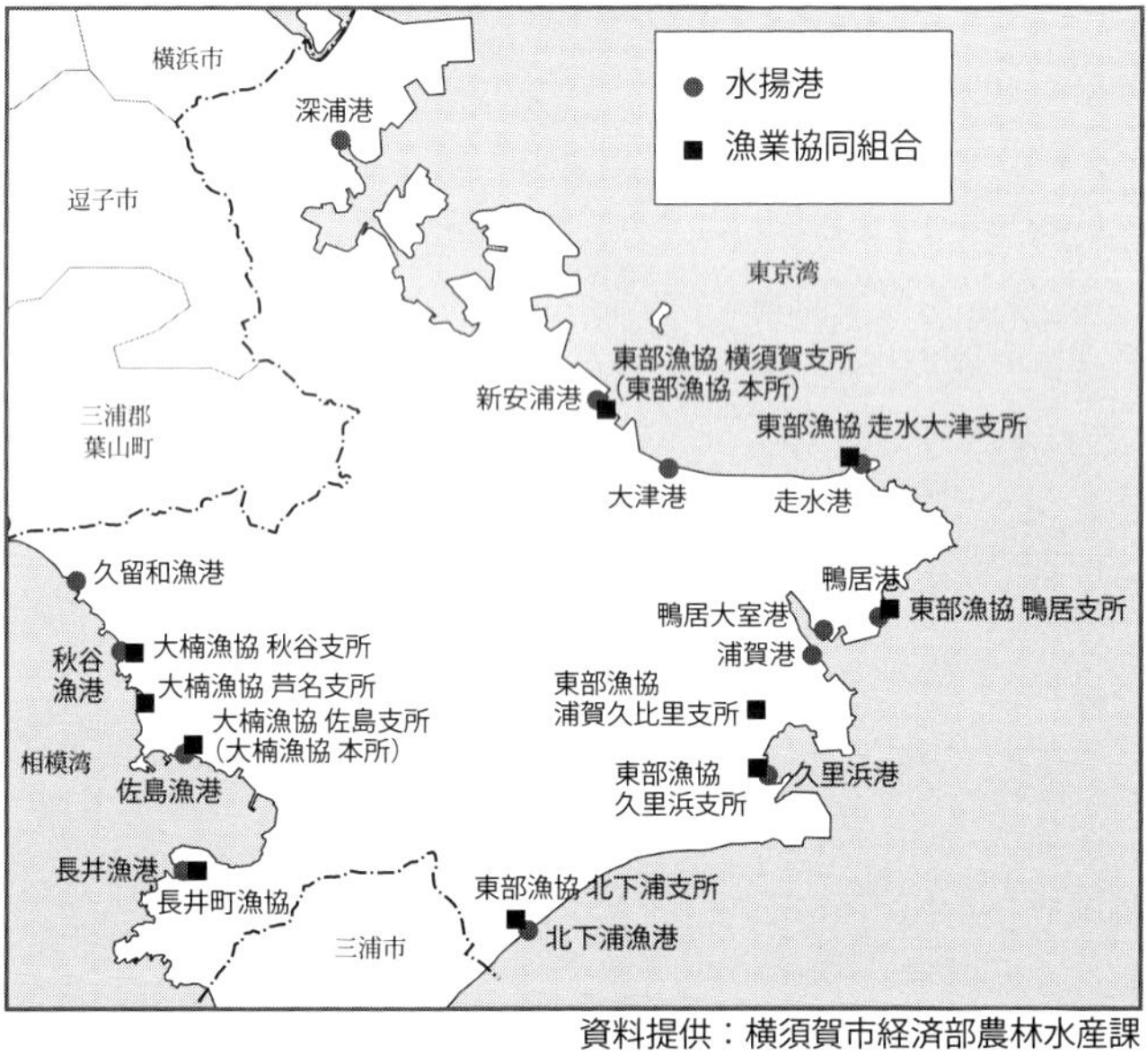

資料提供：横須賀市経済部農林水産課

各漁協別組合員年齢表

2006年12月31日現在（東部漁協は、2007年３月31日現在）　（人）

漁協名		法人	20歳以下	21～30歳	31～40歳	41～50歳	51～60歳	61～70歳	71歳以上	合計
東部漁協	正組合員	1	0	16	41	34	51	72	71	286
	准組合員	0	0	3	0	4	4	4	14	29
	計	1	0	19	41	38	55	76	85	315
大楠漁協	正組合員	3	0	8	15	15	31	52	68	192
	准組合員	2	0	1	9	15	40	40	36	143
	計	5	0	9	24	30	71	92	104	335
長井町漁協	正組合員	10	0	2	11	12	30	61	68	194
	准組合員	5	2	3	12	20	60	77	98	277
	計	15	2	5	23	32	90	138	166	471
計	正組合員	14	0	26	67	61	112	185	207	672
	准組合員	7	2	7	21	39	104	121	148	449
	計	21	2	33	88	100	216	306	355	1,121

資料提供：横須賀市経済部農林水産課

寿司屋の親父、大いに語る

そこで、前著『誰も知らない東京湾』でも紹介した「竹寿司」の主人・加瀬守さんに再登場願い、横須賀の寿司ネタの変化と地物ネタを楽しむコツを語っていただきました。

――竹寿司の始まりと加瀬さんが寿司屋になった時の話から聞かせてください。

加瀬　うちの親父は明治41（１９０８）年に九十九里で生まれて、千葉で魚屋の仕出し料理を学んだり割烹料理屋で修業したりしていたところを海軍に取られて、横須賀に来たんだそうだ。海軍退役後は商船のコックもやってたらしいけど、昭和３（１９２８）年に米《よね》が浜《はま》で屋台の寿司屋を始めたのが竹寿司の始まりで、今年で80年になるんだね。

――加瀬さんは何年生まれで、いつから寿司屋に。

加瀬　昭和20（１９４５）年の３月生まれで、昭和35

（1960）年に店で見習いに就いたわけ。その頃、板前は2、3人いてカウンターで寿司を握ってたね。見習いだから、横須賀の市場などに親父のあとをついていった。

——その頃、地元の魚市場にはどんな江戸前ネタがあったのかしら。

加瀬　エビはクルマエビはもちろん、シンチュウエビ（フトミゾエビ）やクマエビなんて、ごろごろしてたね。茹でちゃうと赤くなって見分けが付きにくいけど、このエビはシンチュウとか特に言わずに出していたね。地物だというのは皆知ってたはずだよね。ハマグリも千葉あたりからいっぱい来てたよ。それにミルガイは一斗（18ℓ）缶で並んでた。タイラガイもたくさんあったね。

——今では信じられないことは。

加瀬　アンキモなんて知らないから、アンコウの肝なんて捨ててたね。ボラのカラスミも同じで、つくり方を知らないから蹴っ飛ばして歩いてた。今思えばもったいないことをしたね。

——今の寿司屋だと江戸前ネタが少ないからマグロのトロとか、イクラだウニだボタンエビだと、北の海のものがけっこう入っているけど当時は。

加瀬　冷凍技術ができる前のマグロのトロは高かったね。トロは食べ始めていたけど、この辺で冷凍せず捕ってくるので多いのはメジマグロだからね。あと、昭和35年頃では冷蔵庫はまだ氷の冷蔵庫が多かったからね（電気冷蔵庫の普及は昭和40年代から）。氷の冷蔵庫用の保存法も習ったよ。それと、北のものなんて流通が今とまるで違うからほとんど来ないよ。その分、地物ネタで十分賄えたからね。やはり地のものが食べられるのが重要じゃない。

——修業はどこでしてたわけ。

加瀬　店で10年程やって、20代後半で東京へ出て大きな寿司屋にも行ったね。その後、転々として千葉や静岡にも行ったことがある。店に入ると、その店の味に合わせるのが板前の仕事なんだよね。30年程前に帰ってきて親父の後を継いだけど、修業中、親父の腕はかなりのものだったことを気づかされたね。

——江戸前寿司を食べるうえで知っておいたほうがいいことは。

加瀬　まず煮物かね。寿司屋で煮物というとハマグリ、アナゴ、シャコ、タコ。昔はタコも煮て、詰めダレを塗って出したんだね。カンピョウも煮付けの味を覚えるうえで肝心だよね。これで板前の味付けの腕がわかる。かっぱなんて、昔はそれ用のキュウリを使っていたんだけどね。この頃は家庭の海苔巻とごっちゃになって、まともな寿司屋で納豆巻なんて言われるとガックリするね。海苔巻でも寿司屋の海苔巻は味が違うんで、始めからカンピョウ巻なんて言われると「おっ」と思うね。

——江戸前伝統の酢の締め方とか昆布締めを楽しむには。

加瀬　光り物を上寿司に入れると怒る人がいるけど、何か勘違いしているね。光りものの酢締めや煮物は江戸前寿司の基本だからね。光り物、たとえばコハダでも、サイズとか旬を考えて酢の漬け具合が違うからね。それとブームに乗ってほしくないね。コハダと言うと何でもシンコって言うけどね、旬や脂の乗り具合を知ってほしい。昆布締めも保存で考えられたと思うけど、東京湾産はもちろんだけど、白身の魚を昆布締めにするとおいしいよね。

——今は廃れた寿司ネタは。

加瀬　昔、コハダには桃色のおぼろを付けて彩りを添えて出したけどね。おぼろづくりが大変だから今はそんなことはしなくなったね。東京あたりでまだ伝統を守っているところがあるかもしれない。

——寿司屋の今後と竹寿司のこれからは。

加瀬　私も、もう63だからね、あと10年くらいかね。鼻水すすって寿司は握れないからね。寿司屋はこれだけの人気だからなくならないけど、本来の江戸前の伝統はどう残るかね。回転寿司やチェーン店は新しくできるけど、昔ながらの寿司は減っているからね。だから、本でも読んでネタのことを知ってほしいと思うよね、テレビを見て知ったかぶりでなくてね。

——最後に、去年の暮れにマスコミが大騒ぎしたミシュランの格付けについては。

加瀬　何か違うんじゃない。20分で3万円以下はないとか、寿司屋は本来そんなものじゃないでしょう。客が自信を持てばいいんです。自分の舌で自分にあった店を選んでくれればいいんですよ。

――息子さんはこの店は継がないのかね。

加瀬　今、よその店に勤めているんで、どうするのか聞いたことはないけどね。でも継いだとしても私と同じにはやらないと思うよ。そん時はそん時かね。

以上が、私の行きつけの寿司屋の親父の弁です。東京湾産にこだわる私としても、煮物や光り物についてのコメントは是非参考にしていただきたいと思います。

地魚を扱うお店へ私からの希望

ところで、江戸前料理や魚介類が大好きな私からお店への注文があります。

まず、食材選定と味付けの駄目な店には通わないのでそれはいいのですが、自分のつくった料理にはどの酒が合うかを勉強しているオーナーや板前が少ないことが不満です。

昔、ある女将にこの話をしたら「私お酒が飲めなくてさあ」と答えたことがありました。この時は心の中でバカヤローと叫んでから「客が飲むんであって、あんたが飲もうと飲めまいと関係ないよ」と言った覚えがありますが、顧客満足度の観点からぜひ考えてください。カキやナマコ、ウニ、ホヤは、うまい日本酒との組み合わせが最高です。また、コノワタやカラスミなど日本の3大珍味も同様で、純米酒との組み合わせによってさらに味が引き立ちます。

今時「純米酒って何」と聞いたり、「一級酒ですか」なんてのたまうお店は論外のあさってですが、どこの国でも日本のどの地方でも、食文化はおいしい酒との組み合わせによって進歩し発展してきました。自分のつくった江戸前料理に合う酒や、お客の好みに合った純米酒を置いてほしいのです。もちろん焼酎についても同じこと

が言えます。これも、甲類・乙類の区別が付かないと困ります。

この頃では、安い甲類焼酎をジャンクな飲料や炭酸で割って味を付ける（サワーと称す）ものが置いてありますが、これでは食べ物の味がわからなくなると心配します。また、この頃どの店でもウイスキーが肩身を狭くしていますが、肉系料理などにはスピリッツの組み合わせも考えてくれれば言うことなしです。

カウンターでは禁煙を

寿司屋のカウンターで煙草を吸わせる店は健康増進法の関係だけでなく、是非やめてもらいたいと思います。そばで吸われると料理の香りがわからなくなるばかりか、副流煙は危険物質が多く含まれているので周りの客に迷惑です。喫煙派には嫌煙に無頓着な人が多いので、放っておかれると「嫌煙」が「犬猿」の仲に変わってしまいかねません。店がお客のために受動喫煙排除を考えてほしいのです。アメリカ的に完全禁煙までは求めませんが、せめて分煙化はしてほしいと思います。カウンターでの禁煙はエチケットであることを普及したいと思います。

また、居酒屋も含めて酒席に乳幼児や聞き分けのないガキを連れてくるのも、いかがなものかと思います。まして、泣かれたり騒がれたりするとガッカリするより、頭に来ます。喧嘩にならないうちに引き上げることにしていますが、ファミレスのような江戸前料理店はご免こうむります。クルクル寿司ならともかく、少なくともあるレベル以上の寿司店や料理屋では客のほうで配慮すべきでしょう。大人の世界に安易に子どもを入れるのは教育上も反対です。これは客のモラル、マナーに関することで、よい客としては周りの客への配慮が必要でしょう。

地産地消もガイドが必要

横須賀は東京湾と相模湾をもつため、西と東で捕れる

魚介類を提供すれば、市民のみならず首都圏の人々にも横須賀の味を安く楽しんでもらえます。横須賀のメイン駅、京浜急行「横須賀中央駅」界隈にも地物を扱う店がそこそこにあります。現状ではどの店がどういうものをいくらで提供しているかは、ネット検索か口コミでしか知る術がありません。

横須賀で地物を楽しんでもらうには、料理店が漁協や鮮魚商と組んで、地物をもっとスムースに流通させる方法が必要です。しかし、漁協は今の流通ルートを変えようとせず、行政は地産地消を口では言うものの実態に合った策を講じていません。

おいしいものを人々に楽しんでもらうために何をすべきかということに、まず市長自らが気づき、行政が先頭に立って店や漁協に協力を求めなければ、皆さんが横須賀のおいしいものを楽しむことはできないでしょう。しかし、いくら言っても効果的に動かないので、この点についてはサジを投げつつあり、あとは個人的に対応するしかないと思っています。

どこに行ったらいいの

これは横須賀だけの問題ではなく、地産地消を標榜している地方都市に行って、そこの観光課などに電話しても「この店はお薦め」とはなかなか紹介してくれません。横須賀市はどうでしょう。試しに電話をしてください。

０４６－８２２－４０００（代）に電話して経済部観光課なり同農林水産課に回してもらい、聞いてみてください。経済部には本書に「経済部で聞くように書いておいたよ」と伝えてあります。うまく答えられなければ、この部は「不経済部」になりますね。

以下に、横須賀で地物を出す店を数店紹介しておきます。お店とは相性の問題もありますので、あくまで参考として掲載しました。

海遊丸

東部漁協で獲れたものを安値で出す居酒屋。東京湾産ミルガイを１０００円以下で食べられるのはここだけ。近

くの漁港までまめに買い付けに行っている。
京浜急行横須賀中央駅から徒歩5分
☎046―825―9200

魚藍亭

生け簀のある地物を出す料理屋。数人～数十人の宴会もできる。ただし、板前との会話を楽しむには店構えとして難しいかも。

横須賀中央駅から徒歩12分　☎046―826―1055

竹寿司

横須賀中央駅界隈に何軒かある本格寿司屋の1軒。私が20数年前から懇意にしているところ。価格が心配なら事前に電話して予算と食べたいものを相談してほしい。
横須賀中央駅から徒歩4分　☎046―822―1119

私なりの新規対応を考えます

そこで私も、消えゆく江戸前の食材と調理を前にして、東京湾産のしかも横須賀でしか口に入らない江戸前の味を知っていただくための機会を、これからつくっていこうと思っております。お1人様や少人数対象でも予算を相談しつつ、しっかりした調理人と組んだ食事の機会を企画してみたいと思います。関心のある方はお問い合わせください。

Ⅳ章　東京湾・横須賀の魚

―こんなにも様々な生き物が棲んでいる

最後に、東京湾にどんな生き物が棲んでいるか見ていきます。横須賀の魚介類図鑑編です。

私が定点潜水観察をしているのは、東京湾の玄関口観音崎から猿島を経て横須賀最北部（横浜市との市境）の追浜までのエリアです。

東京湾内湾にこだわることから、観音崎灯台以北の内湾エリアで潜っています。観音崎沖には黒潮の分支流が海中に入ってくることから、ソフトコーラルやキサンゴ、そして外洋性の美しい魚やブリ、カンパチ、マダイなどのおいしい魚や、1m近いコブダイの成魚が訪れるなど、壊される前の豊かな東京湾を感じさせる海です。

また、アマモ場が展開する小さな入り江、三軒家海岸があり、自然の砂地に多くの魚介類が現れ、岩礁の魚から砂地の魚まで江戸前の魚介類を観察できます。

猿島は東京湾唯一の自然島で、敗戦までは砲台として使われたため海岸線はまったく手付かずで残り、潮溜まりや磯の観察に適しています。観音崎ほど外洋の水が直接当たらないので生物層はやや貧弱になりますが、内湾の富栄養化に対応する生物も見られ、内湾と外湾の特徴を一度に見ることができます。

追浜は大正期から旧海軍によって埋め立てが始まったところで、今や陸から海にアクセスできる箇所はありません。自然再生と海への回帰が求められる21世紀横須賀市の港湾計画も、環境共生型に変更されたことから、私たちは「追浜に浜を取り戻す」活動を2003年から本格化し、その一環でアマモの植栽も行っています。

そこで月に一度の定点観察をしていますが、サザエやトリガイ、タイラガイを発見したりチョウチョウウオに出会ったりと、横須賀最北部まで訪れる魚介類を見つけています。そこで、横須賀の海の全貌をディスカバーして、そこに棲息する魚介類を徹底紹介していくことにしましょう。

魚介類は、砂地の魚、岩礁の森に棲む魚、トロピカルフィッシュ、魚以外（エビ、カニ、イカ、タコ、ナマコや貝類、海藻類）、サンゴ類、の5つに分けて順に紹介します。

●●● 砂地の魚

それでは、まずは砂地の魚から紹介します。

入り江の砂地にはアマモが群生し海中の草原を形成しています。横須賀のアマモ場や砂浜は、20世紀の埋め立て開発により走水以南にしか残っておらず、北下浦海岸を含め、海水浴やボードセーリングを楽しんでいる海の中にはアマモ場が広く展開しています。

アマモはなだらかな砂浜に生えるので、今も昔も海水浴場として利用されています。人が泳いでみたいと思う海岸は、魚も過ごしやすいということなのです。砂地には、浅いところから順にコアマモ、アマモ、タチアマモ、と深さに応じてそれぞれ群落を形成しています。横須賀の走水伊勢町海岸以外ではコアマモは見かけず、アマモ、タチアマモが海中の草原を形成しており、魚介類の産卵揺籃と餌捕りの場となっています。

タチアマモは長くなると5ｍ程にもなり、引き潮時には海面に漂います。通常この光景は船に乗らないと見られないのですが、観音崎三軒家海岸の突堤からは、潮が澄んだ引き潮時に、写真のように、見事な海中の草原の様子を見ることができます。

見事なタチアマモの草原。観音崎三軒家海岸（2005.5）

では、東京湾内湾部入り口の砂地にはどのような魚がいるのか、たっぷりとご覧いただきましょう。

アオヤガラ

本州中部以南の浅海域に分布する。東京湾では幼魚・未成魚が湾口部で時折見られ、横須賀市沿岸においては岩礁や岸壁の潮下帯に稀に出現する。細長いスポイトのような口をもち、小魚や甲殻類を水ごと吸い込んで食べる。幼魚は数尾の群れで行動するが成魚は単独で行動する。夜間や興奮した時には、体に多数の横縞（頭と尾びれを結ぶ線に対し垂直の向きが横縞となる）を現すことがある。全長１・５ｍになる。小笠原の島で１ｍ程のアオヤガラを見たことがある。観音崎では夜のほうがよく見かけた。１９９０年代までアマモ場では横縞が出るアオヤガラをよく見かけたが、この頃は少ない。

漁獲されることはほとんどなく、食用にされない（近縁のアカヤガラは大変美味）。

アカエイ

南日本各地の砂泥底に分布する。東京湾では湾奥部から湾口部までの河口部を含む沿岸から沖合の平場に広く見られ、数も多い。横須賀市沿岸においてもポピュラーな魚で、様々な場所と水深で周年にわたって見られる。胎生魚で、雌雄は交尾をして親と同じ形の子を産む。交尾期は初夏で、沿岸の浅場に重なり合うようにして多数の成魚が集結していることがある。二枚貝や甲殻類など砂泥底の動物を捕食し、捕食したあとの海底には大きな穴が開けられている。尾びれの上には毒をもつ強大な棘があり、刺されると非常に危険。

沿岸域には普通に見られ、夜の海水浴場等の浅い砂地でよく見かける。成魚は深場に多く、ダイバーを見ると砂を舞い上げて逃げていく。追浜海域でもよく見かける。中学生の時、現・海洋開発機構前で背中に子を乗せて表層を泳いでいる親アカエイを見たことがある。昔、横須賀ではよく漁獲され魚屋に並んでいたが、近年は捕らなくなってしまった。他の魚が不漁なのだからアカエイを捕ったら、と思う。海中では20～30㎝の幼魚から1ｍを超す成魚までよく見かける。

底びき網で漁獲され、エイ類の中で最も美味とされ、新鮮なものの煮こごりは非常においしい。

アミメハギ

房総半島以南の水深20m以浅の岩礁の藻場や内湾のアマモ場に分布する。東京湾では湾中部から湾口部の浅い沿岸部で見られ、横須賀市沿岸でもほぼ周年にわたり普通に見られる。産卵期は夏で、雌が海藻などに縄張りを構え気に入った雄を招き入れて産卵し、産着卵を保護する。稚魚は大きな移動をせずに成長し、満1年で成熟する。初秋には浅場の岩礁域で2～3cmの幼魚の群れを見る。夜間のアマモ場で、アマモをくわえて眠る姿をよく見かける。全長7cmに達する。写真はアマモの葉をくわえ流されぬようにして眠っているところ。

漁獲されることはなく、食用にはされない。

イシガレイ

日本沿岸各地の水深30～100mの砂泥底に分布する。東京湾では湾奥部から湾口部までの沿岸部から沖合平場のほぼ全域で見られ、横須賀市沿岸でもほぼ全域で見られるが数は少ない。

産卵期は冬で、湾奥の水深10m以浅の産卵場に集まり、分離浮遊卵を産む。稚魚は春に湾奥の干潟や河口域のごく浅い波打ち際に着底し、夏には全長10cm前後に成長しつつ徐々に深場に移動する。体には鱗がなく、石のようなものが並んでいることからこの名が付いた。全長60cmに達する。

昔、と言っても1970年代前半までは、江戸前のカレイと言えばこのイシガレイを指した。1970年代からの大規模埋め立てで砂地が激減しマコガレイに魚種交代したが、21世紀に入ってからはマコガレイも激減。底びき網漁師を泣かせている。また、イシガレイはヒラメより見かける機会は少なくなっている。

江戸前のイシガレイを出している店があったら是非お試しいただきたい。

底びき網や刺網で漁獲され、刺身や煮付けにして食べる。刺身でも昆布締めにすると、さらにうま味を増す魚だ。

ウミタナゴ

北海道中部以南の日本各地沿岸の藻場や岩礁域に分布する。東京湾では湾中部から湾口部の沿岸で見られる。横須賀市沿岸においてもポピュラーな魚で、低潮線から水深10mまでの岩礁域で周年にわたって見られる。胎生魚で、秋に交尾して初夏に親とほぼ同じ形の稚魚を数十尾産む。成魚になるまで大きな移動はせず、一生を東京湾内で過ごす。夏には何千匹もの群れがいくつもの集団になって泳いでいる。多すぎて他の魚の撮影に邪魔になるほどだが、水温が下がるにつれ数は減ってくる。初夏には卵胎生でお腹を膨らませた雌も多く見かけられ、幼魚から高齢魚まですべてのものが見られる。最大全長30㎝に達する。写真のウミタナゴは臨月なのか腹が大きく膨らんでいる

刺網で混獲され、食用にされる。手をかける用意があれば、すり身にした「しんじょ揚げ」もおいしい。煮付け天ぷらでもいける。身が柔らかいので刺身には向かないが、串打ちで塩焼きでも食べられる。よく釣れる魚でもあり、安価なので家庭料理に向く。

カワハギ

北海道以南の水深100m以浅の砂地に群れで分布する。東京湾では湾中部から湾口部の沿岸部で見られ、横須賀市沿岸でもほぼ周年にわたり比較的普通に見られる。

産卵期は春で、稚魚は流れ藻に付いて長距離を移送され、東京湾には初夏に外海から多くの稚魚が供給される。稚魚はアマモ場やガラモ場で秋まで成長し、全長8㎝前後になると深場に移動する。

底生動物や付着動物を器用についばんで食べ、水を噴きつけて砂の中に隠れた餌を暴き出したりする。また、針にかからぬよう釣りエサをつつきながらエサを取る姿も見かける。

全長30㎝に達する。皮を剥いで調理することから、「身ぐるみ剥がされる」にかけて「バクチ」とか「バクチマケ」と称する地方もある。

刺網で漁獲され、近年は釣りの対象魚としても人気が高い。刺身や煮付けなどにして美味。フグ科の魚でフグに近い味がするので「肝和え」が〝フグ的〟に楽しめる。ほかに、鍋にも合う。

ガンギエイ類

青森県以南の水深20～80mの砂泥底に分布する。東京湾では湾中央部から湾口部にかけての沖合平場で見られるが、数は少ない。東京湾にはメガネカスベ、コモンカスベなど数種類の近縁種がおり、写真からの同定は困難。

いずれの種も卵生で、長方形の革質の殻をもった卵を産み、夏から秋の海が荒れたあとなどに海岸に打ち上げられることがある。

ソフトコーラルを探しに水深12～13mのところを〝索敵〟していた時に発見。34年間潜水しているが撮影できたのはこの時が初めて（２００７年夏）。

底びき網で漁獲され、食用にされる。

キュウセン

琉球列島を除く北海道南部以南の砂礫域から岩礁域に分布する。東京湾では湾中部から湾口部の沿岸岩礁域で普通に見られ、横須賀市沿岸でも冬を除いて普通に見られる。雌雄で体色が異なり、雌は赤みが強く、雄は青みが強い。雌から雄へ性転換する。写真では手前のやや緑色のが雄。

昼は群れをつくって活発に泳ぎながら餌を探し、夜は砂の中に潜って眠る。砂から頭だけ出している姿を何度か見かけた。ウニや二枚貝を割ってやると何十匹も集まって、またたく間に食い尽くす。岸近くの岩場に多いのでシュノーケリングでも簡単に見ることができるが、12月になり水温が15度まで下がると姿を消す。大きなものは全長30cmを超える。

刺網で混獲される。西日本ではギザミと呼ばれ普通に食卓に上る。関西の居酒屋では安価で提供されるので、あちらへ行ったら試してほしい。関東ではハデな色の魚はあまり食さないが、まずくはない。白身で淡泊なので天ぷら、唐揚げがおいしい。塩焼きはまあまあで、漁師の家ではよく煮付けにされた。夏から秋にかけてよく釣れるので、邪険にせず食べてほしい。魚屋ではほとんど扱われない。

クサフグ

青森県から沖縄までの浅い沿岸域に分布し、時折、淡水域にも進入する。東京湾では湾奥から湾口部までの沿岸部のほぼ全域で見られ、横須賀市沿岸でも周年にわたってごく普通に見られる。

6～7月の大潮の満潮時に、渚に集団で打ち上がる特異な産卵行動がよく知られている。東京湾では観音崎の多々羅浜《たたらはま》での産卵が有名で、観察会が行われている（問い合わせは観音崎自然博物館へ）。

砂に潜って休息している様子がしばしば観察される。夜のアマモ場の砂地では、これでもかというほど多数が砂地に潜っている。釣りの外道としてよく釣られるが、鋭い歯で糸を切ったり針を折ったりするので、釣り人に嫌われる。全長15㎝まで。

卵巣、肝臓、腸は猛毒で、皮膚は強毒、肉と精巣は弱毒で食用にならない。

20年程前に大阪で、クサフグを和カミソリで割いてもらい食べたことがあるが、フグなのでそれなりにおいしかった。その人曰く、関東のクサフグは毒が強烈なので食べないほうがいいとのこと。私は好奇心の強い方だが、命を懸けてまで食べるものでもないので、東京湾のクサフグは食べたことはない。

クダヤガラ

相模湾以北の本州と日本海各地、瀬戸内海の藻場に分布する北方系の魚類。東京湾では数は少ないが湾口部で周年見られ、横須賀市沿岸には潮下帯の岩礁域に時折出現する。

トゲウオの仲間で日本には1科1属1種のみ。北日本ではマボヤの体の内部に産卵するとされているが、東京湾周辺における産卵生態は不明。初夏に幼魚の群れが現れることから、産卵期は冬と思われる。全長14㎝。

漁獲されることはほとんどなく、食用にされない。1980年代や90年代にはアマモ場で数十匹の群れを見たが、2007年11月、久しぶりにアマモ場で100匹程の群れを見た。

クラカケトラギス

千葉県および新潟県以南のサンゴ礁域を除く浅海から大陸棚上の砂泥域に分布する。東京湾では湾中部から湾口部の沖合平場に周年見られ、横須賀市沿岸では観音崎以南の10m以深の砂底で見られる。東京湾ではトラギス類が数種見られるが、体側に並ぶY字型の斑紋により区別される。全長25cmになる。

普通は底びき網で混獲されるが、鴨居にはこれを延縄漁で捕る人が1人だけおられる。天ぷら、フライにすると最高においしく、天ぷら文化の江戸前料理に向く魚だ。ちなみに、このフライを一度食べると、他のあらゆる魚のフライはすべてまずく感じる程だ。

味がよいので、知り合いの寿司屋でネタに試したところシロギスよりおいしく、酢締め、昆布締めもいけた。

１９６０年代後半、西武不動産が馬堀・大津海岸を埋め立て住宅地にしたが、同所はかつて横須賀最大の海水浴場であり、また最大のアマモ場が広がっていた。そこで多獲されたクラカケトラギスは魚屋でも普通に扱われていた。おいしい魚の育つところを埋め立てたので、おいしいものが食べられなくなったのが、つくづく悔やまれる。

クロウシノシタ

北海道小樽以南の沿岸の浅所や内湾の砂泥底に分布する。東京湾では湾中部から湾口部までの沿岸部で見られる。横須賀市沿岸ではほぼ全域で見られるが数は多くない。

口が著しく湾曲しており、頭部は独特の形となっている。砂の中に潜む多毛類（ゴカイ）などを捕食する。東京湾の浅所で見られるウシノシタ類の中では最も普通に見られる。全長35cmに達する。

アマモ場域の砂地に多い。その形から波紋に沿って砂に隠れていることが多い。夜行性でアマモ場のナイトダイビングでよく見ることができる。

底びき網や刺網で漁獲される。いわゆるシタビラメでムニエルや煮たりして美味。

コスジイシモチ

東京湾から南西諸島までの沿岸岩礁のやや深所に分布する。東京湾では秋に湾口部の低潮線から水深10mまでの岩礁域や岸壁域に幼魚が現れる。

横須賀では追浜まで分布するが観音崎周辺の岩礁域に幼魚が多く見られる。

幼魚は群れで底近くに定位し、流れてくる動物プランクトンなどを捕食する。美しい観賞魚だが横須賀では未成魚まで。12月下旬には姿を消す。成魚は全長14㎝になる。漁獲されず、食用にもされない。

シマウシノシタ

北海道南部以南の水深100m以浅の砂泥底に分布する。東京湾では湾口部の沿岸部から沖合平場で稀に見られる。横須賀市沿岸においては砂浜やアマモ場で稀に見られる。体にあるシマウマのような横縞模様が特徴。成魚で25㎝程の大きさ。

ウシノシタの仲間は海底面から泳ぎ上がることがないが、特に本種は、背びれと尻びれを波打たせて海底上を歩くように移動する。全長25㎝になる。けっこう派手めの縞模様なのですぐにわかる。これも夜のアマモ場域に多い。この模様も、アマモ場でのカモフラージュ向きにできたのかもしれない。

漁獲されることは少ないが、シタビラメの一種で肉厚。刺身にもでき美味。煮てもよい。ムニエルが一般的だが地場ものを扱う魚屋さん、スーパーなどで見つけたら是非買って食べてほしい。

ショウサイフグ

東北以南の日本各地の沿岸に分布する。東京湾では湾中部から湾口部で見られ、横須賀市沿岸においても数は少なくない。水深10～20m前後の海底付近に群がっており、時折、中層から表層に泳ぎ上がって捕食する。餌は底生生物から遊泳性の小魚まで幅広い。

秋には富津岬の南側に広がる水深10m前後の浅場に濃密な群れが形成され、釣り船は「寄りフグ」と称してこれを狙うが、産卵に関係した行動だと考えられている。東京湾のフグ釣りの対象はほとんどが本種である。

外洋性が強いらしく、観音崎より北の内湾部ではあまり見かけない。昼でも夜でも見かけるが、群れはほとんど見ない。

肉は一般に無毒であるが弱毒の場合もある。卵巣と肝臓は猛毒で、皮膚と腸は強毒、精巣は無毒。

横須賀を含め東京湾沿岸で、東京湾産のふぐを食べさせるところをご存知でしたら、お知らせいただきたい。

シロギス

北海道南部から九州までの浅い沿岸域の砂底に分布する。東京湾では湾中部から湾口部までの沿岸部から沖合平場のほぼ全域で見られ、横須賀市沿岸においても周年にわたって普通に見られる。

産卵期は夏で、着底したばかりの稚魚は8月以降、砂浜の波打ち際やアマモ場に現れ、初冬には全長10cm前後に成長して深場に移動する。満2歳で産卵し、寿命は5年前後で全長30cmに達する。

海底近くを小さな群れで泳ぎ回りながら餌を探し、多毛類（ゴカイ等）や小型甲殻類などを吸い込んで食べる。驚くと、頭から砂の中に突っ込んで隠れる習性がある。また、休む時も砂の中に潜る（9ページ写真参照）。

釣りの対象として広く親しまれ、底びき網や刺網で漁獲され、天ぷらや刺身にして美味。寿司ネタにもなる。

スズキ

日本各地の内湾から岩礁域に分布し、幼魚は汽水域から淡水域に進入する。東京湾では湾奥部から湾口部までの全域で見られ、横須賀市沿岸においても多い。観音崎では、時に水深10ｍ以深の岩礁部で数十匹の成魚の群れを見ることがあり壮観だ。夜、昼関係なく餌取りにアマモ域にも入ってくる。２００７年の夏の夜に、10㎝程度の幼魚を三軒家の海水浴場の波打ち際でよく見かけた。

産卵期は冬で、北下浦から剣崎沖に大産卵場が形成される。約1カ月の浮遊期を経た稚魚は湾奥から湾中部の干潟や藻場に着底し、夏頃までごく浅い場所で成長する。満2歳で全長40㎝前後に達したものは成熟して産卵に参加する。寿命は10年以上で全長1ｍを超える。

魚類、甲殻類や多毛類を丸呑みし、シーバスとも称されルアー釣りでも大変人気がある。写真は餌捕りに来たのか、アマモの中から顔を出した時に出会い頭で撮影したもの。通常は警戒心が強く撮影が困難である。

水産上、重要な種で、巻網、刺網、底びき網で漁獲され、東京湾の漁獲量は全国の4割を占める。洗いや塩焼きなどで美味。寿司ネタにもなる。この頃は大量に獲れるためか魚価は低迷している。

ダイナンウミヘビ

南日本の内湾の低潮線から水深５００ｍまでの砂泥底に分布する。東京湾では湾中部から湾口部までの海底で広く見られ、横須賀市沿岸においても少なくない。

ウミヘビの名が付くがヘビの仲間ではない。夜行性だが、夜間でも全身をさらして泳いでいる様子はあまり観察されず、写真のように海底の穴から頭部だけを斜めに出して獲物を待ち受けている。非常に鋭い歯を持っており、小魚や甲殻類など口に入るものなら何でも丸呑みにする、全長１４０㎝に達する。

観音崎の海水浴場には多く、それこそ、そこいら中で頭を突き出している。泳いでいてダイバーに遭遇すると尻から砂に潜り10秒程で全身を隠す。砂地に生きる魚は、総じて独特な砂潜りの術を身に付けている。

アナゴ筒や底びき網で時折混獲されるが、まずく食用にされない。

タカクラタツ

日本各地の沿岸浅所の藻場に分布する。東京湾では湾口部のアマモ場やガラモ場で周年にわたって見られ、横須賀市沿岸においては、数は少ないが走水や観音崎のアマモ場に周年定着している。

見てのとおりタツノオトシゴの仲間で、「高倉タツ」と覚えるとよい。

頭部の頂冠が長く伸び体色が一様に褐色なのが特徴。

繁殖期は春で、雌は雄の保育嚢に卵を産み付け、雄は初夏に孵化した稚魚を産み出す。全長10cm前後になる。

なお、以前同種とされていた頂冠が短く鮮やかな色彩と多数の皮弁をもち、やや深場にすむタイプはハナタツという別種である。

漁獲されず、食用にもされない。観賞用。

ドチザメ

北海道南部以南の日本各地に分布し、低塩分にも適応して汽水域にも出現する。東京湾では湾中部から湾口部までの沖合平場で広く見られ、横須賀市沿岸においても水深5m以深で時折見られる。

甲殻類や魚類を捕食するが、性格はおとなしく人を襲うことはない。全長150cmになる。同じ横須賀の海でも、相模湾では大型サイズはいるが、東京湾では50cm程がせいぜい。

底びき網や刺網で混獲され、以前は水揚げされることはなかったが、数年前からは関西向けに活魚で出荷されるようになった。

トビヌメリ

東京湾から高知、新潟から長崎、そして瀬戸内海の外洋性の内湾の岸近くに分布する。東京湾では湾中部から湾口部の砂浜の浅い岸近くで見られ、横須賀市沿岸においてもほぼ周年にわたって普通に見られる。いわゆるメゴチの仲間（ネズッポ科）で、東京湾には本種のほか数種が分布するが、本種が最も大型できれいな砂質を好む。全長25㎝になる。

底びき網や刺網で漁獲され、天ぷらにすると淡白なキスより断然美味。

江戸前の小魚は江戸期、天ぷら種として好まれ、以降今日まで関東では天ぷらは高級料理屋から家庭まで浸透した。天ぷらは江戸が生んだ重要な食文化の一つである。

ヒガンフグ

日本各地の沿岸の岩礁域に分布する。東京湾では湾中部から湾口部で見られ、横須賀市沿岸でも数は多くないがほぼ全域で見られる。とりわけ観音崎は潮通しがよいためによく見かける。春の彼岸の頃の大潮の満潮時に、波打ち際に密集して産卵することからその名が付けられたが、横須賀では秋の彼岸時に多く見る。東京湾のフグ釣りで釣られるが、数はショウサイフグより圧倒的に少ない。

卵巣と肝臓は猛毒で、皮膚と胃は強毒、精巣は弱毒。

肉はフグ類の中でもトラフグ、カラスフグに次ぐ美味とされており、古くから無毒として珍重されてきたが、稀に有毒の個体もあるので注意を要する。横須賀で地産地消のふぐを食べさせる店が出てくるとよいのだが、残念ながら扱う店を知らない。

天ぷら

天ぷらは戦国時代の16世紀に、キリスト教の宣教師たちによって伝えられたと言います。水で溶いた小麦粉で魚に衣を付け熱い油で揚げて食べたとされ、この時代は「南蛮焼き」と呼ばれていました。

天ぷらは最初、屋台などで売られた庶民用のスナック的食べ物でした。それが、江戸前は炒り胡麻油を、京都などは綿実油を使用した料理店で出されるようになり、次第に高級化しました。なお、野菜の天ぷらは精進揚げと言って、魚介類の天ぷらとは区別して呼称していました。

天ぷらの語源については、ポルトガル語の tempero（調味料の意）や、スペイン語およびイタリア語の tempora（四季の斎日の意）説などありますが、漢字の「天麩羅」は当て字です。ただし、いつ誰が「命名」したかは諸説あり定まっていません。

ヒメジ

日本各地の沿岸の砂泥底域に分布し、東京湾では湾中部から湾口部の沿岸域から沖合平場で見られ、横須賀市沿岸では、数は少ないがほぼ全域で周年にわたって見られる。

銀白色をした稚魚は春に外海表層に現れ、流れ藻に付くなどして東京湾に移送される。夏に浅い砂泥域に着底して、大きく移動せずに秋まで成長する。

冬には深場に移動して越冬する。全長25㎝になる。

幼魚は横須賀北部の追浜のアマモ場にもやってくる。観音崎や猿島では成魚を見かけるし、他の種類のヒメジも見かける。

夜はけばけばしい赤色の模様に変わり、妖艶な美しさを楽しませてくれる。写真のように、砂地に味らいを突っ込んで盛んにエサ探しをする。

底びき網で混獲されることがあるが水揚げされない。西日本では食用にされる。

ヒラメ

琉球列島を除く千島列島以南の水深10～２００ｍの砂底に分布する。東京湾では湾口部の沿岸から沖合平場で見られるが数は多くない。横須賀市沿岸では、数は少ないが低潮線から水深１００ｍまでの砂底でほぼ周年見られる。

産卵期は早春で、初夏に砂浜の波打ち際に稚魚が着底し、アミやハゼなどを食べて急速に成長し、満1年で全長35㎝に達する。この東京湾の成長速度は全国で最も速いことが知られている。

2歳以上の成魚は次第に東京湾から外海へと移動する。寿命は12年以上で全長１ｍに達する。

観音崎は潮通しもよいため、ソゲと言われる小さなサイズから、座布団とも呼ばれる大型の成魚まで様々見ることができる。夜にはごく浅いところで砂に潜ったりしている。

水産上、重要な魚で刺網や底びき網で漁獲され、種苗放流も盛んに行われている。

タイやヒラメの舞い踊りと言われるように、美味な底魚で、寿司屋で食べる昆布締めもおいしい。

マコガレイ

北海道南部から大分県までの水深100m以浅の砂泥底に分布する。東京湾では湾奥部から湾口部までの沿岸部から沖合平場のほぼ全域で見られ、横須賀市沿岸においてもほぼ全域で比較的普通に見られる。産卵期は冬で、水深10m以浅の海底に粘着卵を産み付ける。稚魚は春に湾岸一帯の干潟や河口域の水深1m前後に着底し、夏には全長8cm前後に成長しつつ徐々に深場に移動する。

東京湾で見るカレイ類の中では最もポピュラーで、釣りの対象としても人気がある。全長55cmに達する。マコガレイはヒラメに比べ、眼の間隔が狭く口も小さいので、砂に潜っていてもすぐ区別が付く。

水産上、大変重要な魚で底びき網や刺網で漁獲され、種苗放流も盛んに行われている。東京湾では1980年代から90年代初頭まで、底びき網で横須賀、横浜だけで1000t前後獲れていた。東京湾はこれだけ痛めつけられても、なんと生産力のある海なのだろうと驚嘆したが、やはり埋め立てのツケはどっときて、21世紀に入った今では横須賀・横浜併せても100tに満たない。

刺身や煮付け、唐揚げにして美味。

マゴチ

南日本各地の水深30m以浅の砂泥底に分布する。東京湾では湾奥部から湾口部までの沿岸から沖合平場に普通に見られる。横須賀市沿岸においてもポピュラーな魚で、潮下帯で周年にわたって見られる。産卵期は夏で、着底稚魚は秋から初冬に現れる。成魚になるまで大きな移動はせず一生を東京湾内で過ごすと考えられる。薄く砂をかぶって海底に定位し、近づいた小魚やエビなどを丸呑みする。古くから釣りで人気があり、生きたハゼやメゴチ類、エビなどを餌に使う。全長50cmを超える。夏の夜は砂地やアマモ場の浅いところまで来ている。

底びき網や刺網で漁獲され、白身で洗いや煮付けにして美味。昔は「照りゴチ」と言って猛暑時が美味とされた。事実、暑い時期のマゴチの洗いはスズキより断然おいしい。昔は、産婦にマゴチを食べさせるとお乳の出がよくなると言われた。私の母も出産後、漁師の祖父が気をかけてくれ、マゴチを釣ってきてくれたと話していた。そういう浜の気遣いや伝承も今は聞かなくなった。「すかっ子」として、海との付き合いの希薄化は残念である。

マハゼ

北海道から種子島までの内湾や河口域の砂泥底に分布する。東京湾では湾奥部から湾口部までの水深５ｍ以浅で多く見られる。

横須賀では追浜から観音崎まで砂地、砂泥地に棲息するが、数はそれほど多くない。河口部など、汽水または塩分濃度がやや低い海域のほうがやはり適しているようだ。

産卵期は冬で、水深５ｍ前後の泥底に雄が長大な巣穴を掘り、その中に雌を招き入れて産卵する。孵化した稚魚は浮遊生活を経て浅い干潟や河口に着底し、夏から秋にかけて急速に成長する。多くは１年で成熟するが、中には２年目の冬に産卵するものもおり、全長25㎝に達する。

江戸時代から釣りの対象として広く親しまれており、釣ったハゼを船上で揚げて食べる「てんぷら船」など、東京湾独自の文化形成にも貢献したが、主な棲息地である湾奥の浅場の埋め立てに伴い数は減少傾向にある。

30年程前まで、羽田などに延縄で専門に狙う漁業が存在したが消滅。現在、漁としては底びき網で混獲されるのみ。

ムツ

北海道以南の日本各地に分布し、稚魚は沿岸から沖合の表層に現れ、幼魚は沿岸の浅所で生活し、成魚は水深２００～７００ｍで生活する。東京湾では夏に湾口部の沿岸の藻場などに時折幼魚が現れる。

２００７年の晩夏には、20㎝程の幼魚の群れを水深10ｍ以下の藻場で何度か見かけた。幼魚は夜行性が強く群れで行動し、魚や遊泳性の甲殻類などを丸呑みして捕食する。写真もアマモ場の幼魚で夜に撮影。

マダイやムツのように沖や深みで育つ魚でも、幼魚期はアマモ場やアラメ林帯など、波当たりが弱く浅い海で過ごす魚が多い。そういう意味で近年の不漁は、20世紀中にすさまじい勢いで行われた湾岸域の埋め立てに起因していると見てよいだろう。

成魚は全長60㎝に達する水産上、重要な魚で、一本釣りで漁獲され、刺身や煮付けにして美味。

リュウグウハゼ

北海道から九州までの砂地や岩場に分布するが、北方系の魚で特に三陸沿岸に多い。東京湾では湾口部沿岸の水深10mを超えるやや深い場所で、海底を離れて中層を遊泳する様子が比較的普通に観察されるが、横浜市以北では稀。

ごく浅い海底に棲む他の多くのハゼ類と異なり北方系の魚なので、水温が上がる浅海域にはほとんど出現せず漁業でもほとんど水揚げされないことから、一般的にはなじみが薄い。

追浜から観音崎まで棲息し、人工の護岸でも捨て石など隠れるところがあれば棲みついている。水深10m以深に多いのは高い水温を嫌うためか。

時に群れを見るが、単体でいることのほうが多い。東京湾における繁殖生態は不明であるが、全長15㎝に達する。

漁獲対象でなく、食用にもされない。一昔前の図鑑には、極めて稀にしか見られないとある。

☞夜の海水浴場の海の中で繰り広げられる生き物たちの姿の写真を7～9ページで紹介しています。

●●●岩礁の森に棲む魚

次に、岩礁域に棲息する魚とそこに訪れる魚を紹介します。

岩礁域には、ガラ藻場（冬季ホンダワラ類の生える浅海域）と多年藻のアラメ、カジメで構成されるカジメ林帯があり、海中の森林を形成しています。

そこを隠れ家にする魚も多く、昼間には砂地より断然多くの種類の魚を見かけます。また観音崎では、ブリやタイなど回遊性の魚も群れて泳いできます。夏から秋にかけては、水深10mぐらいまでに、ものすごい密度と規模のウミタナゴ、メバル、メジナなどの群れが現れ、他の魚の撮影に邪魔なくらいです。

岩礁域の魚は俗に根魚とも呼ばれ、横須賀など漁師町では人気が高かったのですが、最近は供給量の低下と流入人口が多くなったためその関係は希薄化しています。

海の汚れと埋め立てが原因で海と親しむ機会が失われ、磯の豊かさと「おもしろさ」が伝わってこないのですが、ここに挙げた写真をご覧いただき、豊かさを実感していただければと思います。

横須賀市観音崎上空より撮影。入り江がアマモの観測場所

アイナメ

日本各地の浅海岩礁域に分布する。東京湾では幼魚は岩礁部でも人工海岸でも、浅海域ならどこでも見られる。成魚は湾中部から湾口部で多く横須賀沿岸のほぼ全域で見られる。

産卵期は冬で、浅く潮通しがよい岩場やコンクリート塊などの上に雄がナワバリをつくり、複数の雌を迎え入れて産卵させる。ゴルフボール大の複数の卵塊は、孵化まで1カ月以上にわたって雄の保護を受ける。

春には海面近くを群れで泳ぎ回る稚魚が見られるが、その体色は成魚と異なり腹側は銀白色で、回遊魚のようである。初夏にアマモ場などに着底して、1年後には全長20㎝前後になる。寿命は10年前後で全長50㎝になる。

底びき網や刺網で漁獲される重要水産魚だが、漁獲量は減少傾向にある。潜るとよく見かけるが、漁師の減少や漁場の変化が原因かもしれない。

警戒心がけっこう強く、写真のようにこちらを見据え、逃げる用意をする。これは約40㎝の雄の成魚で、釣り人仲間に「一升ビン」と呼ばれるクラス。そろそろ婚姻色が出始めている。見つけたら早めに撮らないと逃げるが、中には好んで被写体になり、数枚撮られても逃げないのもいる。

しっかりとした白身で刺身や煮付けなどで美味。また、冬は鍋ネタにもよく、唐揚げ（あんかけ）もいける。

イサキ

琉球列島を除く本州中部以南の浅い岩礁域に分布する。外洋に面した潮通しがよい岩礁や魚礁に群れる。

横須賀市沿岸各地で幼魚が見られ、北下浦沖の岩礁では成魚も見られる。回遊魚のような体型をしているが、成魚になっても広範囲の回遊や季節的な移動はしない。

三浦半島の剣崎地先から南東方向に伸びる岩礁帯「松《まつ》輪瀬《わぜ》」は、関東地方屈指のイサキの好漁場で多くの釣り船が集まる。

産卵期は初夏で、ここで産まれた稚魚の一部は夏になると横須賀市沿岸に現れ、秋にかけて成長する。

稚魚や幼魚には褐色の明瞭な縦縞があり、イノシシの子に見立てて「ウリンボ」と呼ばれる。成魚になると縞は不明瞭になり、全長50㎝になる。横須賀では写真のようなウリンボが中心で、20㎝以上の成魚はまず見ない。成魚は横須賀で育って外洋で捕られているようだ。

海はつながっているので、内湾の揺籃の場を大事にしないと外洋の漁獲にも影響するわけだ。

一本釣りや定置網で漁獲され刺身や塩焼きにして美味だが、骨が非常に硬いので食べる時には注意。

地元産は味が断然よく、4半世紀前、祖母が亡くなる直前で、何も食べられなかったのに、三崎の漁師にもらったイサキを母が塩焼きにして出したら一匹分、ぺろっと平らげ見舞客を驚かした記憶がある。

イシガキダイ

本州中部以南の外洋に面した波当たりが強く潮通しがよい岩礁域に分布する。

稚魚は初夏に現れるが、流れ藻に付いて長距離を移送され東京湾の奥部にも出現する。横須賀市の沿岸一帯に現れ、夏から秋にかけて成長し全長20㎝前後までになるが、水温の低下とともに姿を消す。

体長60㎝を超える老成魚は全身が一様に灰色になると共に、口の周囲が白くなり「クチジロ」と呼ばれる。

体型はイシダイに似るが、体の全体に石垣状の斑紋があり、背びれと尻びれの後半はより長く伸びて遊泳力が強く、磯釣りの対象魚として人気がある。数はイシダイよりも断然少ない。

刺身などにして美味な高級魚であるが、東京湾ではほとんど漁獲されない。観音崎では数年に一度くらい未成魚を見るのみで成魚は見ない。死滅回遊魚と言えるだろう。

イシダイ

東京湾における生態はイシガキダイと同様だが、より低温に適応しており数も多く湾奥部にも出現する。稚魚は初夏に流れ藻に伴って横須賀市沿岸一帯に現れ、岩場や岸壁に定着して成長する。

秋の終わりには全長10㎝前後に成長するが、水温の低下とともに姿を消す。翌春以降に全長20㎝以上になった未成魚が時折見られるが、成魚は湾口部でしか見られない。

磯釣りの対象魚として非常に人気がある。雄の成魚は横縞が不明瞭となり、写真のように口の周囲は黒くなる。体長55㎝を超える。

東京湾でも三浦市など湾口部で刺網でわずかに漁獲されるが、横須賀では良型は見込めない。刺身などにして美味である。

イソカサゴ

千葉県以南の浅い岩礁域に分布する小型のカサゴで、成魚でも全長10数cmにしかならない。東京湾では湾口部の岩場の10m以浅で見られ、三浦半島においては走水周辺が北限となっており数は少ない。

岩棚のオーバーハング（せり出し）や大きな転石の隙間などに定位し、小型の甲殻類や魚類などを待ち伏せして捕食する。

漁業で水揚げされることはなく、小型であるために一般的には食用とされない。

きれいな魚だが、ほとんど動かないので観賞用としても人気がないようだ。

ウマヅラハギ

北海道以南の沿岸域に広く分布する。カワハギの近縁だが、体が細長くより大型になり全長40cmに達する。沿岸域に単独で定着するものや、沖合の表層・中層を群れで遊泳するものがいる。東京湾へは外洋水の波及に伴って未成魚や成魚が来遊し、横須賀市の地先でしばしば釣られたり漁獲されたりする。時に数十匹の群れを見ることがある。

おちょぼ口で海底の小動物などをついばんで捕食するが、中層を浮遊するクラゲに群がって捕食する様子も観察されている。

東京湾では底びき網や刺網で漁獲されるが、水揚げ量は多くない。淡白な白身で、関東での食用魚としての評価はカワハギより低いが、関西では高級魚とされている。フグの仲間なのでけっこうおいしい。

刺身、煮付けなどにして食すが、肝が大きく鍋に向いている。

オニオコゼ

本州中部以南の浅い砂地に棲息する。関西方面では夏に人気が高いが本場は九州だろう。関東での水揚げ量は少ない。

産卵期は梅雨時とされ、この時期を除いてはいつもおいしい。観音崎界隈でたまに見かけるが、カモフラージュがうまいので見逃しているのかもしれない。近年、漁獲量は減少しているのか、韓国などからの輸入ものが目立つ。背ビレに毒があり刺されると非常に痛く、また長く続く。

夏に活けで入荷するものは高値が付く。安いのは間違いなく輸入もの。国産では1kg7000円から時に1万円を超えることもあるという。ということは、写真クラスのものでも1匹2000円ぐらいすることになる。なかなか食す機会の少ない高級魚なのでお目にかかったら、奮発し産地を確かめ食してほしい。

刺身（夏は洗いも）、唐揚げ、潮汁、煮物などでおいしい。

オハグロベラ

千葉県以南のやや外洋に面した沿岸の海藻類が茂った浅い岩場に棲み、東京湾口に分布する。

雄と雌とでは体色が異なり、雄は大きく紫色や黄色などの派手な体色をもつ。体長は20cmを超える。

雌から雄への性転換を行い、雄は一定のナワバリをもち、その中に数尾の雌が暮らしている。ナワバリの境界では、雄同士が争う様子がしばしば観察される。

写真は雄で、魚も鳥と同様、雄の方が美しかったりハデな色のものが多い。

関東の人はこのようにけばけばしい色の魚は食用にしない。食べたという人にも出会ったことがないので、食味のコメントはなし。

オヤビッチャ

千葉県以南の岩礁やサンゴ礁の10数m以浅に分布する。流れ藻に随伴した稚魚が横須賀市沿岸一帯の岩礁や護岸などに、夏から秋にかけて一時的に定着して成長するが、冬季には死滅する。東京湾では体長5cmにも満たないが、波打ち際の磯場によくいるので晩夏から秋口ではシュノーケリングでも観察できる。サンゴ礁域では体長20cm以上になる。

東京湾では漁獲対象ではないが、高知県や南西諸島では食用とされる。屋久島で唐揚げを食したが、おいしいとは感じなかった。

カエルアンコウ(イザリウオ)

南日本の水深200m以浅の砂底または砂泥底に分布する。横須賀市の沿岸で見られるが数は少ない。

海底に定位してじっと動かず、上顎のすぐ近くには背びれが変化してできた釣り竿のような器官があり、これを小刻みに動かしてその先端にある皮弁を魚の餌になる小動物のように見せかけ、獲物となる小魚をおびき寄せて丸呑みにする。全長20cmになる。

標準和名と差別語

カエルアンコウは最近までイザリウオと呼ばれていましたが、差別的な呼称であるとして改められました。魚介類の標準和名にはけっこう差別的な名前があり、時には外交問題に発展しそうなことさえあります。ロスケガレイは北海道やベーリング海方面で捕れるため、たぶん日露戦争後に付いた名前でしょう（「ロスケ」はロシア人の蔑称）。

昭和初期になるとシマガツオが多く捕れ「エチオピア」と呼ばれました。1934年当時、エチオピアのハイレセラシエ皇太子（のちの皇帝—74年社会主義政権により退位）の妃候補に日本人女性が挙がったことがあり、それにちなんだ和名と言われています。

アフリカでエチオピアは植民地とならず独立を貫いたのですが、19世紀からイタリアの干渉を受けるようになり、これを武力闘争で退けていました。日本との国交が親密だったこともあり判官贔屓でこの名が付いたようですが、36年、エチオピアはついにイタリアに敗退、41年までイタリアの植民地となりました。その後日本は、その宗主国イタリアと日独伊3国同盟を結ぶことになり、亡国の道をまっしぐらに進むこととなりました。

なお「膝《いざ》行り」を差別語とわかる人は、今では少なくなっているのではないでしょうか。また、鯨にはザトウクジラがいますがこれも差別語といえばいえます。「座頭《ざとう》」とは剃髪の盲人を指します。これを言葉狩りと見るかどうかですが、死語化したり、特に問題になっていなければあまり騒ぐのもどうかと思います。

日本魚類学界は、「メクラ」「オシ」など、差別的な名が付く30種を対象に改名する方針を発表しています。

カゴカキダイ

茨城県以南の太平洋沿岸の浅い岩礁域に分布する。

横須賀市沿岸では初夏から秋にかけて、水深数メートルまでの岩礁域に稚魚が現れ、メジナなどの群れの中に単独から数個体が混じって全長10cm前後までに成長する。時に数十匹の群れに遭遇する。幼魚は波打ち際の岩礁域にも現れる。

なお、冬季には姿を消すが、相模湾以南では越冬する個体もおり成魚の群れが見られる。

しっかりとした白身で大型個体は食用となるが、東京湾では漁獲の対象とならない。釣りの外道でかかったら食べてほしい。

写真左上の黒い魚はメバル。

カサゴ

北海道南部以南の岩礁域に分布する。横須賀市では沿岸一帯の岩礁や、護岸の低潮線から水深30mまでの岩礁に棲む。海底に定位してナワバリをもち、甲殻類や小魚を待ち伏せて捕食する。

雌雄は交尾して体内受精し、雌は冬に仔魚を産む。寿命は10年以上で全長30cmを超える。

写真のカサゴは、ザラカイメンに身を寄せており保護色になっている。

水産上、重要な種で、刺網や底びき網などで漁獲され、遊漁（趣味の釣り）も盛んで種苗（人工飼育した稚魚）の放流も行われている。

しっかりとした白身で煮付けや唐揚げなどにして美味。横須賀では磯の根魚として根強い人気を持つ。

カタクチイワシ

日本全域に分布し、沿岸から沖合の表層付近に大きな群れで棲息する。横須賀市沿岸においても厳冬期を除くほぼ周年にわたって群れが見られ、北下浦沖では晩春から晩夏にかけて大規模な産卵が行われる。

孵化後1カ月前後までの仔魚は無色透明のシラスで、全長5㎝を超えると成魚とほぼ同じ体型になる。口を大きく開けて泳ぎながら動物プランクトンを捕食し、寿命は2年で全長15㎝に達する。

シラスから成魚までの全発育段階で他の魚介類の餌となり、海の食物連鎖の中で極めて重要な存在である。秋になるとブリなどに追われるからか、よく水面を飛ぶ光景が見られる。写真の群れはイナダに追われて岸に近寄ったようで、この後イナダの群れが猛スピードで追ってきた（「うみかぜ公園」沖20〜30ｍ）。

巻網や定置網で漁獲され、鮮魚として水揚げされるほか、釜揚げしらすや煮干しなどに加工される。また、鴨居や北下浦では活魚として生け簀内で蓄養され、カツオ一本釣りのエサとして大型漁船に販売される。

なお、カタクチイワシのしらすは白くて人気があるが、有名なしらす屋さんは相模湾側の秋谷や佐島にある。佐島の山茂さんは古くからの知り合いで、しらすづくりに独自の工夫が凝らされている。東京湾ではないがシラス漁で直売しているお奨めの店である（電話０４６－８５７－６７００）。

カンパチ

東北地方以南の温帯、亜熱帯域に棲息。夏に産卵し、稚魚は沖合の流れ藻に付いて移動する。頭に八の字状の筋模様があるのでこの名が付いた。

稚魚は動物性プランクトンを食すが、成長に伴い魚食性が強まりイワシ・マアジなどを捕食し、ほかにイカ類、甲殻類も食べる。

成長に適した海域水温は20〜30度で、ブリの近縁種だが日本海には少ない。水温13℃以下では死亡する。

観音崎界隈には秋口に稀に現れるが、未成魚しか見かけない。写真は25cm程の未成魚だが、小さいとはいえ頭にカンパチ模様が付いている。成魚は全長1mを超える。

２００４年の正月、小笠原に行った時は成魚をよく見かけた。沿岸から沖合の、表層から中層を群れで回遊する。

食用として漁獲されるが、漁獲量が少ないためブリより高く、養殖も行われている。東京湾湾口部や相模湾では定置網に入り、伊豆七島や九州では釣りの対象にもなる。

天然のカンパチは身が硬く食感がよい。刺身にしてうまく、写真のような未成魚でも脂が乗ってうまいものがある。養殖ものもこの食感を失わず、養殖ブリよりもうまい。刺身のほかは、照焼《てりやき》、煮物など。

キジハタ

青森県以南の沿岸浅所の浅海域に分布する。東京湾では湾口部の岩礁域に見られるが数は少ない。

横須賀市沿岸では幼魚から未成魚が観音崎周辺の岩棚で稀に見られる。海底に定位して小魚などを丸呑みにし、全長50cmに達する。

かつては刺網などで時折漁獲されていたが、現在では数年に一度程度しかお目にかかれなくなった。写真のものは25cm程だった。西日本各地では種苗放流も行われている。

どんな料理にしても美味で大変な高級魚。

キタマクラ

南日本の浅い岩場や藻場に分布する。東京湾では湾口部の沿岸に見られる。

海底や海藻上の小動物をついばむようにして食べ、全長20cm以上になる。繁殖期になると、雄にはコバルトブルーの細かい筋状の婚姻色が現れる。

肉と卵巣は無毒、肝臓と腸は弱毒、皮膚は強毒と言われており、釣りの外道としてしばしば釣り上げられるが、食用にしてはならない。

外洋の魚なので内湾域にはおらず、横須賀市沿岸では観音崎から走水にかけて少数見られる程度だ。

キヌバリ

北海道から九州までの浅い岩場に分布する。東京湾では湾口部の沿岸で比較的普通に見られるが、横浜市以北では稀。昔は本牧あたりにもいたというが、埋め立てと水質悪化で生存域を横須賀まで押し下げたようだ。

産卵期は初冬で、厳寒期に稚魚が藻場で群れをなして中層に浮遊する様子が観察される。1年で成熟し全長13cmになる。

ハゼの仲間だが、漢字で書けば「絹張」で、なぜキヌバリという名が付いたのかわからない。

観音崎では成魚まで見ることができる。成魚は海藻や岩陰に潜んで単独で生活し、砂利底などを探って餌を探す。

太平洋沿岸の個体の体側の横縞は6本だが、日本海の個体は7本である。

食用にされない。

キンチャクダイ

房総半島以南の岩礁域に分布するが、サンゴ礁域にはいない。東京湾では湾口部の岩棚が発達した岩礁域で厳寒期を除いてほぼ周年見られるが、数は多くない。

キンチャクダイの仲間の多くはサンゴ礁域に分布するが、本種が最も温帯域に適応している。

幼魚はほとんど真っ黒で青い縞模様はなく成魚とでは大きく異なる。幼魚は成魚とほぼ同じ場所で夏から秋に出現する。写真は幼魚と成魚の中間期のもの。

観音崎から猿島では幼魚から成魚まで見られるので、模様の移り変わりがすべて観察できる。

どの種も観賞魚として珍重される。

刺網で稀に混獲されるが、食用にされない。

クジメ

北海道南部から長崎県までの海藻が茂った浅い岩礁域に分布する。東京湾では湾口部の水深10m以浅の岩礁や腰丈の岸壁域でも周年にわたり見られ、横須賀市沿岸でも同様である。

近縁のアイナメに似るが側線が1本であることで区別でき、また赤茶色で全長も35cmどまりと、アイナメ程大きくならない。産卵期は冬で、岩の上にゴルフボール大の卵塊を産み付ける。

刺網で混獲されるが水揚げされることはない。アイナメより味は落ちる。

ゲンロクダイ

下北半島および島根県以南の温帯域で内湾的な岩礁域に分布し、サンゴ礁域にはいない。

東京湾では湾口部の水深10m以深の岩礁域で厳寒期を除くほぼ周年見られるが、数は少ない。チョウチョウウオの仲間で、全長20㎝になり、しばしば成魚2尾が連れだって泳ぐ様子が観察されるが、幼魚はほとんど見られない。

観音崎界限では極めて稀に成魚を見かける程度。

刺網で稀に混獲されることがあるが、食用にされない。

コブダイ

琉球列島を除く下北半島、佐渡島以南の岩礁域に分布する。横須賀沿岸湾では、夏から秋に色鮮やかな稚魚が水深10mまでの岸壁や岩礁域に現れ、未成魚や成魚は観音崎周辺の水深20m前後の潮通しがよい岩礁域に周年棲みつくが、数は少ない。

温帯域に分布するベラ科の中では最大の種で、成長に伴って体色と体型が劇的に変化する。

写真右は10数㎝の幼魚で、左は1m程の雄の成魚。特に老成した雄は額と下顎がこぶ状に張り出すことからその名が付けられた。単独で行動し、甲殻類や貝類などを食べる。全長1m以上に達する。

稀に刺網で漁獲され、食用にされる。釣り人からはカンダイと呼ばれ、イシダイ、イシガキダイと並んで、磯の大物釣り師にとって憧れのターゲットである。

観音崎周辺では1m級の成魚が棲みついており、内湾と外湾を行き来している。泳いでいる時はまず撮影できないが、2004年9月、岩棚の中を懐中電灯で照らしてみたら成魚が奥で休んでいた。東京湾では滅多に見られない貴重なショットである。

コンゴウフグ

静岡県以南の内湾の浅い海域に分布するとされる。東京湾では秋に幼魚が湾口部のアマモ場などに稀に出現することがある。

体は硬い鱗に覆われて箱状となり、両眼の前に前向きに1本ずつと、尻びれを挟んだ体の両脇から後ろ向きに1本ずつの長大な棘があるのが特徴。棘は成長とともに相対的に短くなる。ハコフグの仲間で身に毒はない。

関東沿岸では越冬できないと思われる。全長40㎝に達する。以前、馬堀のテトラポット域でも見かけたことがある。

食用にされないが、幼魚は観賞魚として価値がある。

ゴンズイ

本州中部以南の沿岸の岩礁域に分布する。東京湾では湾中部から湾口部の低潮線から水深20mまでの岩礁や岸壁域に広く見られ、横須賀市沿岸においても周年にわたり普通に見られる。

産卵期は6～8月で、夏から秋には幼魚が皮膚からフェロモンを出して「ゴンズイ玉」と呼ばれる濃密な群れを形成して遊泳する。成長に伴って群れが小さくなる一方で夜行性を強める。大型個体は単独行動をとり、昼間は岩棚の奥、積み石や岸壁の裂け目などに潜み、夜になるとアマモ場にも出向き捕食する。

背びれと胸びれに有毒の棘があり、刺されると非常に痛いので注意を要する。

刺網で混獲されるが水揚げされることはない。釣りでも毒針が嫌われ岸壁に捨てられることが多い。

しかし、淡白な身は美味で、漁師の家では味噌汁、味噌煮にして食されている。海のナマズだから、それなりにおいしいので、食わず嫌いのないように。

タカノハダイ

本州中部以南の岩礁域に分布する。東京湾では湾口部の低潮線から水深20mまでの岩礁で見られる。横須賀市沿岸においては春から秋までに幼魚・未成魚が見られるが、成魚は少ない。観音崎では成魚に近いものが現れ、数もそこそこ棲息している。2007年夏には追浜でも未成魚を見ることができた。

産卵期は冬と考えられており、浮遊期を経た銀白色の稚魚が3月に潮溜まりや浅い岩礁域に出現する。着底後すぐに成魚と同じ斑紋となり、着底場所の周辺で秋まで成長したのち水温の低下に伴って深みに移動する。

刺網で混獲されるが、ほとんど水揚げされることはない。身には磯（アンモニア）臭さがあるが、大型のものは冬になると味がよくなる。刺身、煮付けはいけるが、塩焼きはいただけないとのこと。

チャガラ

青森県から九州までの浅い岩場や転石帯の藻場に分布する。東京湾では湾口部の沿岸で見られるが数は多くなく、横須賀市以北では成魚は稀。

初夏になると藻場の中層に美しい半透明の赤みを帯びた稚魚の群れが出現し、大きな移動はせずにその場で成長する。ハゼ類だが、他の多くのものと異なり、成魚になっても群れをつくり中層を遊泳する。全長11cmまでになる。

標準和名は普通カタカナ表記されるので名の由来がイメージできないが、漢字で書けば「茶殻」となる。茶の出し殻のごとくまずいのでこの名が付いたと言われる。当然食用にはされない。

ナベカ

北海道南部以南から九州南部までの浅い岩礁域に広く分布する。

東京湾では湾中部から湾口部の水深数mまでの潮溜まり、岩礁、岸壁などで、幼魚から成魚までが見られる。

横須賀市沿岸においては沿岸部全域で厳寒期を除くほぼ周年にわたって見られる。

繁殖期は夏で、カキ殻などの内側に卵を産み付け親が保護する。孵化後の仔魚は浮遊生活を送るが、すぐに沿岸に戻ってきて親と同じ場所で生活する。

厳寒期は重なり合ったカキ殻の奥などに隠れて休眠しているものと思われる。

横須賀では戦前・戦後の一時期、派手な模様ゆえか、このナベカを「おじょろう（女郎）」と呼んだ。

横須賀にも1958年まで、船越や柏田に特飲街（遊郭）があった。

また敗戦後は、米兵相手のいわゆるパンパンガール（語源不詳―米兵相手の街娼の蔑称）が跋扈《ばっこ》していたから、自然とそう呼ばれたのかもしれない。

私が小学校3年生の時まで近くに特飲街はあったが、子供の目ではどの人が女郎かはわからなかった。しかし、パンパンやオンリー（特定の外人だけと交渉をもった売春婦―広辞苑）とは通学途中や町中でよく出会った。

派手なAラインのワンピースを着たお姉さんが、兵士にぶら下がるように手を組んで歩いていた姿を思い出す。

今やパンパン、オンリーもすべて死語に近くなったが、横須賀の米兵にぶら下がりにくるお姉ちゃんは21世紀になってもあとを絶たない。

ナベカは食用にされないが、体色が美しく水槽で飼いやすい。

※公娼制度は1946年、マッカーサー指令で廃止されたが、罰則はなく私娼扱いで58年まで黙認された。

ハオコゼ

温帯域の外洋性っぽい海藻帯や潮溜まりに多い小魚。色が赤く、小さくてかわいらしいので水族館でよく飼われている。しかし、小型ながら背びれは強毒を持ち、刺されるとかなり痛い。

防波堤釣りの外道として釣れることが多く、釣り上げた時は注意を要する。安易に捨てておくと他人が踏んだり、子供が触ったりして痛い目に遭うことがあるので、確実にレッコ（船乗り用語で放す、捨てるの意）してほしい。

また、潮溜まりでもしばしば目にする魚だが、最近はその機会も減った気がする。

1955年ぐらいまでは、横浜沖、中ノ瀬での手繰り網にもたくさん入ってきて漁師を泣かせたという。今では、追浜より内湾にはあまり棲息していないと思われる。

食べられないことはないが、毒棘もあり、また小さいので食用としない。

ブリ

琉球列島を除く日本各地に分布し、沿岸から沖合の中・下層を回遊する。

東京湾では夏から秋に湾口部に未成魚が回遊するが、黒潮水系の影響が強い年は湾奥部でも回遊が見られることがある。

日本周辺の主な産卵場は東シナ海で、春に生まれた稚魚のモジャコは、流れ藻に付いて黒潮に乗り東京湾周辺にも移送される。

成長に伴って呼び名が変わる出世魚で、全長25cmまでをワカシ、50cmまでの満1歳魚はイナダ、70cmまでの満2歳魚はワラサ、それ以上の成魚はブリと呼ばれる。

寿命は10年前後で全長120cmに達する。東京湾ではブリ・クラスは現れない。

水産上、非常に重要な種で、主に巻網や定置網で漁獲される。刺身や塩焼きにして美味。

以上が図鑑的解説。

横須賀ローカル「ブリ情報」は次のとおり。

夏から秋口にかけイナダ・クラスの群れが沿岸域にやってくる。8月から10月までは、岸近くの、時には4、5mの岩礁域でもよく見かける。

ダイバーを見つけるとだいたい2周して遠ざかる。写真を撮り損ねても1、2分待っているとほぼ確実に戻ってきて、また周回してくれるから数カットは撮影できる。

ブリ類が群泳している情景を想像してほしい。それが横須賀の海だ。

マアジ

日本各地の沿岸から沖合の中層から表層に大きな群れで棲息する。

東京湾では未成魚が湾中部から湾口部にかけて広く回遊するほか、湾口部に居着くものもいる。横須賀市沿岸ではほぼ全域で周年にわたって見られる。

日本近海の主な産卵場は東シナ海だが、関東周辺でも小規模な産卵が行われる。稚魚は夏に現れ、幼魚は夏から秋に群れで岸壁などに回遊する。満2歳で成熟し、寿命は7年前後。全長35㎝を超える。

水産上、極めて重要な種で、主に巻網や定置網で漁獲される。刺身や塩焼きにして美味。

80、90年代は、沿岸域にジンダクラス（12〜13㎝サイズ）の群れがよく現れたが、21世紀に入ってからはそう多くを見ない。沖合では遊漁を含めて相当な漁獲がある。夜のアマモ場に訪れることもある。

マアナゴ

北海道以南の日本各地の沿岸砂泥底に分布する。東京湾では、湾奥部から湾口部の沖合平場に周年にわたり広く見られ、横須賀市沿岸においても普通に見られる。昼間は海底に潜っており、活動は主に夜間で甲殻類や魚類などを捕食する。

江戸前を代表する魚だが、生態は不明、産卵場も未だわかっておらず、沿岸では成熟個体すら見つかっていない。レプトケパルスと呼ばれる透明な柳の葉のような形をした幼生（ノレソレ）は、黒潮に乗って100〜300日浮遊して東京湾に入り着底、変態して、春から夏に稚アナゴとなる。湾内で5年前後を過ごして産卵場に向かうと考えられている。全長100㎝になる。

水産上、非常に重要な種で、アナゴ筒や底びき網で漁獲されるが、漁獲量は減少傾向にある。江戸前料理の代表である天ぷらと蒲焼きのおいしいネタとなり、またにぎり寿司にも合う。

漁師料理では夏の暑いさなか、穴子を白焼きにして自家製のタレを付け、それを熱々のご飯の上に乗せて食べる粗野なる穴子丼の味が忘れられない。上品に蒸したりすると、穴子の脂が落ち夏のスタミナ料理にはならない。この頃は漁獲も少なくなり豪快な食べ方もできなくなった。

マダイ

北海道から九州にかけての水深200mまでの岩礁域に分布する。東京湾では湾口部の岩礁域から砂泥底で周年にわたって見られ、繁殖もしている。

産卵は初夏に行われ、浮遊期を経た稚魚はアマモ場に着底する。全長10cm前後に育った秋にはアマモ場を離れて深みに移動し、満1歳で全長20cm、満3歳で全長40cmとなり産卵に参加する。寿命は20年以上で全長120cmに達する。

水産上、極めて重要な種で、大正時代から国家プロジェクトとして人工種苗生産の研究が始められた。昭和37（1962）年に種苗生産に成功して、日本で初めて人工種苗が放たれたのは観音崎である。一本釣りや底びき網などで漁獲され、刺身をはじめあらゆる料理で美味。

かつて、鴨居（観音崎より少し南の漁村）はマダイの漁獲が高いことで知られていた。横須賀でマダイと言えば鴨居と言われた時代は久しい。なぜ鴨居のマダイか。これはマダイの産卵行動と一致する。

東京湾は観音崎が外湾と内湾との境である。観音崎南部で日暮れに産卵するマダイは、仔魚がアマモ場で成長できるよう鴨居沖で産卵する。昔は内湾部に広大なアマモ場があったればこその生態である。

そこに目を付けたのが観音崎博物館の四竈《しかま》博士で、昭和30年頃からマダイの種苗生産を手がけた。同氏の父は海軍の将官・山本五十六の仲人を務めたことで知られる名門の出だが、金銭感覚に乏しかったようで、マダイの種苗生産に協力した若い研究員は全員薄給に甘んじ、一番弟子とも言える山下さんなどは親から、「せっかく大学まで出して、勤めたとたん質屋通いとは」と嘆かれたそうである。

海版・和井内貞行（十和田湖のヒメマス養殖の父）的なマダイの種苗生産であったが、今やその技術が全国に広まり、放流がなければマダイは庶民の口には入らないとさえ言われる。

マダイの幼魚から深場に下る前の未成魚までは、夜のアマモ場で寝姿を目にすることができる。写真は観音崎で撮影のマダイの成魚。警戒心が強いのでこの時のように出会い頭に撮影しないと逃げられる。成魚は灯台沖を回廊にしており、時々は水深数メートルの浅場で成魚に出会うこともあるが、数年に一度くらいに稀である。

マハタ

琉球列島を除く北海道南部以南の沿岸浅所から深所の岩礁域に分布する。東京湾では幼魚が湾中部から湾口部にかけて、未成魚と成魚が湾口部に見られ、横須賀市沿岸では数は少ないが幼魚から成魚が出現する。

ハタ類の中では最も温帯域に適応しており東京湾周辺でも繁殖しているようで、数年に一度、幼魚が多数現れることがあり、昨年（2007年）はその年にあたった。

5年以上かかって成熟するようで、老成魚は縞が不明瞭になる。全長100㎝を超える。写真はマハタの幼魚で、成魚は残念ながら観音崎で見たことがない。

刺網で時折漁獲されるが、以前に比べて著しく減少している。東京湾ではせいぜい20㎝止まりの未成魚しか見られない。潜れば毎回出会うほどポピュラーではないが、夏から秋にかけてはアラメ（コンブに似た黒褐色の海藻）場などの岩礁域で比較的よく見かけられる。暑い夏ほど多く出現するように感じる。

美味で高級魚とされている。

ムラソイ

千葉県小湊以南の浅い岩礁域に分布する。東京湾では湾口部の岩礁で見られ、横須賀市では沿岸一帯の岩礁や護岸の低潮線から水深20mまでの岩礁に棲み、比較的普通に見られる。昼間は転石や岸壁の隙間などに潜んでおり全身を現していることは少ない。主に夜間に活動して甲殻類や小魚を捕食する。雌雄は交尾して体内受精し、雌は仔魚を産む。全長35㎝になる。

深みに行くと少なく、10m以浅のアラメ林や岩礁地帯に多い。動きの少ない魚で窪地や海藻に隠れていることが多い。

刺網で漁獲され、近年は釣りの対象としての人気も上がっている。しっかりとした白身で煮付けなどにして美味。

メジナ

琉球列島を除く北海道南部以南の浅い岩礁域に分布する。東京湾では幼魚がほぼ全域の岸壁域や岩礁域に出現するが、成魚は湾口部の岩礁域で見られる。

横須賀市では幼魚が沿岸一帯の岩礁や護岸の低潮線から水深数mまでで数多く見られるが、冬にはほとんどが姿を消す。成魚はあまり多くない。雑食性で夏場には甲殻類などの動物質のものを、冬場は主に海藻を食べる。全長50cmに達する。磯釣りの対象として人気がある。

石積みの人工護岸にも幼魚や未成魚がいるが、観音崎など自然の岩礁帯のほうが断然多く、幼魚から20cmを超す成魚まで様々棲息している。写真は未成魚の群れ。刺網で時折漁獲され、食用となり、刺身もおいしい。

メバル

北海道南部から九州までの浅い岩礁域に分布する。東京湾ではほぼ東京港まで全域の岸壁域や岩礁で見られ、横須賀市では沿岸一帯の岩礁や護岸の低潮線から水深30mまでの岩礁に数多く見られる。昼夜共に活動するが、日中は大群で斜め上を向いて中層をホバリングしながら休息している様子が観察される。

東京湾では横須賀の水揚げが多く、メバルが「横須賀の魚」だという研究者もいる。

小魚や甲殻類が餌で、夜になると活発に捕食活動を行い水面に出てきて捕食することもある。大型個体は穴や岩棚の中に単独で定位することが多い。雌雄は交尾して体内受精し、冬に雌は仔魚を産む。全長25cmを超える。

水産上、重要な種で、刺網や底びき網などで漁獲され、種苗放流も盛んに行われている。上品な白身で、煮付けや唐揚げなどにして美味。

☞岩礁に棲む多種多様な生き物の生態写真を10～12ページで紹介しています

魚類以外の水産物

ここでは魚以外の有用水産物を中心に紹介します。観音崎や猿島には自然の砂地、岩礁が広がるため魚以外の有用種も多く棲息します。

観音崎の三軒家海岸は、神奈川県側東京湾内湾部に現れる最初の入り江です。海水浴にも利用されていますが、表紙写真にもあるように豊富なアマモ場がある、なだらかな砂地海岸です。

夜になるとワタリガニやクルマエビなどの甲殻類が現れ、秋にはイカたちもやってきます。観音崎から追浜にかけての岩礁部には、少ないながらイセエビも棲息し、むしろクルマエビより早く回復しているように感じられます。そのほか、この海域にはマダコも多く棲息し、また、沖合の砂地や砂泥地には高級寿司ネタのミルガイやタイラガイも漁獲されています。

また、巻き貝のアカニシやサザエも、数が減ったものの追浜エリアまで棲息しています。環境を回復すればさらに回復するはずです。ただし、巻貝でもトコブシは内湾部では確認していません。また、ペリーが猿島で発見したモスソ貝や美しいミスガイなどもご覧いただきたく掲載しています。そして、ヘルシー料理には欠かせない食用海藻についても紹介しました。横須賀の海に棲息する、おいしくも美しい姿をご覧ください。

アオリイカ。食腕を伸ばした珍しいカット

ガザミ（ワタリガニ）

東京湾では湾中央部から湾口部の低潮線より水深20m程に分布し、横須賀市沿岸においてはほぼ全域の砂泥底やアマモ場で見られるが、数は減り続けている。初夏(5、6月)に水深5m以浅に現れて第1回の産卵を行い、夏(7、8月)に第2回の産卵を行う。

昼間は砂の中に潜って休み、夜になると餌を探して活動する。冬には水深20m程の海底に潜って冬眠する。東京湾内で一生を過ごし、寿命は通常満2年と考えられ、甲幅20cmに達する。遊泳力に長け、別名「渡り蟹」と呼ばれるように、いちばん後ろの脚が舟のオールのような形になっており、それを使って泳ぐ。写真はアマモの上を全速で泳ぎ出した瞬間のガザミ。

小型機船底びき網や刺網、カニ籠で漁獲され、蒸したり茹でたりして食す。大変美味。蒸したほうが味が逃げない。

水産上、大変に重要なカニで、10年程前までは種苗放流も盛んに行われていたが、1970年代以降、漁獲量は極端な減少傾向にある。東京湾内湾を代表するこのカニも内湾部の埋め立てで大激減してしまった。なお、スーパーに東京湾産のガザミが出ることはまずないし、価格が1匹1500円以下ならすべて輸入品とみていい。スーパーに並ぶまずくて安価の輸入物とくれぐれも混同しないでほしい。東京湾産のガザミを食べたら、脚の長いカニをありがたがって食べる気はしなくなる。「絶滅危惧種」的東京湾産のうまい蟹を是非食してほしい。

ジャノメガザミ

東京湾以南、太平洋からインド洋まで分布する。南に行くほど大きくなるようである。東京湾では湾口部から湾中部の低潮線から水深25mに分布し、横須賀市沿岸においてはほぼ全域の砂底やアマモ場で見られる。

秋に交尾・産卵し、東京湾内で一生を過ごす。ガザミよりやや南方系で数は少ない。

ガザミより小型で、甲羅の下部にある大きく赤い3つの蛇の目模様が名の由来となっている。戦前はその星の数から通称「上等兵」と呼ばれた。

カニ類はタコに次いで様々なポーズをとるので恰好の被写体となる。写真の不知火型の土俵入りのような姿は威嚇のポーズ。最後の脚がオールのようになっているタイプのカニがワタリガニ科である。

小型機船底びき網や刺網で混獲され、ガザミと同様な味だが、東京湾産はそれほど大型にならないため市場価値は低い。

タイワンガザミ

これも本来、南方系のワタリガニで地球規模の分布は南太平洋からインド洋に至る。

東京湾では湾中部から湾口部の低潮線から水深20mに分布し、横須賀市沿岸においてはほぼ全域の砂底やアマモ場で見られる。

ガザミとほぼ同じぐらいの大型のカニで、日本では琉球列島から東京湾までに分布する。東京湾では10年程前から、現在減少し続けているガザミと同頻度で見かけられる。

ガサミ類の中では珍しく雌雄で体色が異なり、雄は写真のように甲が暗紫色で脚には鮮やかな青色の部分がある。ハサミ脚が長いのも特徴。敵から身を隠す方法には、泳いで逃げるのと砂に潜る2通りあるが、写真は威嚇しながら逃げ出したところ。

小型機船底びき網や刺網で混獲され、味はガザミよりやや劣るが、そこいらのスーパーに安価で出回るカニよりはおいしい。

イシガニ

北海道から九州、そして韓国・中国までの浅海域に分布する。

東京湾では三番瀬の湾奥部から湾口部までの、汽水域を含む水深30m以浅に棲息する。横須賀市沿岸ではほぼ全域の砂泥底、および埋め立て地の岸壁、転石地などで見られる。

若い個体の甲羅の表面には短い毛が密生するが、老成個体では毛がなくなり紫の光沢がある。

強烈な力と堅いハサミを持ち、ワタリガニ科の中で最強。肉食性で攻撃性が強く、他のカニや貝類、ヒトデなど様々な動物を襲って捕食する。また、死んだ魚も食べる。

小型機船底びき網や刺網で漁獲され、ガザミより肉は甘くおいしく、普通蒸したり茹でたりして食す。二杯酢をつけて食べる人もいる。味噌汁などに入れても美味。

難点は甲羅と殻が非常に堅いことで、爪などはペンチがないと割れないほどである。このため戦前は安く扱われ居酒屋などで供されたという。

カニは普通夜行性だが、イシガニは日中もかなり活発に活動している。

しかし、最近はこのイシガニも減少傾向にある。海を痛めると本当においしいものからいなくなる。まことに残念なことであり、地産地消の観点からも復活させたい。

イセエビ

クルマエビが内湾砂地のエビの王様なら、イセエビは外洋岩礁部の王様である。房総半島以南から台湾までの西太平洋沿岸と九州、朝鮮半島南部の沿岸域に分布する。南の島に近縁種が多いがイセエビとは違う種類である。

古くから高級エビとして人気があり、その姿が武士の甲冑に似ているところから「具足エビ」、または板東武者のイメージから「鎌倉エビ」とも呼ばれ、中世から祝宴に欠かせない高級食材となる。

現在漁獲高は千葉と和歌山が高く、もとは三重も含め伊勢湾全体での漁獲が多いところから、17世紀頃からイセエビと呼ばれ、標準和名となった。

名称の由来については、日本各地の磯で捕れる「磯エビ」がなまったとの異説もある。

江戸時代から正月のしめ飾りに小型のイセエビが使われるようになったが、なにぶんにもお高いので、大正期以降はしめ飾り用の伊勢海老様はセルロイド製（のちにプラスチック）に取って代わられた。

水深40m程までの潮通しのよい岩礁部に棲息している。元来、三浦半島部にも多いエビである。

東京湾内湾部でも水が汚れる前はかなりの漁獲があり、１９５５年ぐらいまで横須賀の米海軍基地沖でもイセエビ漁が行われていたと父が語っていた。

その証拠に21世紀に入って、内湾ではむしろクルマエビよりもよく見かける。２００７年夏にはアマモ場を歩くイセエビを発見してマスコミにも報じられた（８ページ写真参照）。

なお、クルマエビと違いイセエビの養殖技術は未だに確立されていない。ということは、生態が解明されていないということでもある。一つの生命体のサイクルを人が解明するのは難しいことで、自然に育つ環境を残すことが重要な環境政策である。

高級品だけに焼いてよし、茹でてもよしで、味噌汁、またフライにしてもうまい。

クルマエビ

東京湾では湾中部から湾口部までの汽水域を含む低潮線から水深40ｍ以浅に分布し、横須賀市沿岸においてはほぼ全域の砂泥底で見られる。

産卵期は6～8月で、浮遊生活期を経た稚エビは砂泥質の干潟に着底し、昼間は砂中に潜り、夜間に活動する。成長と共に棲息水深を深め、冬には水深30ｍ以深に移動して越冬する。最大体長30㎝以上に達する。

小型機船底びき網で漁獲され、内湾漁業で最も重要なエビである。干潟が豊富にあった1955年頃までは1都2県の沿岸で100ｔ程の漁獲があり、高度成長期以降も種苗放流が盛んに行われていた。しかし1970年代以降、漁獲量は干潟の埋め立てと共に減少の一途をたどり、今では全東京湾で数ｔしか漁獲されない。

干潟の喪失面積と漁獲量の減少に明確な相関が認められており、稚エビが着底・生育する干潟を再生しなければ漁獲量は回復しない。

写真はアマモ場に現れ砂に潜ろうとしているクルマエビで、90年代前半の撮影。私の定点観測場である観音崎の砂浜では、21世紀に入ってからはクルマエビを一度も見ていない。

昔の寿司ネタのエビといえば、当然クルマエビのことを指した。全国の内湾を壊してしまった今は、寿司ネタのエビはほとんど養殖物である。

養殖の歴史の概略は次のとおりである。高度経済成長時代に国策として内湾漁業を破壊することを決めたので、1961年（池田内閣時代）にクルマエビ属の輸入がいち早く解禁された。また、時を同じくして養殖事業も手がけられ、日本の干潟がほぼ壊滅する70年代に養殖技術が確立され、現在では沖縄・九州地方で多く養殖されている。

養殖物でも高値（5000円／㎏）が付くので、クルマエビのみ国内養殖され寿司屋、高級天ぷら屋用に取引されている。

ちなみに、養殖されるエビのほとんどはクルマエビ属で、総菜やB級グルメ用は手間賃の安い東南アジアを中心とする国々で養殖されている。

日本産は寿司ネタのほかには刺身の躍り食い、天ぷら、フライ、鬼殻焼きなどがおなじみ。

フトミゾエビ（シンチュウエビ）

東京湾では湾口部の水深10m以浅に分布し、横須賀市沿岸においては走水などの砂泥底やアマモ場で見られるが数は多くない。

クルマエビに似るが体色は一様に淡黄色で容易に区別が付き、その体色から「真鍮《しんちゅう》エビ」とも呼ばれる。体長は18㎝までだが、南方系で琉球列島では大型になり数も多い。

小型機船底びき網で混獲され、美味であるが、近年ほとんど漁獲されず市場にはまず出ない。

21世紀に入り定点観測場所の観音崎でも出現数は少なく、また大型のものを見る機会も少なくなっている。

バナメイとブラックタイガー

バナメイ（南米産の新種養殖エビ）やブラックタイガーなどクルマエビ属の家庭向けエビは、近年ではベトナム、インドネシア、インド、タイ、中国、ミャンマー、フィリピンの順で養殖され、日本をはじめ各国に輸出されています。

一頃、養殖エビは台湾産が主流でしたが1980年代後半に養殖池で伝染病が流行、養殖地が国ごと移転しました。

なお、中国では養殖も盛んですが自国消費もすごい勢いで伸びています。

エビ養殖には海水が必要なため、沿岸部すなわちマングローブ林を破壊して養殖池がつくられます。

報道されていませんが、数年前に発生したインド洋の大津波の際も、マングローブ林が破壊されたことにより被害がいっそう大きくなったと言われています。

20世紀までは、養殖エビは「日本総取り」の時代でしたが、欧米でも肉食を嫌う中産階級の嗜好により、アメリカのエビ輸入も「鰻登り」の状態です。

さらに、経済力を付ける中国、ベトナムなどでも国内需要の伸びは著しく、今後、世界市場でのエビの取り合いは激烈になることが予測されています。

なお、バナメイは小型ですが生産性が高く、ブラックタイガーと違い体色は白く、業界ではホワイトと呼ばれています。

業者用にはそのサイズから、天ぷら屋より回転寿司屋用などに多く供給されています。

アカウニ

東京湾以南九州まで棲息。ムラサキウニやバフンウニよりも暖かい地方に多く、各地で食用として漁獲されている。東京湾では湾口部の一部岩礁域の低潮線から水深10ｍまでに分布し、横須賀市沿岸においては観音崎や北下浦で稀に見られるが、追浜でも少数見ているので、内湾部でも棲息は可能なようだ。

名の由来である、赤褐色の殻は平たく直径は約5㎝になり、棘はやや太く短く、先は丸い。幅広い種類の海藻類を食べる。

南方系のウニで相模湾以南に多く、横須賀市西岸（相模湾三浦半島部）では盛んに漁獲される。産卵期は秋で、大きな生殖巣をもつので水産的な価値が高い。淡白ながら深い味わいがあり、ウニ類の中でも美味との評価がなされている。東京湾では数が少なく漁獲対象となっていない。

本来、江戸前寿司なら北方系のバフンウニ系より、三浦半島産のアカウニを回復し、それを軍艦巻にしてほしい。

ムラサキウニ

東京湾では、湾口部の岩礁域の低潮線から水深10ｍまでに分布し、横須賀市沿岸においては馬堀海岸以南で比較的普通に見られる。殻は濃い紫色で、直径は約5㎝になり、棘は太く長い。海藻を捕食し、特に褐藻類を好む。

関東沿岸では最も普通のウニで、30年程前から減少傾向が続いていたが近年は増えつつあり、写真のようなコロニー（群棲場）を見ることもある。産卵期は夏で、生殖巣が食用にされる。

食用のウニはバフンウニ、エゾバフンウニ、アカウニ、ムラサキウニなどだが、北の海のほうが断然生産性が高い。本種はウニの中では中等品との評価がなされている。

食糧事情が悪い１９６５年ぐらいまで、三浦半島の磯ではムラサキウニを潮干狩りで捕り、釜で蒸して一家で食べたものだが、現在東京湾・相模湾では漁獲対象となっていない。

寿司屋の軍艦巻がおなじみ。軍艦巻は１９４１年に銀座の寿司屋が考案したと言われており、江戸前ネタが揃わなくなる時代に合ったので普及したように思う。

アカニシ

北海道から九州までの内湾の水深40ｍまでに分布する巻貝。東京湾では湾奥部から湾口部までの砂泥底や岩場で見られ、横須賀市沿岸においてもほぼ全域の潮下帯以下で普通に見られる。殻口の内側が赤みがかったオレンジ色で、その名の由来となっている。

初夏から夏が産卵期で、なぎなたのような形の殻に入った卵を海底に産み付ける。卵の殻は「海ほおずき」の中でも「なぎなたほおずき」と呼ばれ、昔は縁日などで売られていた。

肉食性でアサリやカキなどの二枚貝を襲って食べる。写真は二枚貝を襲っているところだが、本来は砂の中にいる二枚貝を上から襲う。これは撮影用に見やすくなるように掘り出して置き換えた状態。

鰓下腺《さいかせん》という器官からの分泌液（異物に対する忌避物質）を日光にさらしたものが貝紫で、縄文時代から染色に使われた。殻高最大30㎝になるが、近年このような大型はまったくいない。自然が劣化すると大型個体は減少すると言われている。30年程前までは、東京湾の磯では良形を労せず多獲できたが今やかなり数が減っている。

専門に漁獲する漁業はなく、刺網や底引き網で混獲される。茹でたり焼いたりして美味で、ひと手間かけた壺焼きや味噌和えもうまい。横須賀「原住民」には私を含め、サザエよりアカニシのほうが好きという人がいる。子供の頃に食べた記憶がそうさせているのだろうか。

サザエ

南日本の外洋に面した岩礁域に分布する巻貝。幼貝は潮間帯に棲み、成長に従ってやや深い岩場に移動する。東京湾においては猿島を北限とする湾口部の岩礁域で見られるが、横須賀市沿岸では少ない。観音崎を境に南部の湾口域ではまだ漁として漁獲されており、相模湾側の漁獲は多い。

内湾域でもアラメ林帯にはそれなりに棲息しているが、密漁は御法度ですぞ（!）。内湾部の岸壁域でもごくたまに見かけることがあり、3年程前には追浜で3個体発見し、「東京湾北限のサザエ」として新聞に載った。

昼は岩棚の隙間や岩陰に隠れ、主に夜間活動してアラメ、カジメなどの海藻を食べる。石灰質の厚い殻と蓋をもち、殻には棘の発達するものと棘のないものがある。食べている海藻の種類によって殻の色が変わり、カジメばかりを食べると殻が白くなる。殻の高さ12㎝を超える。

水産上重要な貝で、見突きや刺網、素潜り漁で漁獲され、種苗放流も盛んに行われている。刺身や壷焼きにして美味。

トコブシ

北海道南部、男鹿半島以南から九州までの潮間帯から水深10mまでの浅い岩礁域に分布する巻貝。

東京湾においては猿島を北限とする湾口部の岩礁、転石域で見られるが、横須賀市沿岸では少ない。観音崎でも、灯台より北の内湾部では見たことがない。

1960年代までは猿島界隈にもいただろうが、埋め立てや公害、その後の都市汚染（下水の流入）などの水質劣化で棲息が難しくなった。

昼は転石の裏などに隠れ、主に夜間活動して海藻を食べ、移動速度は速い。

アワビ類の子に似るが、殻に開いている穴がアワビ類は4～5個であるのに対し本種は6～8個であり、また、アワビ類は穴の周囲が富士山のように盛り上がっているのに対し、本種は盛り上がっていないことで区別される。

写真は、放棄されたタコ壺の上に乗っている。

見突きや磯どり漁で漁獲され、煮物や酒蒸し、バター焼きなどにして美味。

トリガイ

陸奥湾から九州までの水深30mまでの砂泥底に分布する二枚貝。東京湾では湾奥から湾口部までの低潮線より水深30mまでの砂泥、泥底で見られ、横須賀市沿岸においても同様な環境で比較的普通に見られる。

殻は薄くて割れやすく、表面は短い毛の生えた殻皮に覆われている。中央で折れ曲がった太く長い足を持っており、これを勢いよく動かして海底を跳ねるように移動する。食用になるのはこの足の部分で、これが鳥のくちばしに似ていることが名の由来。

東京湾湾奥では時折大発生することがあるが、貧酸素水に弱くしばしば大量死も起こる。元来、横須賀での漁獲は少ない。千葉側内湾部では多獲されていたが、近年は漁獲量も減っている。

貝桁網で漁獲され、寿司ネタや刺身、煮物などにして美味。

アサリ

北海道から九州までの内湾や河口域の干潟周辺の砂泥底に分布する二枚貝。東京湾では湾奥部から湾口部までの干潟や浅い砂泥底に広く見られる。横須賀市沿岸においては走水の潮干狩り場が多くの市民に親しまれているほか、猿島周辺の浅い砂底域は漁業者によるアサリ漁の重要な漁場となっている。

かつては東京湾内湾の漁獲量の半分以上を占めていたが、１９６０年代以降の湾奥部の大規模埋め立てに伴って激減した。日本のアサリの漁獲量も１９８３年の16万tをピークに激減し、3万t台にまで落ち込んでいる。

各地の漁獲が激減する中で、神奈川県沿岸における良好なアサリの再生産が全国的に注目されている。寿命は5年前後で、殻長4cmを超える。

写真は、掘り出してしばらく置いておいたところ、砂に潜る前に珍しく水管を出した。普通、砂の中の二枚貝はこのような無防備な姿はとらない。こんなアホな貝はいっぺんに食われてしまう。

巻き漁で漁獲されるほか、潮干狩りの対象となる。寿司では軍艦巻に乗せることもある。酒蒸し、バター焼きに炊き込みご飯、また味噌汁などに入れて美味。なお味噌汁の場合、砂を吐かせないほうが出汁がよく出る。北朝鮮産が多いので、パックの裏を見て必ず産地を確認してほしい。

ウチムラサキ

一般的には大きな貝なので「大アサリ」として売られている。岩場の砂礫地帯に多く比較的浅いところに多い。

横須賀で「タコッカイ」と呼ばれるように、タコがよく食す。タコの巣穴の周りには、これみよがしにタコッカイの貝殻がぶちまけられているので、巣穴はすぐわかる、何かのサインなのだろうか。

写真は、大時化《おおしけ》のあとに潜った時のもので、多くのウチムラサキが掘り出されていた。台風のあとに猿島などに行けば、浜に海藻と一緒にこの貝が打ち上がっているかもしれない。

伊勢湾沿岸の料理屋では、昔この貝が使われていたという。兵庫県では再生事業も行っているようだ。

横須賀産の貝としては、冷えるとまずくなることもあり私はB級グルメに位置づけている。ただ、ダイバー仲間にはミルガイより好きという人がいるから、異性の容姿と同様、人の好みはわからないものだ。しかし、安い価格を見れば評価は歴然としている。関東では人気が高くないから、そう出荷されていないと思う。かき揚げ、吸い物、焼き貝など。

ミルクイ（通称ミルガイ）

北海道から九州までの内湾の水深20ｍまでの砂泥底に分布する二枚貝。東京湾では湾中部から湾口部までの砂泥、泥底で見られ、横須賀市沿岸においても同様な環境で見られるが数は少ない。殻の中に全部引っ込められない大きな水管が特徴である。

二枚貝中の最高級品で、一般的には水管の筋肉のみを食用とする。水質悪化と埋め立てのために東京湾では激減したが、２０００年代に入って金沢沖で千葉県の潜水漁業者の入漁により本種の漁業が復活した。横須賀市沿岸でも20世紀後半に潜水漁によるミルガイ漁が復活した。殻長20㎝になる。

潜水器漁業で漁獲され、寿司ネタや刺身などにして美味。

写真の殻の黒い部分は還元層（酸素が行き渡らない所）で、鉄分が硫化物と化合し硫化鉄となっている。自然界ではドブでも田んぼでも海中でも、酸素が入らないところは嫌気性バクテアリの影響で硫化物がつくられる。潮干狩りで深く砂を掘ると黒い水が出てきて嫌な臭いがすることがあるが、それも同様である。

タイラギ（通称タイラガイ）

千葉県以南の内湾の水深40mまでの砂泥底に分布する二枚貝。東京湾では湾中部から湾口部までの砂泥、泥底で見られ、横浜、横須賀市沿岸においても同様の環境で見られるが数は少ない。

貝殻はやや長い三角形をしており、殻の尖ったほうを下にして垂直に海底に潜り、多数出した足糸を砂粒や小石に付着させて体を固定している。一般的には（ホタテ貝ほどの）大きなほうの貝柱のみを食用とする。

かつては東京湾内湾一帯で広く見られ、戦後の混乱期、東京湾沿岸の町ではタイラガイが配給品にもなった。

高度経済成長期以降の水質悪化のために激減したが、1990年代末からミルクイと同様に復活傾向にあるが、数は断然少ない。底引き網漁で「海底を引っ掻き回すから復活しない」との意見もある。殻長は30cmになる。

潜水器漁業で漁獲され、寿司ネタや刺身などにして美味だが、日本全国の内湾破壊と近年の諫早干拓で激減し、現在は貴重品となる。

通常、上の写真のような形で砂に潜っている。写真下は砂から掘り出した状態。30cm近い良形を手で掘ると、掘り出すのに3分程かかる。

標準和名

前述のミルクイという名の由来は、水管の皮の上にミル（海松）という海藻が生え、これを食べているように見えるから、として標準和名になったと言われています。しかし、実際に海藻のミルが水管についた個体は未だ見たことがありません。別に、昔はコケムシや微細藻類をミルと言ったのではないかとの説もあります。これなら水管に付いているので確かに納得がいきます（相模貝類同好会発行『貝の和名』より）。なお、二枚貝はすべてプランクトン食性なので「海松食い」は生態的にもあり得ません。ミルガイのほうを標準和名にしたほうがいいと思うのですが。

また、タイラギを漁師はタチガイと呼び、市場関係ではタイラガイと呼ぶとされていますが、平貝はまさに貝の形状から付いたと思われます。前出『貝の和

マガキ

二枚貝で磯にいっぱい付いており、潮間帯のものはそう大きくならないが、潮下帯のものは結構大型サイズもある。1955年ぐらいまで、横須賀や横浜では養殖も行われていた。

カキは古来より食されているが、一方でよく〝あたる〟食材としても知られている。特に生食では流通過程で十分殺菌されたものでないとあたる可能性が高い。磯で自分で採ってきたものには、糞便性大腸菌も多いところから生食なら1、2個にとどめ、残りは加熱したほうが無難である。

食中毒症状を引き起こす原因としては貝毒、細菌（腸炎ビブリオ、大腸菌）、ウィルス（ノロウィルスなど）が知られているが、どの原因も生育環境に由来するものであり、貝の摂餌行動などによって取り込まれ濃縮される。

有毒性プランクトンによる貝毒は加熱してもあたる場合があるが、この貝毒を避ける意味でも英語でRの付かない月（5〜8月）のカキは食べないほうがよいとの言い伝えがある。写真は、沖合で見つけたもので大きく育ち15cm程あった。

カキフライ、鍋物などがお薦め。東京湾のカキはイワガキなどと違って身が柔らかいので、生食の食感はそれほどよくないと感じる。

名』には日本各地での呼び名をテーラゲェー（江戸訛り?）、タイラギャー（これは名古屋か）、タイラゲェーとあり、タイラガイの訛りが多いとしています。標準和名ではタイラギと言いますが、ミルと同様、形状からタイラガイと呼ぶほうが理にかなっていると思います。

なお、アサリ、ハマグリ、サザエ、アワビなどのように二枚貝、巻貝を問わず、貝であるのに名称に「カイ」が付かないものも多くあります。

生き物の名称は国際共通語としてラテン語の学名があり、地名や発見者の名前も入ります。日本では海産物が多く、古くから各地で漁業が行われているので同一魚介類でも異なる地方名が随分あり、明治期にそれを統一したのが標準和名です。本来は漢字で書きますが、標準和名はカタカナ表記なので、そのぶん名の由来はつかみにくくなっています。

マナマコ

寒い地方のものが食用となり、南の海にいる大型でグロテスクなものは食用にされない。東京湾では、湾奥部から湾口部までの低潮線から水深40mまで分布し、横須賀市沿岸においてはほぼ全域で普通に見られる。夏は海底に潜って夏眠し、秋から冬にかけて数多く見られるようになる。

砂泥を呑み込んでデトリタス（海洋生物の破片・死骸などの分解物）を消化吸収し、残りを（きれいな砂泥質にして）排泄するので底質の浄化に貢献する。デトリタス食性のため、埋め立て地沖でもかなりのナマコが棲息していた。

湾奥から湾口の広い範囲には体色が緑色っぽいものと黒っぽいものがおり、前者は青ナマコ、後者は黒ナマコと呼ばれ、青ナマコの方が美味とされる。別に、湾口の一部から外洋の岩礁に分布する体色が赤っぽいものは赤ナマコと呼ばれ、最高級とされてきた。なお、中国では色の好みが違うため、日本では不人気の黒ナマコの人気が高い。

小型機船底びき網や潜水漁で漁獲される。最近は、中国が大量に買い付けるために価格が急騰し漁獲量も増えているが、乱獲が懸念されている。現在、横須賀の若い漁師と県水産技術センターが種苗生産に着手している。

日本では酢の物が最もポピュラーで、腸の塩辛である「このわた」は日本の三大珍味の一つとして高級品である。中華料理では乾燥品（いりこ）、また今日では冷凍物が使用されている。

マダコ

東京湾では湾中部から湾口部までの沿岸部から一部沖合い平場に分布し、横須賀沿岸のほぼ全域で比較的普通に見られる。

岩礁や人工的な捨石の周辺に多く、基本的に夜行性で、エビ、カニなど甲殻類や二枚貝、巻貝を食べる。

東京湾では夏季と冬～春季の2回の盛漁期があり、漁業者は前者を「夏ダコ」、後者を「冬ダコ」と呼んで区別している。夏ダコは1kgまでの小型が多く、東京湾内で生まれて秋までに産卵（数万個）して死亡すると考えられている。冬ダコは2～4kgにもなるが、産卵や成長には不明な点が多い。

タコ壺で漁獲され、刺身や茹でダコにして美味。

江戸前寿司ネタのタコは、一昔前までは横須賀が供給源であった。１９９３年に大発生したのち急激に漁獲が減って、横須賀のタコ捕り漁師を泣かせていたが、２００７年、久方ぶりに横須賀の海で大復活した。

写真は20年程ほど前の撮影で、タコ壺に入るマダコがわかりやすいので選んだ。最近はこのような旧式タコ壺は使わない。

タコとイカは共に二枚貝から進化したと言われる。タコは知恵とカモフラージュ術を身に付け、イカとは別な生き方をしている。砂地では砂の色に合わせ、アラメ場では海藻に、岩場では岩に化ける。また、母ダコは卵塊に新鮮な海水を孵化するまでかけて短い一生を終える。

アオリイカ

太平洋からインド洋の熱帯・温帯域に広く分布する。日本では北海道以南の沿岸に分布し、特に太平洋側では鹿島灘以南、日本海側では福井県の西側以南に多いとされる。

産卵期は初夏で、東京湾では湾口部のアマモ場やガラモ場で産卵が見られる。小指ほどの太さの卵のうが数十個ずつまとめて産み付けられる。卵のうは捕食されることはないが、約20日で孵化する稚イカは、ベラなどによってたちどころに捕食される。

近年、アマモ植栽が環境回復運動として全国に広まっており、私たちも追浜に浜を取りもどす運動の一環としてアマモ植栽イベントを毎年1回行っている。その際に植えたアマモにアオリイカが早速産卵し、関係者を喜ばせた（66ページ参照）。

写真は子どものアオリイカ。

このイカの成体を内湾部で見ることはないから、産卵は内湾で行われ、その後南下して成長するようだ。10年程前までは観音崎の浜で小型定置網が設置され、小型のアオリイカがよく入っていた。成体になると外套長40㎝、1kg以上にもなる。

タコは知恵で生きるが、イカ類はそのスピードを「イカ」す。アオリイカの泳ぐスピードも相当速く、2本の捕脚で獲物の魚を素早く捕まえる。

本種はイカの中で最高級品であり、刺身がうまく寿司ネタのほかは天ぷら、煮物が定番だが、一夜干しもまたおいしい。

コウイカ

房総半島および能登半島以南九州までの各地の内湾に分布する。湾中部から湾口部までの沿岸部から沖合平場の海底付近に広く見られ、横須賀市沿岸においてもほぼ全域で比較的普通に見られる。

産卵期の初夏に浅場に接岸し、卵を砂にまぶして、アマモ、魚網や木の枝などに1粒ずつ産み付ける。孵化後の稚イカは、比較的速やかに深場に移動するためあまり人目に付かない。

墨の量が多いため「スミイカ」とも呼ばれ、この墨を服に吹き付けられるとなかなか落ちない。それもそのはずで、昔、ヨーロッパではコウイカの墨をインクにした。セピア色はこれに由来する。漁業者や釣り人の間ではスミイカのほうが通りがいい。胴長20㎝になる。

底びき網で混獲され、江戸前の寿司ネタのイカは内湾性のコウイカを指した。コウイカ類には多くの種類がいるが、本種が最もポピュラーで美味。冬、盛んに行われるスミイカ釣りは東京湾内湾の風物詩でもある。

身が厚く甘く歯切れがよいので寿司ネタや刺身にいい。イカ類で唯一食いちぎることができるのという点でも寿司ネタには適し、春産まれたコウイカを夏に食す「新いか」という寿司好きのネタもある。

ほかにも天ぷら、フライ、イカご飯もいけるといった、まさに江戸前の素材。湯掻いた「げそ」は天ぷらや焼いても美味。

ジンドウイカ

北海道南部から九州までの沿岸域に分布する。東京湾では湾奥部から湾口部までの沿岸部から沖合平場の海底付近に広く見られるが、数は多くない。横須賀市沿岸においてもほぼ全域で見られる。

産卵期は夏で、低潮線から水深10mまでの砂泥底に小指ほどの卵のうを数十個産み付ける。夜間に活動して小魚や甲殻類を捕食する。胴長10cm未満。

映像や画像上ではヤリイカやケンサキイカの幼体との区別は難しいが、本種は胴の先端が尖っていない。イカは夜行性のためにアマモ場には夜に多く訪れる。ナイトダイビングでライトを当てると興奮して模様を次々と変え、小型ながらも美しさに感動する。

底びき網で混獲され、刺身や煮物にして美味。天ぷらには身が薄すぎる。

アラメ（荒布）

三浦半島の東西の浅い岩礁域にたくさん生え水中林の役割を果たしている。カジメと共にこれこそ海中の魚付き林であり、アラメ・カジメ林帯とも呼ばれる。

東京湾西側では米海軍の燃料庫である吾妻島の磯が北限。猿島および観音崎以南に多く、埋め立てが進んだ追浜では復活を目にしていない。

漢字で「荒布」と書くので本来波当たりの強い磯に生えるが、「新芽」と書くのもいいんじゃないかと思うくらい、初冬に生える新しい芽は軟らかくおいしい。

ヒジキ同様に乾燥したアラメを水で戻してから炒め、油揚げや薩摩揚げと共に人参の千切りなどで彩りを添えて煮るとおいしい。１９６０年代まで漁師町の定番料理であった。当時、日常の食材に油分が足りないので炒めてから食したわけである。

根菜類と海藻を食すことが、元気で長生きに過ごすコツであると言われて久しい。そう言えば私の祖母もまさにこれを地でいく食生活をして、四半世紀前に92歳で亡くなったが、亡くなる1年前までは元気に畑仕事をしていた。ヒジキに比べると存在感の薄いアラメだがヘルシー料理として復活したらよいと思う。

多年藻で、茎からまず二股に分かれ成長するのが特徴。

ノリ（スサビノリ）

現在、全国のノリ養殖で広く使われているのがスサビノリである。かつて東京湾では、汽水域に自生するアサクサノリが養殖されていたが、1960年代前半までに病気に強く収量が安定しているスサビノリに取って代わられた。横須賀沿岸の岩礁や岸壁で自生しているノリが見つかることがあるが、それらは養殖場から進出したスサビノリで、葉長30㎝に達する。

アサクサノリの自生地は全国で10カ所もなく、東京湾では2003年に多摩川河口のヨシ原で再発見された。環境省レッドデータで絶滅危惧種にリストアップされている。

神奈川県では、横浜市金沢と横須賀市走水の地先でスサビノリは養殖が行われている。写真は、沖に八景島を望む横浜野島にて撮影。

主に板海苔に加工されるが、生海苔が手に入れば、しゃぶしゃぶや佃煮にして美味。味噌汁に入れてもおいしい。

ヒジキ

東京湾では湾口部沿岸の潮間帯から潮下帯で見られ、横須賀市沿岸においては観音崎以南に不連続に分布する。東京湾の北限は観音崎美術館前となる。1950年代には横浜の本牧湾にも生えていたと、どこかの文献で読んだ覚えがあるが、水質悪化と埋め立てにより内湾のヒジキは絶滅してしまった。

ワカメやコンブと同じ褐藻の仲間で、加工品は黒色だが、生きている間は茶～褐色をしている。一年生の海藻で長さ1mに達し、冬から春に繁茂する。通常、ヒジキは収穫後に水洗いし、長い時間をかけて煮てから天日干し、という非常に手間のかかる加工を経て販売される。この過程でヒジキに含まれるタンニンが空気中で酸化され、渋味が抜けて色が黒くなる。

今では漁家が手間のかかることはしないので、東京湾横須賀沿岸では摘み取られないが、相模湾側では今でも春に盛大に刈り取られて、お土産にもされている。煮物や炒め物などにして美味。

ワカメ

東京湾では、湾中部から湾口部までの沿岸部の低潮線から水深6mまでに分布し、横須賀市沿岸においてもほぼ全域の護岸域や岩礁域で普通に見られる。一年生の海藻で、葉状体は12～5月に出現し葉長2mに達する。成長すると茎の下部に「メカブ」と呼ばれるヒダ（胞子葉）ができ、そこから遊走子が放出される。

横須賀市沿岸ではワカメの養殖が盛んで、「猿島ワカメ」として知られている。

以前テレビ局から、東京湾の湾奥部でワカメが生えたとはしゃぐ取材があったが、ワカメは岩場があればいくらでも生えるものである。それなのに、やれ東京湾復活かと大騒ぎをするマスコミには、海の中に関する正しい知識は何年経っても浸透しないものかと呆れた。

また近年、横浜や追浜で、市民がワカメのオーナーとなって種糸を挿したり、収穫をしたりするワカメ育生（オーナー）イベントも行われるようになっている。

味噌汁や炒め物、海藻サラダなどにして美味であり、乾物や塩蔵品として保存される。

最後に、記録に残したい横須賀ゆかりの貝3種を紹介。

モスソガイ

学名にペリー提督の名が入る寒流系バイ貝。漢字では「裳裾貝」と書く。裳裾とは着物の腰から下にまとう公家の女房の正装で、袴の上にまとって後ろに垂らす。わざと非活動的なものにして「ケ（日常）の日」と分ける。振り袖やイブニングドレスのように、洋の東西を問わず晴れ着にはこのような細工をする。

写真のように軟体が殻の中に収まりきらず、移動する時はまさに貴婦人の歩き方を彷彿させることからこの名が付いた。

写真は1978年、猿島保全活動中に偶然遭遇したもの（手前はイトマキヒトデ）。その後30年、猿島を含め横須賀界隈ではモスソ貝を見ていない。

ミスガイ

これまた軟体が殻の中に収まらない貝だが、外套膜がピンクのフリル状で美しい温帯性の貝。

蛍光を発するので1990年代、観音崎でのナイトダイビング時に見つけて撮影した。あまり多く見かけない。近くの海の東京湾や横須賀に、このようなきれいな貝がいることを知ってほしい。

アズマニシキ

北海道以南の内湾の岩礁に棲息する。東京湾の横須賀沿岸の転石地帯に足糸でたくさん張り付いている二枚貝。埋め立て地の転石地帯のほうがむしろ多く、ちょっと見た感じは小型のホタテ貝に見える。

30年程前には、横須賀東部漁協はこの貝を随分漁獲した。貝柱はホタテより小型だが、その分締まっていておいしい。10年程前、前市長が横須賀を「カレーの街」にと張り切った時に、「シーフードカレーの具にしたら」と提案したこともある。

現在は漁獲せず市場に出ることはほとんどない。埋め立て地で素潜りすれば自家用に食すくらいは捕れる。バター炒めや、醤油味バーベキューもおいしい。シーフードカレーの具にもなるし、干せば乾燥のつまみにもなる。

学名にペリー提督の名が入る理由

1853年にペリー艦隊が東京湾に強行入港し、幕府に開国を迫ったのは有名な話ですが、この際ペリーは浦賀以北の内湾部を測量し海図を作成して次の入港に備えました。

また、動植物調査や文化人類学的調査も行っています。これは、大航海時代を経験した西欧列強はのちの交易や植民地化に用立てるために、その国がどのような資源を持っているかを把握するという、探検隊的役割も兼ね備えていたことによります。

ペリーが猿島で生物調査をした際、モスソガイを採取し米国に持ち帰り、知人の学者に学会で新種として発表してもらったことから、学名はVolutharpa Perryiとなりました。ゆえに、以前は横須賀ではペルリボラと称していました。

●●●トロピカルフィッシュ

南の海の魅力は、青く透き通った海と、美しいサンゴ礁、そしてそこに群れるカラフルな魚たちでしょう。南の海で熱くほてった体を海に浸けると、この癒しの世界に入ることができます。しかし、トロピカルな魚たちに会うには沖縄や外国の海に行かなければならない、と思うのは早計です。

旅行社のサイトばかりに頼ることはやめましょう。東京湾湾口部や三浦半島へ行けば、かなりの頻度でトロピカルな魚に出会えます。夏から秋にはシュノーケリング観察でも十分楽しめ、また、首都の海である東京湾内湾の観音崎や猿島でも、6月頃から11月下旬までこれらの魚が寄ってきます。ただし、栄養分豊かな東京湾内湾の水が安定的に澄むのは秋からなので、気持ちよく観察するには9月末から11月が好時期となります。

能書きはここまでとして、早速、東京湾入り口に訪れるトロピカルフィッシュたちをご覧いただきましょう。

アケボノチョウチョウウオ

コロダイ

南日本の浅い岩礁域から砂泥域に分布する。

東京湾では秋に数センチの幼魚が湾口部で見られ、数は少ないがほぼ毎年出現する。

横須賀市沿岸でも低潮線から水深10mまでの岩礁に時折出現し、追浜でも見かけることがある。

幼魚と成魚では体型と斑紋が著しく異なり、成魚は灰色の地にオレンジ色がかった褐色の斑点が多数ちりばめられている。

東京湾では幼魚が越冬することはないと思われる。

２００７年に初めて15cm程に成長した幼魚を撮影できたが、同じ幼魚でも大きくなるにつれ模様が変わっていく。写真はいずれも幼魚で、上は５cm程、下は15cm程。

成魚は全長70cmに達し、白身でおいしく九州や四国では高級魚として高値で取引される。

シラコダイ

千葉県以南の岩礁域に分布し、サンゴ礁域にはいない。

東京湾では湾口部の水深10m以深の岩礁域で幼魚が見られるが、数は少ない。走水から観音崎にかけて数年に1回ぐらい見かける。

チョウチョウウオの仲間だが体色は地味で、ゲンロクダイに次いで温帯域に適応している。

関東沿岸でも越冬が可能で、館山では成魚が比較的普通に観察されている。全長16cmになる。

刺網で稀に混獲されることがあるが、食用にされない。

スズメダイ

千葉県と秋田県以南の水深15ｍ以浅の内湾から岩礁域に分布し、サンゴ礁域にもいる。東京湾では湾口部の水深10ｍ以浅の岩礁域で夏から秋に群泳する幼魚が見られ、次第に成長するが冬にはほとんど見られなくなる。

横須賀市沿岸においても同様に出現しており、越冬しているのは確実で成魚も少なからず見られる。全長14㎝になる。追浜のアマモ植栽エリアのコンクリート岩礁部でもしばしば数十匹の群れを見かけるが、成魚の出現率および出現量とも湾口域の観音崎エリアのほうが断然多い。スズメダイ類の中では最も温帯域に適応している。関東沿岸で繁殖しているが、日本海でも数多い。

横須賀では刺網で混獲されるも水揚げされない。身はおいしく、四国や九州では普通に食卓に上る。地産地消と言うなら、今後スズメダイを食べるのもいいんじゃないかと思う。

ソラスズメダイ

千葉県と新潟県以南の岩礁域や転石帯、サンゴ礁の外側斜面に分布する。横須賀市沿岸では水深5ｍ以浅の岩礁域に毎年夏から秋に幼魚が現れ、時として群れを成し成長するが、冬には姿を消す。

暖冬傾向が続く近年の東京湾周辺では越冬個体が増えており、三崎では越冬・繁殖が確認されている。観音崎エリアでは8月頃から2㎝程の幼魚が現れ、12月に4～5㎝に成長したのを見かけるが、年を越す頃には見られなくなるので、この時期の低水温で死滅するようだ。

水深1～2ｍでのシュノーケリング観察も可能で、秋口には10匹前後の群れをいくつも見ることができる。美しいので見飽きることはない。1年で成熟し、全長9㎝になる。

ただし、大きくならないため食用にされない。体は海中ではコバルトブルーで尾びれの黄色とのコントラストが大変美しいが、飼育するとなぜだか黒ずんでしまう。

チョウチョウウオ

　千葉県以南の浅い岩礁域に分布する。東京湾では湾口部の水深5ｍ以浅の岸壁や岩礁域でほぼ毎年、夏から秋に幼魚が見られる。他のチョウチョウウオ類の幼魚に比べて動きが俊敏である。

　館山などでは越冬する個体もいるが関東沿岸では成熟せず、横須賀市沿岸では冬を越せないようだ。ここ数年、観音崎エリアでは見ていない。

　チョウチョウウオ類は数種類が、年によって入れ替わりながら出現する。最近は、トゲチョウチョウウオが常連になっており追浜でも見かけた。全長20㎝以上になる。

　刺網で稀に混獲されることがあるが、食用にはされない。

チョウハン

　千葉県以南の浅い岩礁域やサンゴ礁に分布する。東京湾では湾口部の水深5ｍ以浅の岸壁や岩礁域で夏から秋に幼魚が見られるが、数は多くない。

　幼魚の斑紋はチョウチョウウオに似るが、体は赤みがかった明るい褐色で眼の後方の白帯の幅が広く、行動はのんびりしている。

　観音崎エリアで見たのは、30数年にわたる潜水で1、2度に過ぎない。

　関東沿岸では越冬できない。全長25㎝に達する。

　食用にされないが、観賞魚としての価値がある。

テングチョウチョウウオ

相模湾以南のサンゴ礁域に分布するとされている。全国的にみても個体数は非常に少なく、チョウチョウウオ類中の稀種。

横須賀市沿岸はもちろん、東京湾での発見例は極めて稀で、観音崎における発見・撮影は学術的にも価値があるとのこと。

1992年、走水沖水深12～13mのところで一度だけ撮影に成功した。この時は、珍しいということで新聞各紙に掲載された。

生態には不明な点が多いが、伊豆半島や伊豆大島では秋に水深20m以深に幼魚が出現する。幼魚の出現水深としては、他のチョウチョウウオ類と比べてかなり深い。全長20cmに達する。

食用にされないが、観賞魚としての価値がある。

フウライチョウチョウウオ

千葉県以南の浅い岩礁域やサンゴ礁に分布する。東京湾では湾口部の水深5m以浅の岩礁域で夏から秋に幼魚が見られ、横須賀市沿岸にも数は少ないがほぼ毎年出現する。

一般的に、チョウチョウウオの仲間はいったんある場所に居着くと大きく移動することはないが、本種にはそのような習性がなく「風来坊」が名の由来とされている。

関東沿岸では越冬できない。全長25cmに達する。

食用にされないが、観賞魚としての価値がある。

ミノカサゴ

北海道南部以南の浅い岩礁域に分布する。東京湾では湾口部に幼魚や未成魚が稀に出現し、横須賀市沿岸では観音崎周辺での出現記録がある。

サンゴ礁域から暖海域に分布するミノカサゴ類の中では最も温帯に適応するが、東京湾では越冬できない。

泳ぎは得意ではないが、大きな胸びれを広げ小魚や甲殻類を追い詰めて丸呑みにする。全長25cm以上になる。

観音崎や走水ではこれまで数年に一度見かけ程度だったが、21世紀に入り見かけることが多くなった。20cm近くのものもたまにいる。

刺網で稀に混獲されることがある。沖縄では食用にされ、身は白身でおいしい。

ムレハタタテダイ

紀伊半島と長崎県以南の岩礁域やサンゴ礁に分布するとされる。東京湾では秋に湾口部で稀に幼魚が現れ、横須賀市においては観音崎の岩礁に出現した記録がある。

近縁のハタタテダイとは、背びれの棘が1本多いこと、尻びれの黒色域が先端部に達することで区別される。東京湾周辺では越冬できない。全長20cmに達する。

観音崎では5年から10年に一度見かける程度。まさに遇来種である。1990年代に追浜でも見かけたことがある。

食用にされないが、観賞魚としての価値がある。

ロクセンスズメダイ

静岡県以南のサンゴ礁域に分布する。東京湾には夏から秋に湾中部から湾口後の岩礁域や岸壁域に稀に稚魚が現れ、一時的に定着するが越冬はできない。横須賀市沿岸には少数ながらほぼ毎年出現する。

近縁のオヤビッチャの群れに混じっていることが多い。両者は大変よく似ているために気づかれないことが多いが、尾びれの上下に黒い帯があること、体色が青みがかった白色であることで判別できる。写真でも、オヤビッチャに混じってロクセンスズメダイの幼魚が1匹写っている。サンゴ礁域では全長20cm近くになる。

観音崎や猿島では磯の波打ち際に多いので、夏から秋は潜らなくても観察できるが、秋のほうが水が澄んでおり美しさが堪能できる。

「うみかぜ公園」の人工潮溜まりや、追浜の旧海軍がつくった水上機用コンクリート製滑走台でも見かけられる。お金をかけなくても、トロピカルフィッシュに遭遇することができる横須賀の海なのである。

食用にされないが、観賞魚としての価値がある。

●●● サンゴの仲間

東京湾の玄関口、観音崎には美しい生き物たちが、沿岸に住む人たちに知られぬまま、ひっそりと暮らしています。相模湾の海底には多くのサンゴ類がいるため相模の海は「お花畑」と称することもできますが、東京湾は地味ながら、多様な魚介類をおいしく育てることから「肥沃な畑」と言ったほうがいいでしょう。ところが、畑である東京湾にも観音崎に相模湾並みのサンゴのお花畑があることがわかりました。

しかし、東京湾の玄関口に咲き競うこの美しき生き物たちは、水産上の重要種でないことから研究はおろか棲息調査もされておらず、その生態はまったくわかっていません。今回、東京湾内湾のサンゴを初紹介するにあたり、誰に話を聞けばよいかを、横須賀市立博物館や県水産技術センターなどにお尋ねしたところ、日本のサンゴの研究者は沖縄や南のほうに集中しており、本州内では、唯一造礁サンゴが棲息する和歌山県の博物館に行って聞くしかないだろう、ということになりました。

そこで2008年1月、出版に向けて準備が必要なことから、写真を持って和歌山県立自然博物館学芸員の今原幸光さんをお訪ねし、お話を伺いました。本書では、その時いただいたコメントをベースに、書物や自分の観察体験を参考にしながら解説を付けました。

なお「このサンゴは何に属するか」という、いわゆる同定については、採取したサンゴを提出して調査依頼したわけではないので、「何々の仲間」ぐらいまでしかわかりません。したがって、他の生き物の解説と比して解説はかなり淡泊なものになっています。

今回試みた初の東京湾内湾のサンゴ紹介を機に、東京湾のサンゴについて研究する人が現れてくれればと思う次第です。

トサカの仲間

八放と六放サンゴ

サンゴは分類学的には刺胞動物門に入る。そこから骨格を持つものと持たないものに分かれ、さらにサンゴの触手の数によっていくつかのタイプに分かれる。

触手が6本またはその倍数であるものが六放サンゴ亜網で、亜熱帯から熱帯域の海に棲息しサンゴ礁を形成する堅いサンゴが多い。他方、触手が8本またはその倍数のものが八放サンゴ亜網で、ソフトコーラルなどに多い。

サンゴと聞いて思い浮かべるのは南の島のサンゴ礁か、または装飾品にする宝石珊瑚であろう。サンゴ礁をつくる主なサンゴは刺胞動物門、花虫綱六放サンゴ亜網のイシサンゴ目で、宝石珊瑚は八放サンゴ亜網のヤギ目である。

なお、生物学上の分類学では動物、植物、原生生物、菌、細菌の５つに分ける五界説のもと、上位から界・門・綱・目・科・属・種に大別、必要に応じてそれぞれの下に亜門・亜綱などが置かれる。

分類学上の区分け論議はマニアックになるので、ここでは紹介程度にとどめておく（興味のある方は専門書やネット検索でどうぞ）。

東京湾の玄関口に棲息する美しい生き物たちを紹介するに際して、参考までに環境に関する説明と観察解説を付けておいた。

なお、東京湾内湾域ではアカデミック派や写真派のダイバーは極めて少ないので、東京湾内湾に棲息するサンゴについて、これだけ集中的に紹介するのは本書が初めてである。

八放サンゴの仲間たち

観音崎で見かけるサンゴの仲間は八放サンゴに属するものが多い。

八放サンゴ類は温帯域にも棲息種が多く、また寒帯域にも棲息するので本州海域でも多く見かける。

八放サンゴ類はこれまで世界で約２３００種が報告され、うち日本での発見報告数は６２０種とのこと。

その内訳の概数はソフトコーラルの代表であるトサカ類３００、ヤギ類２５０、ウミエラ類70である。

八放サンゴの仲間には堅い骨格を連続して持たず、海綿体のように体内に海水を入れたり出したりして、立ったり縮んだりするサンゴがたくさんいるが、これらをソフトコーラルと呼んでいる。

何属に属するのかという種の同定は写真だけでは極めて難しく、ここではほとんど「○○の仲間」といった表現しかできない。

ほとんどの種類は岩場に固着するが、ヤギ類などに取り付くものもいる。

また、ウミエラやウミサボテンなどは基部を砂地に埋めて流されないようにしている。

栄養の摂り方にも体内に共生する藻から摂取するものと、ポリプで直接懸濁性有機物を取り込むものがあるが、共生藻を持つものは造礁サンゴ海域に多いようだ。

エナガトゲトサカ

トゲトサカの仲間は日本では150種ほど発見されている。3属に分けたほうがよいのではないかとの意見もあるようだ。観音崎では水深10mより深いところに現れる。これまで25m以深の潜水はしなかったが、2008年からは、どのくらいの深さまで分布するのか調べてみたい。

なお、ソフトコーラルは体内に海水を取り込み伸び縮みし、形状は一定しないため、形による分類はできない。

カリフラワータイプ

カリフラワータイプのトサカ類は棲息場所が限定されるようだ。いずれにしても汚染された海域では成長しない。

高さ1m以上のものも珍しくなく、1個体見つけると海流に沿うかたちで何個体かを連続して見つけることができる。

水深10m程にいるソフトコーラルは台風時などに大波で飛ばされてしまうこともあるので、2、3カ月前と同じ場所を再訪しても姿を消してしまっていることがある。

その代わり、骨格を持つサンゴに比べ成長も速く1年ほどで1m級になるものもあるようだ。種の保存にはそれぞれ工夫を凝らしているわけだ。

右の写真の背後にいるのがダイバーで、大きさがわかる。

トゲトサカの仲間

こういうタイプもエナガトゲトサカの仲間に入るのかもしれないが、はっきりしない。堅い骨格を持たないので台風などで飛ばされることもあるが、その分成長は早く、1年で1m超級になるのではとも言われる。

　この種のトゲトサカは形状に相まって色彩が美しい。

様々なトサカ類

この解説を書くに際してネット検索したが、解説がほとんど素人レベルで使用に耐えなかった。特にダイバーがつくったサイトはエッセー風のものが多く役立たない。アカデミックなダイビングが普及していないように感じた。もっとも、専門家や研究者は情報をネット上に出せばすぐにパクられてしまうだろうから、貴重な情報を簡単に出すはずもないだろう。首都の海、東京湾に生息するサンゴを調べる人が現れてほしいものだ。

ウンベルリヘラの仲間

このタイプは標準和名も付いていないという。

ヤギ類

ヤギ類は八放サンゴのうち角質（堅い表皮）や石灰質の軸を持ち、基盤の上に固着しているものをいう。潮通しのよい岩場に多く、それゆえ弾力性があり容易に折れない特徴も持っている。

ヤギ類は深場に多いのでダイバーが見ることは少ないと言われる。ゆえに研究も進んでおらず、写真だけで種類を当てるのは困難である。

観音崎では、海底に比重の重い外洋水（黒潮系）が入ってくるので、流れに沿って整然と立ち並んでプランクトンを捕獲している。

海底から差し込んでくる海流に2度遭遇したことがあるが、周辺の海水とは違いはるかに澄んだ海水が海底から数メートルの層で流れ込んできた。また、その潮に乗って多くの回遊魚も入ってきた。

宝石珊瑚はこのヤギ類の仲間だが、その棲息域は水深100～1200mと太陽光線の届かない深海で、1㎝伸びるのに数十年の歳月がかかると言われる。そのため骨密度が極めて高く、また色合いも美しいので装飾品として利用される。

一般ダイバーが見ることのできる浅い海のサンゴは六放系、八放系とも骨格を持っていても柔らかく、手で触っても割れたり折れたりしてしまうものが多い。また、海からあげると変色腐敗するので、浅い海のサンゴは装飾品にはならない。

ヤギ類の色は青、ピンク、オレンジ、白とカラーバリエーションに富み、見飽きることはない。

イソハナビ

北海道南部からオーストラリア北部まで太平洋に広く分布する。花火のような広がり方と、ポリプの開き方が線香花火のように見えたことから命名された。こちらは堅い骨格を持つことから、ソフトコーラルよりは育ちが遅いはずだ。

イソバナ

「磯花」と書くぐらいだから美しいが、観音崎より内湾の走水沖のほうに多い。もろく折れやすいが、その分成長が速いという。

潮通しの関係と思われるが、走水以北の内湾部では見かけない。

ウミサボテン

刺胞動物門・花虫綱・ウミサボテン科で、アマモ場等の砂地に棲息。昼間は縮んで、夜に立ち上がりポリプを広げているものが多い。寒さにも強いが、猿島以北の内湾には少ない。

ウミイチゴ

ウミサボテンの仲間。ピンクの体に白い触手をたくさん広げる美形タイプ。

日本を含め世界中で多くの種類が報告されている。広げた触手はすべて8本で八放サンゴの特徴がよくわかる。ウミイチゴといっても見た目だけの名前で、食べられるものではない。

何十個体ものウミイチゴが並ぶコロニーを時に見ることがあるが、濁り水の中からいきなりピンクの「イチゴ畑」に到達した時の気分は、なんとも言い難い感動を覚える。東京湾に潜るマイナーダイバーしか味わえない感激である。

共生藻を持つタイプ

観音崎界隈の海表面では二次汚濁でプランクトンが雲のように湧くので、太陽光が海底に差し込む度合いが落ちる。したがって、水深10mを越えると光合成が困難なため共生藻を持つタイプは少ないが、これは珍しく共生藻を持つタイプであるとの指摘を受けた。

ウミエラ

花虫綱の八放サンゴの仲間。砂地に生息する。

こちらのタイプが内湾系で、小型だが群生していることが多い。

走水より内湾に入ると極端に少なくなる。対岸の富津でも見たことがあるが、潮通しがよくないと棲息できないようだ。

トゲウミエラ

ウミエラはその形から英語で「Sea-Pen」と呼ばれる。

多数のポリプが無性（雌雄の区別なく）的にできて群体となる。

写真は25㎝ぐらいのもので、ポリプが広がる表から撮ったもの。

こちらは外洋性で大型になるタイプで、下浦沖の砂地の海底で50㎝程の大型のものを見たことがある。

枝状に見える部分を触って堅い骨片があるものがトゲウミエラ。

砂に刺さっているが強固には固着せず、潮の流れに合わせ回転すると言われる。

なぜ東京湾内湾の観音崎にサンゴがいるのか、その環境分析論

観音崎のサンゴについて和歌山県立自然博物館学芸員の今原幸光さんの話を基に、生態的、環境的な評価をしたいと思います。

本州に棲息するサンゴは造礁性はもちろん、本州に多い非造礁性のものも、黒潮の影響（暖かく貧栄養＝きれいな海水）を受けるところに棲息します。

造礁性サンゴは小笠原や沖縄・九州南部以南、また四国高知や紀伊半島南部の串本などで棲息しサンゴ礁を形成しています。それらはダイビングポイントにもなり、関西系のダイバーが多く訪れています（関東のダイバーは交通費の関係で沖縄や外国に行ってしまう人が多い）。

観音崎のサンゴ類はいずれも非造礁性サンゴで、私以外に観察している人はいないので、ここで掲げたものはすべて水深25mより浅いところで撮影されたものです。その中の多くは水深10m台で撮影されていることから、東京湾ならではの特徴が垣間見られます。

ソフトコーラル類は透明度の高いところでは30m以深に多いのですが、透明度の低い東京湾ゆえ比較的浅いところに多く棲息しているようです。

共生藻を持たないタイプは光合成をする必要がないので、棲み分け論的に日光が届かないところに棲息します。ところが、東京湾では海表面に植物プランクトンが大量に湧き太陽光が遮断されるため、浅いところでも多く棲息すると考えられます。

また、本州のサンゴ類の棲息地として共通しているのが、黒潮が直接ぶつかるところより、川で言えば淀みにあたるようなところ、すなわち海流が迂回して入るようなところに多いということです。

観音崎は灯台を基点に内湾と外湾を分ける境界地ですが、その北側の内湾域は静穏域です。その中で、海底からは比重の重い黒潮外洋水が湧昇流的に流れ込んでくるので、その暖かい潮にさらされることによりサンゴが棲息するものと思われます。

非造礁性サンゴ類の成長の基となる栄養分はプランクトンですが、富栄養化した東京湾では二次汚濁としてプランクトンが増殖するので、栄養は常に十分すぎるほどあります。

また、観音崎は東京湾に流れされた下水が太平洋へ流れ出るところでもあるので、観音崎のサンゴはダイレクトに人工的汚れを食している可能性もあります。ということは、これらサンゴは美しいだけでなく汚濁解消にも役立っていることになります。

有機汚濁の濃い海水で栄養を摂り、黒潮外洋水で「暖」を取り、同時にきれいな海水によって汚れも流され洗われているので、棲息が可能なわけです。このような「微妙なバランスによった環境」の下で、生態系が存続しているわけです。

以上、今原さんの話を伺う中でいちばん印象に残った評価はこの「微妙な環境バランスによって成り立つ観音崎の生態系」との推論でした。人間と同じで、生理バランスを崩せば体調不良となるように、海洋環境のバランスを壊せばサンゴも失われます。

願わくは、合流改善などの下水道対策により汚濁負荷を軽減し、20世紀に〝失わせた〟浅海域を回復し浄化能力を高められれば、１９５０年頃のように、湾奥においてもサンゴが見られるようになるのではないでしょうか。できれば私の目の黒いうちに東京湾を再生し、横浜沖のサンゴを見てから生涯を閉じたいと思いますが、いずれにしても、21世紀の早い時期に東京湾内湾にサンゴが多く戻ることを期待します。

六放サンゴの仲間たち

サンゴ礁を形成する造礁性サンゴは六放サンゴのイシサンゴ目だが、観音崎に棲息する骨格を持つ堅いキサンゴや猿島に棲息するムツサンゴもイシサンゴ目である。他方、骨格を持たないイソギンチャクたちは六放サンゴ亜綱のスナギンチャク目やハナギンチャク目に属す。

キサンゴやムツサンゴのポリプが開いた状態を初めて見る人は「イソギンチャクとどこが違うのか」と思ってしまうだろう。キサンゴは骨格を持ち堅いが、その他のタイプはイソギンチャク類を含め骨格は持たない。

イソギンチャク類は浅場や潮間帯でもよく見かけられるが、ここに掲げた骨格をもつ六放サンゴ類や美しいイソギンチャク類はスキューバダイビングで深みに入らないと見ることができない。

ムラサキハナギンチャク

砂泥地にいるやや大型のイソギンチャク。カラーバリエーションがけっこうあり、写真で見比べてみると色違いに感心する。追浜でもわりと見かけるので横浜沖にも棲息すると思われる。

観音崎沖は海面の潮汐流と海中の潮の流れが異なる「2段潮」が起こるところで、かつ東京湾でいちばんくびれた部分なので大潮時の潮汐流はけっこう激しい。この海域に潜る時は、海流の動きが弱くなる小潮周りを狙う。

ヒメハナギンチャク

触手にシーム状の白い筋があるのが特徴。写真のものは白い筋が明確でないため、もしかするとヒメハナギンチャクでないかもしれない。外洋水の差し込むところにいるハナギンチャク類は、このように鮮やかな色のものが多い。これはＤＮＡの違いだそうで、鮮やかでないものを外洋水に当てても色はきれいにならないとのこと。日本で最初に発見された場所は三浦市だという。黒いのはホウキムシ。

サンゴ発見時のエピソード

20世紀も終わりに近づいた1998年の10月のある日、潜水して魚を撮影中に潮に流され、偶然、東京湾の内湾部にある海中の「お花畑」を発見しました。

この時は、神の導きのようなかたちで美しい生き物に出会えることができました。

また、そこは魚も豊かで、頭上を何十匹ものマダイの群れが泳ぎ、次にはクロダイ、スズキ、イナダの群れ、そして1m程のコブダイの成魚まで悠々と泳いでいました。まさに水族館の巨大水槽に入ったような興奮に包まれました。

しかし、我に返った時、顔が引きつるほどの恐怖感に襲われました。

予期しなかったサンゴと勇壮な魚群に圧倒されっぱなしで時を忘れてしまい、タンクのエアの残量のことが頭から抜けてしまっていたのです。

残圧計を確認すると、水深20mでエアが20kg/cm²しか残っていませんでした。スキューバをしない人にはこの意味がおわかりにならないと思いますが、普通ダイバーが背負う潜水タンクは10ℓか12ℓで、空気（酸素は使いません）をコンプレッサーで200kg/cm²になるまで充填します。深く潜るほどエア消費は早いので潮の流れなどを計算し、水深20mなら残圧が通常50kg/cm²になれば浅いところへ戻ることが安全潜水の基本なのです。

観音崎沖は浦賀水道航路で、名にしおう船舶通行の多いところです。漁船や小型船は航路外の灯台寄りを走りますから、水深20mの海底にも海上を疾走する小型船のエンジン音がガンガン聞こえます。しかし、それらの船にひかれずに済む安全な浅瀬まで行くにはとてもエアが持たないため、浮上を決意しました。この時は、潜水艦狩りの駆逐艦がたむろする中を緊急浮上する潜水艦の乗組員的覚悟で浮上しました。

跳ねられるならまずカメラをと、カメラを左上で持ち上げながら緊張しつつ浮上しました。海面に達して周囲を見渡したところ、幸いなことに海中で聞こえるエンジン音と実際の距離はけっこう離れており、100m程沖を列をなして走っていました。それから20分程海面を泳いだ末に、ようやく砂浜にたどり着くことができました（スキューバ潜水器具を背負っての水面移動はタンクが抵抗になり実に疲れます）。

それからはこの経験を教訓に、潜水撮影をする時は小潮周りの潮止まり（潮の干満差が少なく流れの穏やかな時）を狙うようにしています。

その後、研究者やダイビング上級者を対象に、生態系に興味のあるダイバーを募って一緒に潜り、どのようなサンゴ類がいるのか調べていました。

ところが、2000年の暮れに腎臓がんが発見され、次いで食道がんも見つかったため（原発相は違います）、翌01年に2度のがん手術を受けました。その結果、体重が最大で9kgも落ちるなど体力が大幅に低下したため、退院後はこの急流に咲く「お花畑」に通うことはやめていました。

05年になってようやく体力が回復してきたので、再びこの海域の撮影に行くようになりました。すると、それまで見たこともない大型のソフトコーラルをいくつも見つけ、また鮮やかなイソギンチャク類、イソバナ、ヤギの類いなど多くの美しい生き物も発見しました。07年11月には、探しあぐねていたハードコーラルの一種であるキサンゴも遂に発見しました。

前著ではほとんど報告できなかった東京湾内湾部のサンゴ類を、今回はこうしてまとめて報告できるようになったのです。

ウスアカイソギンチャク

八放サンゴ類のヤギに付着して無性(雌雄の区別のない)の縦分裂を繰り返す。

写真のようにビッシリ張り付くのでヤギを殺してしまう。

我が国の固有種で温帯性。東京湾西側での棲息は、黒潮の分流が入る観音崎以南の水深10m以深に棲息している。

アンズイソギンチャク

2000年に初めて見た。これまで長崎県と岡山県で見つかっているとのこと。温帯性。いずれも潮通しのよい内湾で発見されており、水質が悪化するといなくなるので観音崎の潮通しのよさを証明している。周囲もサンゴ類。

カワリイソギンチャク

2000年の暮れ、読売新聞と提携して行った調査の際に見つけた。

20m以深の海底にこのように群生していた。体高は数㎝でオレンジ色が鮮やか。

東京湾では初発見だと思う。それまでの発見は黒潮流域か対馬暖流の影響を受ける海域だったことから、東京湾にも暖かい海水が入るのでこのように群生すると思われる。

スナギンチャク

浅い砂地のアマモ場にいる大型で触手の太いイソギンチャク。温帯域でも黒潮の影響下にあるところに多く棲息する。

外国からの報告は少なく日本に多いと言われる。日本で最初の発見は相模湾だとか。

カラーバリエーションに富むが、外洋水の当たるところにいるほうがハナギンチャク類と同様、色鮮やかなものが多い。

キサンゴ

2000年に鴨居港で白化したキサンゴの遺骸が投棄してあったことから、観音崎に堅いサンゴがいてもおかしくないと思って、以後探し続けていたが、2007年11月にようやく女性の握り拳大に育ったキサンゴを見つけた。

漢字では「木珊瑚」と書くように、木の枝状に成長する非造礁性のサンゴ。近縁種にオノミチキサンゴ（尾道木珊瑚）と名の付くものがいるくらいだから、元来内湾に棲息するサンゴである。

キサンゴは相模湾の三浦半島側にはところどころ棲息しているが、城ヶ島のコロニーがいちばん大きい。

なお、1955年ぐらいまでは水がきれいだったので、横浜沖やそれより湾奥にもいたはずとの指摘もある。環境を汚すとサンゴなど、きれいなものが真っ先に姿を消すということの証明である。

ムツサンゴ

東京湾唯一の自然島、猿島の東側沖の水深7～8mのところで見つけた。

漢字で書くと「陸奥珊瑚」となる。名前のごとく青森県陸奥湾で発見された寒流系のサンゴ。イシサンゴ目のキサンゴ科に属する。ポリプの直径は1㎝以下。わりに地味でイソギンチャクのように見える。

この時も、写真と図鑑を見比べて初めてムツサンゴであることに気付いた。これも、昔はもっと湾奥にもいたことだろう。

なお、汚れを直接かぶりたくないのか、岩棚の中にいた。やはり、潮通しがよくないと生きられない。

棘皮動物

ウミシダはサンゴの類に属さず、ウニ、ヒトデなどと同じ棘皮動物門に属す。一見すると動物のようには見えず、隠花植物のシダに似るというのでウミシダ（海羊歯）という名が付いた。観音崎沖のウミシダは美しいものが多いので1点だけ紹介する。

ウミシダ

外洋水（黒潮の分流）が差し込むところは、サンゴ系でなくとも生き物が美しくなる。分類学的には棘皮動物になるウミシダだが、潮当たりのよいところではほれぼれする美しさになる。触手でプランクトンを捕るが、軍手で触ると自切作用を起こし軍手に触手が付いてくる。

写真のウミシダは一見地味だが、着物地のように細やかな色で織りなされている。固着せず自ら泳いで移動することもあり、小型のものはヤギ類に付いていることが多い。

内湾域の潮当たりの悪いところに行くと数も少なくなり、かつ色の黒ずんだものが多くなる。やはり、きれいな海でないときれいにはならない。人間と同じで成育環境が大事なわけだ。

むすびにかえて

温暖化対策しかない環境対策？

ここ数年、地球温暖化人為論がＴＶや新聞で騒ぎ立てられ出版物も多く出ています。環境問題はこれしかないといった報道ぶりで、これに疑問を挟む学者はわずかで、釘を刺す著作は書店に少数並ぶのみです。私はこの風潮にはまったく肌が合いません。

私が定点観測している観音崎でも、データを見ると、７、８月の水温や冬の最低水温が以前より若干上昇しているようですが、海水温のみが海洋環境のすべてを決めるわけではありません。海のきれいさを表す透視度や水色（きれいな水ほど澄んで青く見える）はよくなっていないのです。

東京湾汚濁は完全に人為的なものですから、Ⅰ、Ⅱ章で指摘したように地球温暖化論とは別の次元で、まずそれらに対する現実的な対策を講じることが重要です。

この程度の水温上昇を、地球46億年の尺度から見て大騒ぎに値するかは疑問で、もっと冷静な科学的判断が必要と思います。まして「温暖化」の原因をすべて人為的なものとする論については非常に懐疑的です。善良な人たちを不安に陥れるだけの宣伝意図はどこにあるのか、図りかねています。

京都議定書にしても、一皮めくれば各国の国益と利権拡大が見え隠れしています。アメリカの対日要求にもないことに、なぜこれほど日本政府が「しゃかりき」になるのか

疑問です。野党もしかりで、温暖化論の矛盾点を突くことをせず、温暖化問題においては国会は翼賛化しています。

元アメリカ副大統領アル・ゴア氏は『不都合な真実』でブレークしノーベル平和賞を受賞しましたが、ノーベル平和賞は他分野と違い最も政治的な賞です。ベトナム和平時は戦争を仕掛けた側のキッシンジャー氏を選び、さらに故佐藤栄作元総理が受賞するような、政治的状況に合わせて授与される賞です。それゆえゴア氏が受賞したことは、裏に「好都合な不真実」が隠されているのかと思ってしまいます。

それを裏付けるように、米上院は1997年に民主・共和共同でバード＝ヘーゲル決議をして京都議定書を批准しないことを決めています。ゴアを送り出しておいて議会はこう決議したのです。両党ともアメリカの国益確保が最優先という意思表示だと思います。

もう一つ不愉快なのは、人の心優しさにつけ込んでミニ国家救済キャンペーンが行われていることです。ツバルが海に沈むとか言っていますが、南太平洋の島々で大国はこれまで何をやってきたか。アメリカを筆頭にイギリス、フランスなど常任理事国は冷戦下、63年の大気圏内核実験禁止まで長年にわたって核実験を繰り返し、サンゴ礁を粉砕し、島々を放射能まみれにして島民を棄民としたことを棚に上げ、温暖化を強調し小国を救えと言っています。これこそ「愛は足もとから地球をすくう」というのでしょう。

温暖化はよくないことなのでしょうか。江戸時代の17～19世紀に数度の飢饉が襲い何十万人もの人が餓死しましたが、いずれも寒冷化によって起こった凶作が原因です。江

戸期は小氷河期ともいえる時期で、ゆえに冷害が続き凶作となり悲劇が起きたわけです。

稲は元来亜熱帯原産で、ジャポニカ種の祖先は中国の揚子江下流域とする説が有力です。揚子江下流遺跡からは7千年前の水田跡が発見されています。稲作は最後のベルム氷河期が終わり温暖化を迎えてから可能になったわけです。稲は約3千年前に日本に入り、先祖の努力で耕作地が広がり今の人口を支えています。

地球「温暖化」によりマラリアなど疫病がはやるとの脅しは噴飯ものです。温度が上がってマラリア蚊が増えるというのなら、熱帯地方の人は全滅していなければ論理矛盾となります。人を騙す報道に注意し、温暖化は悪いことばかりではないことも知りましょう。

温暖化により海水が温まると水は膨張し海面は上昇しますが、地球規模の時計で言えばたかだか6千年前の縄文中期に温暖化時代があり、先祖は海面上昇を経験しています。これを縄文海進と呼び、東京湾の海面は今より5mほど上昇し、群馬県まで東京湾は広がりました。東京湾沿岸の貝塚が今の湾岸から遠いところで発見されるのはこのためです。房総半島の南、館山に行くとこの時代のサンゴが山中に露出しており（沼サンゴ層）、サンゴ礁が東京湾に広がっていたことがわかります。地球温暖化を騒ぐ人たちがこの縄文海進に一切触れないことが気にかかります。また、青森県の三内丸山遺跡はこの温暖期に栄えたところです。

地球温暖化人為説の予測どおり温暖化すれば、東京湾にも数千年前のようにサンゴ礁ができて、きれいな魚を見ることができるようになります。東京湾がトロピカルリゾー

ト地となります。しかし、私たちの目の黒いうちにそこまでは行くことは絶対にありません。

身近な環境対策こそ必要

6千年前の縄文海進（地球温暖化）が人為的CO_2排出とはまったく関係ないことは、誰でもわかります。とすると、太陽系宇宙の関係、あるいは地軸の向きや公転軌道の変化や火山の爆発など天変地異によったわけです。これは人知の及ぶところではありません。

百歩譲って地球温暖化を人為的原因とし、温室ガス排出が悪いとするなら、ラスベガスなど石油で成り立つ町は廃止すべきです。結局、生活レベルを落とさず経済成長しながらの「温暖化対策」とは、何なのか。排出権取引とかいうものは、大国の経済活動のための大義名分として使われているだけではないのか、という気がします。

「結び」なのに、地球温暖化キャンペーンに対する批判にページを割いてしまいましたが、言いたいことは、杞憂を煽って自国民を不安に陥れるより、身近な環境をよくして、どう自然と付き合い遊ぶのか、こちらの施策こそ優先順位の高い環境施策だということです。

また、もう一つの懸念材料として取り上げられる少子高齢化と人口減少ですが、若年人口が減って困るのは年金、福祉の分野です。これは政治の責任で解決するしかありません。

人口減少は環境回復にはよいことです。湾岸人口が減れば汚濁負荷は減少し東京湾の

回復も進みます。60年で5千万人も増えたのですから反動があるのは当たり前で、人口減は避けられず、びくびくする必要はありません。その中で、納税者として支払った税金を基にした、もっと楽しくさせてくれる環境施策の展開こそ、国と身近な自治体に求めていくべきでしょう。

具体的には20世紀の後半に一気に失われた緑や川、海を再生・回復することです。東京湾では失われた磯浜を回復して、おいしい魚介類を再生させることが私たちのためになります。本書で述べてきたように、東京湾をはじめ内湾は高い生産性を有しています。その高い生産性と自然の持つ浄化力を阻害してきたからこそ、現状があるのです。

これからの環境対策は公害対策と違い、夢があり楽しさを伴うものでなければなりません。おいしく、楽しい海の再生こそ真の環境対策であり、目くらまし環境論に惑わされることなく主権者・納税者として、それを求めていくことが肝心だと思います。

２００８年６月

一柳　洋

参考文献

『東京湾の生物誌』風呂田利夫他（築地書館）
『東京湾の歴史』高橋在久（築地書館）
『蒼穹の下　魚鱗耀きし地』西潟正人（生活情報センター）
『漁師直伝』西潟正人（徳間書店）
『魚で酒菜』西潟正人（徳間書店）
『江戸・食の履歴書』平野雅章（小学館文庫）
『江戸時代』大石慎三郎（中公新書）
『江戸の釣り』長辻象平（平凡社新書）
『エビと日本人Ⅱ』村井吉敬（岩波新書）
『貝の和名』相模貝類同好会
『海辺の生き物』小林安雅（ヤマケイポケットガイド）
『海岸動物』益田一　他（東海大学出版会）
『日本の貝』奥谷喬司（小学館）
『海辺の生き物ウオッチング』阿部正之（誠文堂新光社）
『イソギンチャク』内田紘臣（TBSブリタニカ）
『フィールド図鑑・造礁サンゴ』西平守孝（東海大学出版会）
『学研図鑑　魚類』『貝Ⅰ』『貝Ⅱ』『水産動物』（学研）
『魚類図鑑―南日本の沿岸魚』益田一　他（東海大学出版会）
『真珠湾作戦回顧録』源田実（文春文庫）
『誰も知らない東京湾』一柳洋（農文協）

協力者／協力機関（敬称略）

青木恵一（漁民）
今井利為（前神奈川県水産技術センター所長）
今原幸光（和歌山県立自然博物館学芸員）
木村尚（ＮＰＯ法人海辺つくり研究会）
工藤孝浩（海をつくる会）
小松原哲也（漁民）
小松原和弘（潜水漁師）
田所悟（(有) 自然環境調査代表・ダイバー）
林公義（横須賀市立博物館長）

資料提供（ホームページ情報およびデータ・ダウンロード含む）

横須賀市経済部農林水産課／港湾部港湾企画課／上下水道局
（社）漁業情報サービスセンター
東京都下水道局
国土交通省河川局
東京湾環境情報センター（国土交通省関東地方整備局）
関東農政局神奈川農政事務所統計部（農林水産省）
千葉県浦安市郷土博物館
千葉県木更津市牛込漁業協同組合
つり人社
下釜直明（イラスト）

一柳　洋

1950年、横須賀市生まれ。72年から自然保護活動に参加、76年から東京湾の水中撮影開始。80年に東京湾唯一の自然島「猿島」の保全運動を成功させる。91年、横須賀市議会初当選後、現在5期目。医療&環境派議員、海洋ジャーナリストとして活躍中。環境問題はまず身近な問題解決から始めるべきとの信念の下、東京湾に自ら潜水しながら自然環境の観測を続け、環境破壊実態の告発と環境回復のための提言を活発に行う。東京湾復活・江戸前魚介類回復がライフワークとなっている。89年に『誰も知らない東京湾』著（農文協）。

TEL&FAX　046-866-4561

Eメール　umihiro@bc.mbn.or.jp

よみがえれ東京湾

江戸前の魚が食べたい！

2008年7月14日　初版1刷

著　者　一柳　洋

発行人　中井健人

発行所　株式会社ウェイツ

〒160-0006

東京都新宿区舟町11番地

松川ビル2階

電　話　03-3351-1874

FAX　03-3351-1974

http://www.wayts.net/

装　幀　クリエイティブ・コンセプト

デザイン　飯田慈子（ウェイツ）

印　刷　株式会社シナノ

乱丁・落丁本はお取り替えいたします。

恐れ入りますが直接小社までお送り下さい。

Printed in Japan

ISBN978-4-901391-95-5　C0062